Datengetriebene Strukturierung von NC-Zerspanprozessen

Data-Driven Structuring of NC Machining Processes

Von der Fakultät für Maschinenwesen
der Rheinisch-Westfälischen Technischen Hochschule Aachen
zur Erlangung des akademischen Grades eines
Doktors der Ingenieurwissenschaften
genehmigte Dissertation

vorgelegt von

Janis Ochel

Berichter/in:

Univ.-Prof. Dr.-Ing. Christian Brecher
Univ.-Prof. Dr. sc. Sebastian Trimpe

Tag der mündlichen Prüfung: 21. Dezember 2023

ERGEBNISSE AUS DER PRODUKTIONSTECHNIK

Janis Ochel

Datengetriebene Strukturierung von NC-Zerspanprozessen

Herausgeber:
Prof. Dr.-Ing. T. Bergs
Prof. Dr.-Ing. Dipl.-Wirt. Ing. G. Schuh
Prof. Dr.-Ing. C. Brecher
Prof. Dr.-Ing. R. H. Schmitt

Band 6/2024

WZL | RWTH AACHEN UNIVERSITY

Fraunhofer IPT

Bibliografische Information der Deutschen Nationalbibliothek
Die Deutsche Nationalbibliothek verzeichnet diese Publikation in der Deutschen Nationalbibliografie; detaillierte bibliografische Daten sind im Internet über https://portal.dnb.de abrufbar.

Janis Ochel:

Datengetriebene Strukturierung von NC-Zerspanprozessen

1. Auflage, 2024

Gedruckt auf holz- und säurefreiem Papier, 100% chlorfrei gebleicht.

Wissenschaftsverlag des Instituts für Industriekommunikation und Fachmedien an der RWTH Aachen
Steinbachstr. 25, 52074 Aachen
Internet: www.apprimus-verlag.de, E-Mail: info@apprimus-verlag.de

Druck: CPI Druckdienstleistungen GmbH, Ferdinand-Jühlke-Straße 7 I 99095 Erfurt

ISBN 978-3-98555-204-7

D 82 (Diss. RWTH Aachen University, 2023)

Vorwort

Die vorliegende Dissertationsschrift entstand während meiner Tätigkeit als wissenschaftlicher Mitarbeiter am Werkzeugmaschinenlabor WZL der RWTH Aachen.

An erster Stelle möchte ich mich bei meinem Doktorvater Herrn Univ.-Prof. Dr.-Ing. Christian Brecher für die Betreuung und Förderung meiner Arbeit sowie insbesondere für die vertrauensvolle Zusammenarbeit während meiner Zeit an seinem Lehrstuhl bedanken. Weiterhin bedanke ich mich bei Herrn Univ.-Prof. Dr. sc. Sebastian Trimpe für die Übernahme des Koreferats und seine konstruktiven Anregungen hinsichtlich meiner Ausarbeitungen. Herrn Univ.-Prof. Dr.-Ing. Dipl.-Wirt.-Ing. Johannes Henrich Schleifenbaum danke ich für die Übernahme des Vorsitzes und Herrn Univ.-Prof. Dr.-Ing. Robert Schmitt für die Übernahme des Beisitzes meines Promotionsverfahrens.

Mein herzlicher Dank gilt allen Mitarbeiterinnen und Mitarbeitern des Werkzeugmaschinenlabors, mit denen ich in den vergangenen Jahren zusammenarbeiten durfte. Durch die unzähligen auch abseits der Arbeit gemeinsam verbrachten Stunden verbindet mich mit vielen von Euch eine aufrichtige Freundschaft. Ihr habt nicht nur zum Gelingen meiner Dissertation beigetragen, sondern auch die Zeit am Lehrstuhl für mich unvergesslich gemacht. Für die unmittelbare Unterstützung meiner Dissertation empfinde ich eine besondere Dankbarkeit gegenüber Alexander Steinert, Marian Wiesch, Arndt Wetzel, Marvin Rudisch, Christopher Mertens und Dr. Prateek Chavan. Im gleichen Zuge danke ich darüber hinaus den aktuellen und ehemaligen Oberingenieuren Dr. Marcel Fey, Stephan Neus und Dr. Alexander Epple für die vielseitigen Entwicklungsmöglichkeiten sowie das mir stets entgegengebrachte Vertrauen.

Bei der konzeptionellen Entwicklung, softwareseitigen Implementierung und technischen Umsetzung der vorliegenden Arbeit wurde ich unmittelbar und unermüdlich durch Ronja Langrock, Mehmood Ahmed, Christopher Wewer, Pawan Singh, Yi Li und Felix Fernholz unterstützt. Die gemeinsame Arbeit, aber auch der intensive persönliche Austausch mit Euch war einmalig. Ohne Euch wäre ich niemals so weit gekommen. Euch gebührt meine tiefe Dankbarkeit.

Ein liebevoller Dank gilt meiner Familie, insbesondere meinen Eltern und Geschwistern. Euer uneingeschränkter Rückhalt ist mein Grundpfeiler in allen Lebenslagen. Unser Zusammenhalt liegt mir sehr am Herzen.

Abschließend möchte ich mich bei meiner Freundin Annika bedanken. Danke für Deinen stetigen Zuspruch. Danke für Deine unerschöpfliche Zuversicht. Danke für Deine bedingungslose Unterstützung. Deine Zuneigung bedeutet mir alles.

Aachen, im Dezember 2023 — Janis Ochel

Kurzzusammenfassung

Im Zuge der Digitalisierung der Produktionstechnik sind immer mehr zeitbasierte Daten eines Fertigungsprozesses verfügbar. So lässt sich eine Vielzahl an Sensorsignalen z. B. mithilfe der NC-Steuerung unmittelbar an einer Werkzeugmaschine abgreifen. Durch die Anwendung physikalisch motivierter Modelle können diese Rohdaten weiterhin mit Domänenwissen angereichert werden, sodass höherwertige Daten wie bspw. Prozesskräfte zur Verfügung stehen. Die Auswertung und Analyse dieser Daten bietet vielversprechende Möglichkeiten zur Steigerung von Effizienz und Nachhaltigkeit der industriellen Fertigung.

Allerdings stellt hierbei der hohe Abstraktionsgrad der Daten eine Herausforderung dar, weshalb vermehrt Methoden der Künstlichen Intelligenz zum Einsatz kommen. Diese Methoden setzen jedoch eine Vielzahl maßgeschneiderter Daten voraus, die aufgrund der Komplexität der Produktionsumgebung, des Ausmaßes veränderlicher Randbedingungen sowie der Heterogenität von Produkten und Werkzeugmaschinen bislang nur in der Großserienfertigung unter immer gleichen Voraussetzungen vorhanden sind. Um zielgerichtet aus einer Vielzahl unterschiedlicher Datensätze anwendungsspezifisch maßgeschneiderte Daten extrahieren zu können, ist eine vorgelagerte Strukturierung der Prozessdaten notwendig. Hierzu existieren bislang jedoch keine Lösungsansätze.

Vor diesem Hintergrund wird in der vorliegenden Dissertationsschrift eine Methodik zur datengetriebenen Strukturierung von NC-Zerspanprozessen mit Fokus auf Fräs- und Bohroperationen erarbeitet. Hierzu werden Data-Mining-Algorithmen entwickelt und kombiniert, die die lokale Differenzierung der Fertigungsprozessdaten ermöglichen. Die Algorithmen basieren entweder auf explizit vorhandenem Expertenwissen oder auf in den Daten enthaltenen Mustern. In beiden Fällen sind die Segmentierung, das Clustering und die Klassifizierung der Prozessdaten zentrale Bestandteile des Strukturierungsvorgehens. Anhand der hieraus entstehenden Teilprozessabschnitte können zeitbasierte Daten mittels eines hybriden Datenanalysewerkzeugs spezifisch durchsucht, kontextadaptiv aggregiert und flexibel extrahiert werden. So wird der menschliche Experte in die Lage versetzt, einerseits maßgeschneiderte Daten über mehrere Prozesse hinweg zusammenzustellen und andererseits einen einzelnen Prozess zielgerichtet zu optimieren.

Das entwickelte Gesamtkonzept wird in Form eines Softwaredemonstrators mitsamt der notwendigen Hardwareinfrastruktur prototypisch realisiert, bevor der Lösungsansatz anhand realer NC-Zerspanprozesse bestehend aus Fräs- und Bohroperationen experimentell validiert und hinsichtlich seiner Wirksamkeit evaluiert wird. Die praktische Anwendbarkeit und der entstehende Nutzen des Ansatzes zur Strukturierung von NC-Zerspanprozessen werden auf diese Weise demonstriert.

Abstract

In the course of the digitalization of production technology, more and more time series data of a manufacturing process are available. For example, a large number of sensor signals can be obtained directly at a machine tool with the help of the NC. By applying physically motivated models, these raw data can be further enriched with domain knowledge, so that higher-value data such as process forces are available. The evaluation and analysis of this data offers promising possibilities for increasing the efficiency and sustainability of industrial manufacturing.

However, the high level of abstraction of the data poses a challenge here, which is why artificial intelligence methods are increasingly being used. Yet, these methods require an ample amount of customized data, which is so far only available in large-scale production under immutable conditions due to the complexity of the production environment, the extent of variable boundary conditions as well as the heterogeneity of products and machine tools. In order to be able to extract application-specific data from a large number of different data sets, an upstream structuring of the process data is necessary. However, such approaches do not exist yet.

Against this background, an approach for the data-driven structuring of NC machining processes with a focus on milling and drilling operations is developed in this dissertation. To this end, data mining algorithms are developed and combined, which enable the local differentiation of manufacturing process data. The algorithms are based either on explicitly available expert knowledge or on patterns contained in the data. In both cases, segmentation, clustering and classification of the process data are central components of the structuring procedure. Based on the resulting sub-process sections, time series data can be specifically searched, context-adaptively aggregated and flexibly extracted using a hybrid data analysis tool. This enables the human expert to compile customized data across multiple processes on the one hand and to optimize a single process in a targeted manner on the other hand.

The developed overall concept is prototypically implemented in the form of a software demonstrator including the necessary hardware infrastructure, before the approach is experimentally validated and evaluated with regard to its effectiveness based on real NC machining processes consisting of milling and drilling operations. This way, the practical applicability and the resulting benefits of the approach for structuring NC machining processes are demonstrated.

Inhaltsverzeichnis

Content

Formelzeichen und Abkürzungsverzeichnis

Formula Symbols and Abbreviations

Großbuchstaben

Zeichen	Einheit	Benennung
$A_{Vorschub}$	-	Aktivierungsfunktion für das Ruckkriterium
AC	A	Drehmomentbildender Strom des Vorschubantriebs A
$A1$	°	Lageistwert der Antriebsachse A
BC	A	Drehmomentbildender Strom des Vorschubantriebs B
$B1$	°	Lageistwert der Antriebsachse B
D	-	Distanz (allgemein)
D^{eukl}	-	Euklidische Distanz
D^{eukl}_{kum}	-	Kumulierter Durchschnitt der aufsteigend sortierten euklidischen Distanzen
D^{eukl}_{sort}	-	Aufsteigend sortierte euklidische Distanz
D^{Mink}	-	Minkowski-Distanz
GSK	-	Gesamtsegmentierungskurve
K	-	Kompressionsrate
KSK	-	Kantensummenkurve
MP^k_p	-	Matrix-Profil der Dimensionalität k auf der Partition p
$P_{Eingriff}$	-	Gesamteingriffswahrscheinlichkeit
P_{Ruck}	-	Eingriffswahrscheinlichkeit Ruckkriterium
P_{SC}	-	Eingriffswahrscheinlichkeit Spindelstromkriterium
SC	A	Drehmomentbildender Strom der Hauptspindel
SK	-	Segmentierungskurve
SS	1/min	Drehzahl der Hauptspindel
T	-	Zeitreihe
$T_{i,m}$	-	Subsequenz der Länge m an der Position i
TS	ms	Zeitstempel des Lagereglertakts
XC	A	Drehmomentbildender Strom des Vorschubantriebs X
$X1$	mm	Lageistwert der Antriebsachse X
YC	A	Drehmomentbildender Strom des Vorschubantriebs Y

$Y1$	mm	Lageistwert der Antriebsachse Y
ZC	A	Drehmomentbildender Strom des Vorschubantriebs Z
$ZKSK$	-	Zufallskantensummenkurve
$Z1$	mm	Lageistwert der Antriebsachse Z

Kleinbuchstaben

Zeichen	Einheit	Benennung
a	m/s^2	Beschleunigung
b	-	Skalierungsfaktor eines Wavelets
c	-	Translationsfaktor eines Wavelets
d	mm	Werkzeugdurchmesser
f_z	mm	Vorschub pro Zahn
m	-	Fensterbreite bzw. Subsequenzlänge
m^{Block}	-	Blockbreite
n	-	Anzahl der Datenpunkte innerhalb eines Datensatzes
n_p	-	Anzahl der Datenpunkte innerhalb einer Partition
n_s	-	Anzahl der Datenpunkte innerhalb eines Segments
p^{MKS}	mm	Position des Werkzeugmittelpunkts im Maschinenkoordinatensystem
p^{WKS}	mm	Position des Werkzeugmittelpunkts im Werkstückkoordinatensystem
q	-	Parameter der Minkowski-Distanz
r	m/s^3	Ruck
s	-	Zeitbasiertes Signal (allgemein)
s_z	-	Standardisiertes zeitbasiertes Signal (allgemein)
t	-	Datenpunkt in einer Zeitreihe T
v_c	m/min	Schnittgeschwindigkeit
v_f	mm/min	Vorschubgeschwindigkeit
w	-	Zerlegungsgrad der Schnellen Wavelet-Transformation
w_{SC}	-	Gewichtungsfaktor für das Spindelstromkriterium
z	-	Zähne- bzw. Schneidenzahl eines Werkzeugs

Griechische Buchstaben

Zeichen	Einheit	Benennung
α_{pos}, α_{neg}	-	Steigungsparameter der zur Eingriffsdetektion genutzten Sigmoidfunktionen
δ^{max}	-	Maximale Differenz der normierten Spindeldrehzahl
$\Delta^{k}_{p,i,j}$	-	*k*-dimensionales euklidisches Distanzprofil der Partition *p* am Datenindex *i* unter Berücksichtigung der Signale *j*
ε	-	Ähnlichkeitsbereich
θ	-	Konfidenzparameter für die Eingriffsdetektion
μ	-	Durchschnittswert (allgemein)
σ	-	Standardabweichung (allgemein)
ψ	-	Mother Wavelet (dt.: Mutter-Wavelet)
$\psi_{x,y}$	-	Diskrete Wavelet-Familie eines Mother Wavelets
Ω	-	Wavelet-Koeffizienten als Ergebnis der Diskreten Wavelet-Transformation

Laufvariablen

Zeichen	Benennung
i	Index der aufgezeichneten Datenpunkte; $\{i \in \mathbb{N} \mid 0 \leq i \leq n - 1\}$
j	Index der aufgezeichneten Signale; $j \in \mathbb{N}$
k	Dimensionalität; $k \in \mathbb{N}$
p	Index der Partitionen eines Datensatzes; $p \in \mathbb{N}$

Abkürzungen

Zeichen	Benennung
AiF	Arbeitsgemeinschaft industrieller Forschungsvereinigungen
BMBK	Bundesministerium für Wirtschaft und Klimaschutz
CAD	Computer-Aided Design (dt.: rechnerunterstütztes Konstruieren)
CAM	Computer-Aided Manufacturing (dt.: rechnerunterstützte Fertigung)

DBCV	Density-Based Clustering Validation (dt.: Dichtebasierte Clusteringvalidierung)
DFG	Deutsche Forschungsgemeinschaft e. V.
DTW	Dynamic Time Warping (dt.: Dynamische Zeitnormierung)
DWT	Discrete Wavelet Transformation (dt.: Diskrete Wavelet-Transformation)
HDBSCAN	Hierarchical Density-Based Spatial Clustering of Applications with Noise (dt.: hierarchisches dichtebasiertes räumliches Clustering für Anwendungen mit Rauschen)
HTML	Hypertext Markup Language (dt.: Hypertext-Auszeichnungssprache)
ISO	International Organization for Standardization (dt.: Internationale Organisation für Normung)
KDD	Knowledge Discovery in Databases (dt.: Wissensgenerierung aus Daten)
KI	Künstliche Intelligenz
MKS	Maschinenkoordinatensystem
MQTT	Message Queue Telemetry Transport
NC	Numerical Control (dt.: numerische Steuerung)
NUFFT	Non-uniform Fast Fourier Transform (dt.: ungleichmäßige schnelle Fourier-Transformation)
SQL	Structured Query Language (dt.: Strukturierte Abfragesprache)
STEP	Standard for the Exchange of Product Model Data
TCP	Tool Center Point (dt.: Werkzeugmittelpunkt)
TCP/IP	Transmission Control Protocol/Internet Protocol
UMAP	Uniform Manifold Approximation and Projection for Dimension Reduction (dt.: Einheitliche Mannigfaltigkeitsannäherung und -projektion zur Dimensionalitätsreduktion)
WKS	Werkstückkoordinatensystem
WZL	Werkzeugmaschinenlabor WZL der RWTH Aachen University

1 Einleitung

Introduction

Hersteller industrieller Produkte sind angesichts eines permanenten Wettbewerbsdrucks zu Effizienzsteigerungen gezwungen. Dabei rücken die Produktivität und das operative Betriebsergebnis als primäre Zielgrößen in den Hintergrund, während Nachhaltigkeit in den Bereichen Umwelt, Soziales und Unternehmensführung fokussiert wird [BERG21]. Gleichzeitig ist eine Steigerung der Resilienz für produzierende Unternehmen unabdingbar, da wirtschaftliche Rezessionen, ausgelöst durch z. B. die COVID-19-Pandemie, aufgrund der engen Vernetzung nationaler Wirtschaftssysteme in kürzester Zeit, zumeist unerwartet und global eintreten können [ROME18, S. 2-3].

Im Zuge der fortschreitenden Digitalisierung im produktionstechnischen Umfeld sind immer mehr zeitbasierte Live-Daten des Fertigungsprozesses bereits verfügbar oder zumindest ohne hohe Investitionskosten, bspw. über die numerische Steuerung (engl.: Numerical Control; NC), abgreifbar. Für deren industrielle Verwertung werden zunehmend auch die infrastrukturellen Voraussetzungen bspw. im Rahmen des Exzellenzclusters *Internet of Production* geschaffen, um eine durchgehende Datenverfügbarkeit sicherzustellen [SCHU20]. Die Analyse der Daten bietet vielversprechende Möglichkeiten, die Grenzen konservativer Optimierungsansätze zu überwinden und somit den genannten Aufgaben zu begegnen, da die Daten stochastische und externe Effekte abbilden. Der hohe Abstraktionsgrad der Daten stellt hierbei eine Herausforderung dar. Einzelne Signale, wie z. B. Motorströme und Achsbeschleunigungen, sind für den Menschen in ihrem Zusammenwirken nur selektiv zu erfassen. Die Prozessdaten werden daher vermehrt modellbasiert betrachtet, also domänenübergreifend aggregiert und durch physikalische Modelle veredelt, um höherwertige Informationen, wie z. B. Prozesskräfte oder statische Abdrängungen, abzuleiten. Im Anschluss werden diese Informationen zur Analyse durch einen menschlichen Experten visualisiert oder im Sinne einer Regelung in den Prozess zurückgeleitet. [BREC17b]

Allerdings werden prozessbezogene Entscheidungszeiträume immer kürzer und Ursache-Wirkungs-Beziehungen immer komplexer. Daher steigt die Nachfrage nach datengetriebenen Lösungen zur eigenständigen Entscheidungsfindung, wie bspw. Methoden der Künstlichen Intelligenz (KI) [BREC20a]. Die große Anzahl solcher Ansätze in der Produktionstechnik verdeutlicht jedoch, dass sie auf spezifische Probleme, wie z. B. die Vorhersage der Werkzeuglebensdauer [KARA16], zugeschnitten sind [MOEH20]. Die Komplexität der Produktionsumgebung, das Ausmaß veränderlicher Randbedingungen sowie die Heterogenität von Produkten und Werkzeugmaschinen erfordern gleichzeitig eine Vielzahl maßgeschneiderter Eingangsdaten, die nur in der Großserienfertigung unter immer gleichen Voraussetzungen zur Verfügung stehen.

Daraus ergibt sich der Bedarf, das Anwendungsfeld datengetriebener Lösungen zur eigenständigen Entscheidungsfindung über unterschiedliche Prozesse hinweg zu erweitern und deren Übertragbarkeit im Hinblick auf kleinere Losgrößen zu erhöhen, der in folgender Fragestellung resultiert:

> Wie können während des Fertigungsprozesses aufgezeichnete Zeitreihendaten automatisiert vorverarbeitet und strukturiert werden, sodass sie zu einem späteren Zeitpunkt zielgenau gefunden und unmittelbar extrahiert werden können, um zur Entscheidungsfindung durch datengetriebene Ansätze im spezifischen Anwendungskontext beizutragen?

Vor dem Hintergrund dieser Fragestellung wird in dieser Arbeit ein Lösungsweg zur datengetriebenen Strukturierung von Zeitreihendaten aus NC-Zerspanprozessen mit Fokus auf Fräs- und Bohrbearbeitungen erarbeitet. Hierzu wird zunächst der Stand der Technik in Forschung und Industrie untersucht (Kapitel 2). Im Zuge dessen wird herausgestellt, dass eine Vielzahl leistungsfähiger Methoden aus dem Bereich des Data-Mining existieren, die in der Produktionstechnik bislang nur individuell zur Lösung spezifischer Herausforderungen herangezogen werden, obwohl die übergreifende Wissensextraktion aus den anfallenden Daten erst durch die Verknüpfung unterschiedlicher Verfahren realisiert werden kann. Daher werden Data-Mining-Algorithmen entwickelt und kombiniert, um die lokale Differenzierung der Fertigungsprozesse zu ermöglichen. Anhand der so entstehenden Teilprozessabschnitte können zeitbasierte Daten durch maschinelle Lernverfahren kontextadaptiv aggregiert werden. Darauf aufbauend wird ein hybrides Datenanalysewerkzeug [VAN21] geschaffen, mit dem der Mensch sowohl auf Basis der durch die Algorithmen identifizierten Informationen als auch mithilfe seines Expertenwissens nach spezifischen Daten suchen und diese flexibel kombinieren kann. So wird der menschliche Experte in die Lage versetzt, einerseits maßgeschneiderte Daten über mehrere Prozesse hinweg für weiterführende Modelle zusammenzustellen und andererseits einen einzelnen Prozess z. B. hinsichtlich seines Produktivitätsoptimierungspotenzials zielgerichteter analysieren zu können (Kapitel 3 bis 7). Die zugrundeliegende Methodik ist grundsätzlich datenunabhängig anwendbar und daher auf unterschiedliche NC-Prozesse übertragbar, wird aber im Rahmen dieser Arbeit anhand von Fräsprozessen entwickelt und illustriert. Das Gesamtkonzept wird in Form eines Softwaredemonstrators mitsamt der notwendigen Hardwareinfrastruktur prototypisch realisiert, bevor der Lösungsansatz anhand realer NC-Zerspanprozesse experimentell validiert und hinsichtlich seiner Wirksamkeit evaluiert wird (Kapitel 8). Den Abschluss dieser Dissertationsschrift bilden eine Zusammenfassung und ein Ausblick auf zukünftige Forschungsaktivitäten (Kapitel 9).

Die vorliegende Arbeit entstand im Rahmen des Forschungsprojekts *Semantische Datenanalyse für Zerspanprozesse (SeDaZ)* (Förderkennzeichen 22277 N), das über die Arbeitsgemeinschaft industrieller Forschungsvereinigungen (AiF) im Rahmen des Programms zur Förderung der industriellen Gemeinschaftsforschung vom Bundesministerium für Wirtschaft und Klimaschutz (BMBK) aufgrund eines Beschlusses des Deutschen Bundestages gefördert wird, und des Exzellenzclusters *Internet of Production* (Förderkennzeichen 390621612), das durch die Deutsche Forschungsgemeinschaft (DFG) im Rahmen der Exzellenzstrategie des Bundes und der Länder gefördert wird.

Introduction

Manufacturers of industrial products are forced to increase their efficiency in the face of permanent competitive pressure. In this context, the productivity and the operating profit as primary targets move into the background, while sustainability regarding environmental, social and governance criteria is focused [BERG21]. At the same time, increasing resilience is indispensable for manufacturing companies, as economic recessions, triggered for example by the COVID-19 pandemic, can occur in a very short time, mostly unexpectedly and globally due to the close interconnectedness of national economic systems [ROME18, S. 2-3].

In the course of advancing digitalization in production environments, more and more time series live data of the manufacturing process are already available or can at least be recorded without high investment costs, for instance via the numerical control (NC). The infrastructural prerequisites for their industrial exploitation are also being created increasingly, for example within the framework of the cluster of excellence *Internet of Production*, in order to ensure continuous data availability [SCHU20]. The analysis of the data offers promising possibilities to overcome the limitations of conservative optimization approaches and thus to address the aforementioned tasks, since the data incorporates stochastic and external effects. The high level of abstraction of the data poses a challenge here. Humans can only selectively understand the interactions of individual signals, such as drive currents and axis accelerations. Process data are, therefore, increasingly examined in a model-based manner, i.e. aggregated across different domains and enriched by physical models, in order to derive information of higher value, such as process forces or static displacements. Subsequently, this information is visualized for analysis by a human expert or fed back into the process in terms of a control loop. [BREC17b]

However, process-related decision periods become progressively shorter and cause-effect relationships increasingly complex. Therefore, a growing demand for data-driven solutions for autonomous decision making, for instance methods based on Artificial Intelligence, exists [BREC20a]. The large number of such approaches in production engineering illustrates, though, that they are tailored to specific problems, for example tool life prediction [KARA16; MOEH20]. The complexity of production environments, the extent of variable boundary conditions as well as the heterogeneity of products and machine tools simultaneously require an ample amount of customized input data, which is only available in large-scale production under immutable conditions.

This results in the need to expand the scope of data-driven solutions for autonomous decision making across different processes and to increase their transferability with regard to smaller batch sizes, which results in the following question:

> How can time series data recorded during the manufacturing process be preprocessed and structured in an automated way, so that they can be found accurately at a later stage and extracted immediately, in order to contribute to decision-making through data-driven approaches in a specific application context?

Against the background of this question, an approach for the data-driven structuring of time series data from NC machining processes with a focus on milling and drilling operations is developed in this thesis. To this end, the state of the art in research and industry is examined first (Chapter 2). Hereby, it is highlighted that a large number of powerful methods from the field of data mining exist, which have so far only been used individually in production engineering to solve specific challenges, although the overarching knowledge extraction from the accumulating data can only be realized by linking different methods. Therefore, data mining algorithms are developed and combined to enable the local differentiation of manufacturing processes. With the resulting subprocess segments, time series data can be aggregated in a context-adaptive manner using machine-learning techniques. On this basis, a hybrid data analysis tool [VAN21] is created, which allows humans to query and flexibly combine specific data with the help of both the information identified by the algorithms and their expert knowledge. In this way, the human expert is enabled, on the one hand, to compose customized data across several processes for further models and, on the other hand, to analyze a single process in a more targeted manner, for example regarding its productivity optimization potential (Chapters 3 to 7). The underlying methodology is basically data-independently applicable and therefore transferable to different NC processes, but is developed and illustrated in the context of this work on the basis of milling processes. The overall concept is prototypically implemented in the form of a software demonstrator including the necessary hardware infrastructure, before the approach is experimentally validated and evaluated with respect to its effectiveness based on real NC machining processes (Chapter 8). The thesis concludes with a summary and an outlook on future research activities (Chapter 9).

The present thesis originated within the context of the research project *Semantic Data Analysis for Machining Processes (SeDaZ)* (funding code 22277 N), which is funded through the German Federation of Industrial Research Associations (AiF) within the program for the promotion of joint industrial research by the German Federal Ministry for Economic Affairs and Climate Action (BMBK) based on a resolution of the German Bundestag, and the cluster of excellence *Internet of Production* (funding code 390621612), which is funded by the German Research Foundation (DFG) as part of the excellence strategy of the German federal and state governments.

2 Stand der Technik in Forschung und Industrie

State of the Art in Research and Industry

Im folgenden Kapitel wird zunächst ein Überblick über die Datenverfügbarkeit entlang der digitalen Prozesskette gegeben (Kapitel 2.1). Dieser erhebt keinerlei Anspruch auf Vollständigkeit. Vielmehr soll ein Querschnitt der vielseitigen Anwendungen von datengetriebenen Lösungen dargelegt werden, um die Notwendigkeit einer Datenstrukturierung zu motivieren. Daran anschließend wird mit der datenbasierten Wissensgenerierung ein übergreifender Rahmen für diese Arbeit geschaffen (Kapitel 2.2). Weiterhin werden die notwendigen Grundlagen zur Ähnlichkeitsanalyse von Zeitreihendaten diskutiert (Kapitel 2.3), bevor bekannte Lösungsansätze und Methoden zur Datenstrukturierung mit Fokus auf die Produktionstechnik vorgestellt werden (Kapitel 2.4). Im Anschluss werden übergreifende Ansätze, die verschiedene solcher Methoden kombinieren, dargelegt (Kapitel 2.5). Abschließend wird der bestehende Forschungsbedarf im Rahme eines Zwischenfazits abgeleitet (Kapitel 2.6).

Die Untersuchung des Stands der Technik wird insofern fokussiert, als ausschließlich Lösungen mit Eignung zur Verarbeitung von Zeitreihendaten (engl.: Time Series Data) betrachtet werden. Diese Einschränkung ist notwendig, da selbst im produktionstechnischen Kontext unzählige Forschungsarbeiten im Zusammenhang mit der Aufbereitung von Daten existieren, die sich zu stark vom Schwerpunkt der vorliegenden Arbeit entfernen und deren Einordnung den Rahmen dieser Arbeit überschreitet. Als prominentes Beispiel ist hier die Bildverarbeitung zu nennen, die z. B. zur Oberflächenqualitätskontrolle eingesetzt wird [WOLF22]. Gleichzeitig sei darauf hingewiesen, dass viele Datentypen in Zeitreihen konvertiert bzw. als solche angesehen werden können, obwohl bei deren Generierung kein direkter zeitlicher Kontext existiert [KEOG06].

2.1 Datenverfügbarkeit entlang der digitalen Prozesskette

Data Availability Along the Digital Process Chain

Im Fertigungsumfeld fällt eine Vielzahl unterschiedlicher Daten an [WELL19]. Dies betrifft z. B. das dreidimensionale CAD-Bauteil (Computer-Aided Design; dt.: rechnerunterstütztes Konstruieren) sowie die konkrete Fertigungsprozessplanung im CAM-System (Computer-Aided Manufacturing; dt.: rechnerunterstützte Fertigung). Entlang der digitalen Prozesskette werden so immer präzisere Informationen mit eindeutigem Bezug zum konkreten Produktionsprozess generiert, um diesen a priori möglichst effizient unter Einhaltung aller qualitäts- und fertigungsspezifischen Rahmenbedingungen auszulegen [MOUR19]. Das Post-Processing im CAM, also die Übersetzung der Technologie- und Bahninformationen in ein zeilenbasiertes maschinenspezifisches NC-Programm, stellt hierbei einen Einschnitt dar, bei dem alle objektorientierten oder semantischen Informationen der Planung verloren gehen [BREC21c, S. 454-459]. Zwar existieren Austauschformate wie z. B. STEP-NC, um diesem Informationsverlust vorzubeugen [ISO03; ISO21]. Diese haben sich allerdings in der industriellen Praxis bisher nicht vollends durchgesetzt [AHMA19].

Darüber hinaus werden vermehrt prozessparallel aufgezeichnete maschineninterne Daten genutzt, um bspw. Potenziale zur Produktivitätssteigerung zu erschließen [GITT19]. Traditionell ist dies der Anwendungsrahmen von Prozessüberwachungslösungen wie z. B. *ToolScope* [CERA23] oder *Artis* [MARP23], die sich zu immer leistungsfähigeren Datenbank- und -analysewerkzeugen entwickeln. Allerdings gewinnt auch die nachgelagerte Analyse der Prozessdaten vor dem Hintergrund standardisierter Aufzeichnungshardware wie der *Siemens Edge* [SIEM23b] an Bedeutung. Moderne Prozessanalysesoftware, wie z. B. *Analyse MyWorkpiece /Toolpath* [SIEM23a] oder *MACHpro* [MANU23], integriert alle anfallenden Daten zeit- und ortsübergreifend in einer interaktiven Umgebung. Hierdurch entsteht ein digitaler Zwilling der Bearbeitung, der dem menschlichen Experten die ganzheitliche Analyse ermöglicht.

Die anfallenden Prozessdaten werden kontextualisiert und durch die Anwendung von Modellen veredelt [BREC20a]. Diese Modelle sind überwiegend physikalisch motiviert, schlüsseln also das Zusammenwirken von Maschine, Werkzeug und Technologieparametern sowie die sie beeinflussenden Effekte, u. a. Thermik, Verschleiß, Dynamik und Statik, auf [KOEN18; BREC21a; BREC21b]. In Summe steht damit eine noch größere Menge an Daten zur Verfügung, die zwar einen Bezug zum NC-Programm, jedoch keine inneren semantischen Bezüge analog zur Fertigungsplanung aufweist.

Eine naheliegende Lösung zur Vermeidung des Informationsverlusts beim Post-Processing liegt darin, die im CAM-System definierten Bearbeitungsschritte mit in das NC-Programm zu schreiben [FERT22a]. Eine eindeutige Strukturierung der anfallenden Daten lässt sich so jedoch nicht erzielen. Dies liegt darin begründet, dass im Bereich der bahngebundenen Fertigungsverfahren kein einheitlicher Bezeichnungsstandard vorhanden ist. Zwar existieren Normen zur Spezifikation von Bauteilmerkmalen [ISO04b] und Bearbeitungsstrategien [ISO04a], diese können aber die tatsächliche Bearbeitung nur lückenhaft beschreiben. Grund dafür ist die hohe Komplexität und Individualität des Fertigungsumfelds. Die kombinatorische Vielfalt aus beliebiger Bauteilgeometrie und beliebiger Fertigungsstrategie [ZHAN14], die ständige Weiterentwicklung hochleistungsfähiger Werkzeuge [DENK14b] und CAM-Systeme [KYRA20] sowie nicht zuletzt der stark durch den Menschen geprägte Prozessplanungsvorgang erzeugen eine Verschiedenartigkeit der Fertigungsprozesse, die die Vergabe von eindeutigen, standardisierten Kennzeichnungen verhindert.

Derzeit kann also nur der menschliche Experte eine kontextsensitive Strukturierung der Daten für einzelne Prozesse vornehmen, was jedoch in Anbetracht des Datenumfangs zu zeit- und kostenintensiv ist. Um das starke Ungleichgewicht der Daten mit hohem Informationspotenzial auf der einen Seite und den nur spärlich vorhandenen Datenbeziehungen auf der anderen Seite auszugleichen, bedarf es einer automatisierten Datenstrukturierung. Diese ist insbesondere dann notwendig, wenn aus bereits vorhandenen Datensilos nachträglich Informationen gewonnen werden sollen.

2.2 Datenbasierte Wissensgenerierung

Data-based Knowledge Discovery

Angesichts der großen Datenmengen, die wie in Kapitel 2.1 skizziert nicht nur aufgrund der vielfältigen Möglichkeiten zur Datenerfassung in Prozessplanung und Fertigung, sondern auch durch die Vielzahl datengetriebener Ansätze generiert werden, stehen Unternehmen vor der Herausforderung, diese Daten im Sinne einer Effizienzsteigerung gewinnbringend einzusetzen. Die Daten erfüllen folgende Charakteristika, weshalb sich in diesem Zusammenhang auch von Big-Data sprechen lässt: [MEIE21]

- Volume (dt.: Volumen): Der Datenbestand ist umfangreich.
- Variety (dt.: Vielfalt): Die Daten liegen unterschiedlich strukturiert vor.
- Velocity (dt.: Geschwindigkeit): Es werden in kürzester Zeit neue Daten generiert.
- Value (dt.: Wert): Die Daten bergen einen hohen Informationsgehalt und Wert.
- Veracity (dt.: Wahrhaftigkeit): Die Daten liegen in unterschiedlicher Qualität vor.

Der Terminus Big-Data ist durch seine historische Entwicklung und breite Präsenz sehr weit gefasst und aufgeladen mit allgemeinen Erwartungen an digitale Technologien im Umgang mit großen Datenmengen [REIC14; SIVA17]. Auf den Versuch einer eigenständigen Definition im Sinne des Themas der vorliegenden Arbeit wird an dieser Stelle verzichtet. Stattdessen sollen im Folgenden ausschließlich die relevanten Kernaspekte zur Datenstrukturierung fokussiert werden: die datenbasierte Wissensgenerierung, dabei insbesondere das Data-Mining. Weiterführende Facetten im Zusammenhang mit der Verarbeitung großer Datenmengen, wie z. B. Datensicherheit und Energieeffizienz, werden somit vernachlässigt [SIDD16; ZHAN19].

In Anbetracht der Vielzahl an Daten, die im Planungs- und Fertigungsprozess sowie bei der Veredelung von Rohdaten erzeugt werden, spielt die Wissensgenerierung aus Daten (engl.: Knowledge Discovery in Databases; KDD) eine zentrale Rolle für die Entwicklung datenbasierter Lösungen im Fertigungsumfeld. Große Rohdatenbestände können nämlich nicht ohne weitere Hilfsmittel sinnvoll interpretiert werden. Das Ziel der KDD ist daher, implizit vorhandenes Wissen in kürzester Zeit zu entdecken und explizit verfügbar zu machen. [DUES06]

Zu diesem Zweck existiert kein universelles bzw. standardisiertes Vorgehensmodell. Gemäß der historischen Definition fokussiert KDD die Identifikation valider, neuer, nichttrivialer, potenziell nützlicher und verständlicher Muster in Daten [FAYY96]. Diese Definition legt die Nähe zum Data-Mining nahe und erklärt die teils synonyme Verwendung der Begrifflichkeiten. Tatsächlich beschreibt KDD aber einen umfassenden, sich permanent weiterentwickelnden Orientierungsrahmen zur Wissensextraktion, der das Data-Mining als Kernaspekt inkludiert, nicht aber auf diesen beschränkt ist. In Bild 2.1 sind die wichtigsten Teilschritte des KDD illustriert, die nachfolgend kurz erläutert werden. Aufgrund der Vielzahl an anwendbaren Methoden und der starken Abhängigkeit vom Datenkontext ist die KDD nicht als unidirektionaler Prozess, sondern als interaktives und anpassungsfähiges Rahmenwerk zu verstehen. [KRIE09; GARC15, S. 1-2]

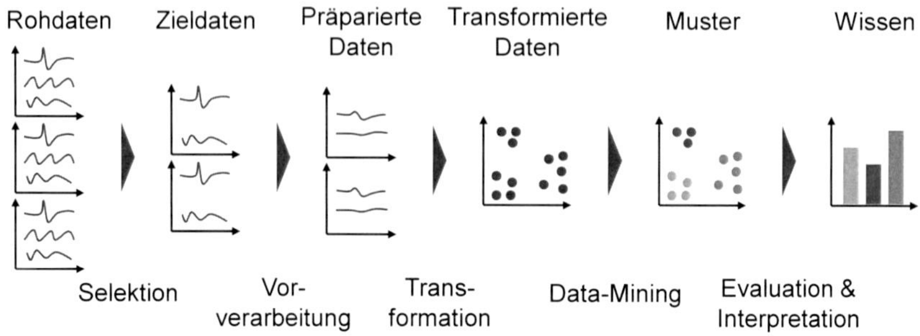

Bild 2.1: Prozess zur Wissensgenerierung aus Daten, angelehnt an [MEIE21, S. 15]
Process of Knowledge Discovery in Databases, acc. to [MEIE21, p. 15]

Aufbauend auf den vorhandenen Rohdaten wird zunächst der Anwendungsfall spezifiziert. Im Fokus steht hierbei die Zielsetzung der Wissensextraktion, d. h. welche Informationen zu welchem Zweck aus den Daten gewonnen werden sollen. Dies kann bspw. die Identifikation von Clustern oder die Beschreibung von impliziten Zusammenhängen sein. Zusätzlich wird an dieser Stelle auch das relevante Expertenwissen, wie z. B. physikalische Zusammenhänge, aggregiert. Darüber hinaus wird geprüft, ob die gesamte Datenbasis überhaupt zur Zielerreichung geeignet ist oder ob ggf. weitere Daten gesammelt werden müssen. Auf dieser Basis werden die auf die Ziele und den Anwendungsfall zugeschnittenen Daten ausgewählt. Im Anschluss erfolgt die Datenvorverarbeitung, bei der die Qualität der Daten hinsichtlich Konsistenz und Vollständigkeit erhöht wird. Typische Anwendungen umfassen:

- die Bereinigung von fehlenden oder fehlerhaften Daten
- die Zusammenführung und Integration von Daten aus unterschiedlichen Quellen
- die Reduktion des Datenbestandes zur Optimierung von Komplexität und Laufzeit

Anschließend werden die Daten in eine einheitliche, anwendungsspezifische Struktur transformiert. Die Überführung der Daten in eine zielorientierte Darstellung ist nicht nur notwendig, um überhaupt Erkenntnisse aus den Daten gewinnen zu können, sondern kann auch die Effizienz der nachgelagerten Auswertungsalgorithmen steigern.

Durch das sich unmittelbar anschließende Data-Mining (vgl. Kapitel 2.4) sollen Muster und Strukturen in den Daten identifiziert werden, auf deren Grundlage letztlich ein Erkenntnisgewinn möglich ist. Hierbei wird auch auf vorhandenes Expertenwissen zurückgegriffen, um die zugrundeliegenden Algorithmen effizienter und robuster zu gestalten, die Abhängigkeit der Ergebnisse von der Datenqualität und -quantität zu reduzieren sowie deren Nachvollziehbarkeit für den Menschen sicherzustellen [DENG20]. Abschließend werden die Analyseergebnisse nicht nur visualisiert und hinsichtlich Signifikanz, Genauigkeit und Generalisierbarkeit evaluiert, sondern auch interpretiert, um explizites Wissen aus den Daten abzuleiten. [DUES06; KRIE09; GARC15, S. 2]

Untrennbar mit dem KDD-Prozess verbunden ist die Wahl des Datenbanksystems, in dem einerseits die Rohdaten, andererseits aber auch die ermittelten Muster und Erkenntnisse gespeichert werden. Es existiert eine Vielzahl unterschiedlicher Datenbanktypen und -implementierungen mit individuellen Stärken und Schwächen, die sich hinsichtlich ihrer Verwendung im produktionstechnischen Kontext stark auffächern [CUI20]. Die Leistungsfähigkeit der verwendeten Systeme entscheidet grundlegend über die Performanz der KDD-Anwendung. Daher werden eigens für die Verarbeitung und Speicherung von Zeitreihendaten ausgelegte Datenbanksysteme entwickelt [DUNN14]. Bekannte Beispiele dieser Systeme sind *TimescaleDB* und *InfluxDB* [TIME23; INFL23].

Der KDD-Prozess wird in der produktionstechnischen Anwendung zunehmend im Rahmen vollständig automatisierter Pipelines durchlaufen [FRYE21]. Die damit verbundenen Aufgabenfelder und Herausforderungen fallen unter den Sammelbegriff der datengetriebenen bzw. intelligenten Produktion [TAO18; XU20]. Aufgrund der in der Produktionstechnik vorherrschenden Heterogenität der Systemlandschaft ist der übergreifende Daten- bzw. Wissensaustausch von zentraler Bedeutung, der durch eine semantische Verknüpfung der Daten in Form von Ontologien realisiert werden kann [CAO19]. Algorithmen zur datengetriebenen Wissensgenerierung werden darüber hinaus auch bereits in der Entwicklungsphase technischer Systeme berücksichtigt [LACH15].

2.3 Ähnlichkeitsanalyse von Zeitreihendaten

Similarity Analysis of Time Series Data

Das Data-Mining hat, wie in Kapitel 2.2 skizziert, die Wissensextraktion aus Daten auf Grundlage der Identifikation und Analyse von Mustern und Strukturen zum Ziel. Insbesondere für die in Kapitel 2.4 aufgezählten Anwendungen stellen Ähnlichkeitsanalysen die Grundlage des Data-Minings von Zeitreihendaten dar. Nur durch die Ähnlichkeit von z. B. einzelnen Datenpunkten lässt sich quantifizieren, inwiefern diese hinreichend nah beieinanderliegen, um bspw. ein Muster zu bilden, das einen physikalischen Zusammenhang in der Datenwelt repräsentiert. Hierdurch lassen sich je nach Betrachtungshorizont nicht nur in den Daten enthaltene Strukturen, sondern auch übergreifende Zusammenhänge zwischen Datensätzen sichtbar machen.

Insofern kondensieren viele Aufgaben des Data-Minings in der Lösung der Fragestellungen, wie die Ähnlichkeit von Zeitreihendaten quantitativ bewertet werden kann und welche Bedeutung diese Ähnlichkeit im Kontext des konkret vorliegenden Anwendungsfalls hat. Ein einheitliches Verständnis für diese teils mathematischen Konstrukte ist erforderlich, um einerseits den Stand der Technik, andererseits aber auch die im Rahmen der vorliegenden Arbeit zu entwickelnden Algorithmen einordnen zu können. Daher werden notwendigen Definitionen und Notationen nachfolgend herausgearbeitet (Kapitel 2.3.1). Sie erheben keinen Anspruch auf Allgemeingültigkeit. Im Anschluss werden die wichtigsten Ähnlichkeitsmaße und Zeitreihendarstellungen überblicksartig vorgestellt (Kapitel 2.3.2 und 2.3.3), bevor mit der Motif-Suche ein zentrales Konzept zur Suche nach Ähnlichkeitsstrukturen diskutiert wird (Kapitel 2.3.4).

2.3.1 Definitionen

Definitions

Mit Zeitreihendaten werden im technischen Kontext üblicherweise zeitbasierte Signale assoziiert, die zu diskreten Zeitpunkten aufgezeichnet werden. In generalisierter Form lassen sich Zeitreihen wie folgt definieren:

Eine **Zeitreihe** $T \in \mathbb{R}^n$ der Länge $n \in \mathbb{N}$ ist eine Folge reeller Zahlen $t_i \in \mathbb{R} : T = [t_1, t_2, \ldots, t_n]$. (2.1)

Hierbei muss der Zeitpunkt der jeweiligen Aufnahme eines Datenpunkts nicht zwangsläufig bekannt sein. Vielmehr entsteht der zeitliche Charakter einer Zeitreihe dadurch, dass sich die zumeist äquidistanten Datenpunkte in einer geordneten Reihenfolge befinden [AGGA15, S. 9 f.].

Dennoch wird der Datenaufnahmezeitpunkt oftmals mitsamt dem Signal gespeichert. Insofern stellt die Aneinanderreihung dieser Zeitpunkte selbst eine Zeitreihe dar. Werden also mehrere Zeitreihen zeitsynchron aufgezeichnet, kann auch von einer mehrdimensionalen oder multivariaten Zeitreihe gesprochen werden [AGGA15, S. 9 f.].

Eine **mehrdimensionale Zeitreihe** $T \in \mathbb{R}^{k \times n}$ der Länge $n \in \mathbb{N}$ und der Dimensionalität $k \in \mathbb{N}$ ist eine sich gemeinsam entwickelnde Menge von Zeitreihen $T^{(i)} \in \mathbb{R}^n : T = \left[T^{(1)}, T^{(2)}, \ldots, T^{(k)}\right]^T$. (2.2)

Solche mehrdimensionalen Zeitreihen entstehen bspw. bei der Datenaufzeichnung an einer NC-Steuerung, die im Rahmen der Prozessregelung mehrere Signale, wie z. B. Positionen und Drehzahlen, gleichzeitig verarbeitet.

Im Rahmen des Data-Mining werden nicht nur ganze Zeitreihen miteinander verglichen, sondern insbesondere auch individuell Zeitreihen im Hinblick auf existierende Strukturen untersucht. Dies erfordert die Unterteilung einer Zeitreihe in sogenannte Subsequenzen [LIN02].

Eine **Subsequenz** $T_{i,m} \in \mathbb{R}^m$ der Länge $m \in \mathbb{N}$ ist eine an der Position i beginnende zusammenhängende Teilmenge der Zeitreihe T. Dabei gilt: $T_{i,m} = [t_i, t_{i+1}, \ldots, t_{i+m-1}]$ *mit* $1 \leq i \leq n - m + 1$ *und* $1 \leq m \leq n$ (2.3)

Im Zusammenhang mit dem Data-Mining spielen Muster eine zentrale Rolle. Die Definition von Mustern ist nicht einheitlich und in unterschiedlichen Forschungsbereichen weit gefasst. Im natürlichen Sprachgebrauch werden Muster anhand ihrer sich wiederholenden Natur charakterisiert. In diesem Sinne werden Muster für die weiteren Untersuchungen im Rahmen der vorliegenden Arbeit wie folgt definiert:

Ein **Muster** der Länge $m \in \mathbb{N}$ ist eine Subsequenz $T_{i,m}$, die sich mindestens einmal wiederholt. Eine Wiederholung liegt dann vor, wenn die zu einer zweiten Subsequenz $T_{x,m}$ berechnete Distanz $D(T_{i,m}, T_{x,m}) \leq \varepsilon$ bei hinreichend kleinem Ähnlichkeitsbereich $\varepsilon \in \mathbb{R}$ beträgt. Die beiden Subsequenzen gelten dann als **ähnlich**. (2.4)

Ein Muster anhand der Ähnlichkeiten von Subsequenzen zu definieren, ist notwendig, da in realen Datensätzen aufgrund von Störeffekten und Messrauschen nicht davon auszugehen ist, dass sich eine Subsequenz exakt wiederholt. Wie aus Definition (2.4) ersichtlich wird, ist die Ähnlichkeit dabei mathematisch über eine Distanz definiert, die den Kehrwert der Ähnlichkeit darstellt. Für eine Diskussion der im Zusammenhang mit Distanzen relevanten Aspekte sei auf Kapitel 2.3.2 verwiesen. Eine sinnvolle Definition von Mustern bedarf jedoch noch des Ausschlusses trivialer Ähnlichkeiten [LIN02].

Seien $T_{x,m}$ und $T_{y,m}$ zwei ähnliche Subsequenzen derselben Zeitreihe T. Die beiden Subsequenzen sind dann **trivial ähnlich** zueinander, wenn $x = y$ oder wenn keine Subsequenz $T_{y',m}$ mit $x < y' < y$ oder $y < y' < x$ existiert, sodass für die Distanz $D(T_{x,m}, T_{y',m}) > \varepsilon$ gilt. (2.5)

Durch zeitsynchrone Überlagerungen von Mustern in unterschiedlichen Signalen können analog mehrdimensionale Muster definiert werden.

Eine spezielle Instanz eines Musters stellt das Motiv (engl.: Motif) einer Zeitreihe dar, das das ähnlichste Subsequenzpaar einer Zeitreihe beschreibt [MUEE09]. Das Motif spielt im Rahmen dieser Arbeit eine grundlegende, wenn auch nur mittelbare Rolle (vgl. Kapitel 2.3.4). Formal gilt:

Die Subsequenzen $T_{x,m}$ und $T_{y,m}$ bilden genau dann das **Motif**-Paar der Länge m der Zeitreihe T, wenn $D(T_{x,m}, T_{y,m}) \leq D(T_{x',m}, T_{y',m})\ \forall\ x', y' \in [1, 2, \ldots, n - m + 1]$ mit $x' \neq y'$ und $x \neq y$. (2.6)

Von zentraler Bedeutung für die weiteren Ausarbeitungen sind Segmente. Unter der Annahme, dass sich unterschiedliche Bearbeitungsphasen eines Fräsprozesses in den prozessparallel aufgezeichneten maschineninternen Daten widerspiegeln, lässt sich ein Segment wie folgt definieren:

Ein **Segment** beschreibt eine Teilmenge $[t_i, t_{i+1}, \ldots, t_x]$ der Zeitreihe T, die die zusammenhängende und kontinuierliche Wiederholung eines Musters umfasst, durch die sie begrenzenden Datenindizes i und x, wobei $i < x$. (2.7)

Die Definition gilt analog für mehrdimensionale Muster. In Bild 2.2 werden die zuvor definierten Begriffe am Beispiel von Positionsdaten einer Werkzeugmaschine zusammenfassend veranschaulicht.

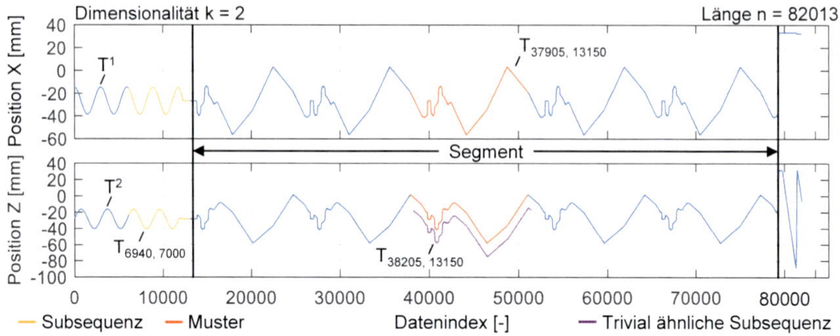

Bild 2.2: Subsequenzen, Muster und Segmente in mehrdimensionalen Zeitreihendaten
Subsequences, Patterns and Segments in Multidimensional Time Series Data

Abschließend muss an dieser Stelle auch der Begriff eines Clusters definiert werden, der typischerweise im Kontext der vorliegenden Daten und insbesondere der gewünschten Ergebnisse interpretiert wird [TAN20, S. 310 f.]. Cluster beschreiben grundsätzlich Gruppen von Objekten und werden hier im Kontext der Analyse von Zeitreihendaten wie folgt verstanden:

Ein **Cluster** beschreibt die Aggregation hinreichend ähnlicher Muster zu einer disjunkten Menge. (2.8)

Aus den beiden Definition (2.7) und (2.8) wird ersichtlich, dass ein Segment und ein Cluster eng miteinander verwandt sind. Im Unterschied zu Clustern unterliegen Segmente jedoch der Einschränkung, dass sie sich auf einen zusammenhängenden Bereich einer einzigen Zeitreihe beziehen. In diesem Sinne stellen Cluster eine Verallgemeinerung von Segmenten dar.

2.3.2 Distanzmaße

Distance Measures

Aus dem vorangegangenen Kapitel ergibt sich die besondere Relevanz der Ähnlichkeits- bzw. Distanzbestimmung für das Data-Mining von Zeitreihendaten. So beeinflusst die Berechnung der Distanz zwischen zwei Subsequenzen unmittelbar die Identifikation eines Musters und in der Folge auch von Segmenten und Clustern.

Die konkret berechnete Ähnlichkeit zweier Subsequenzen hängt entscheidend von der Wahl des Distanzmaßes ab. Dieses bildet die Ähnlichkeit zweier Subsequenzen in einer reellen Zahl ab. Je niedriger diese Zahl ausfällt, desto ähnlicher sind sich die betrachteten Subsequenzen. Es existieren zahlreiche Distanzmaße in der Literatur, deren Diskussion den Rahmen dieser Arbeit überschreiten würde [ESLI12]. Daher ist dieses Kapitel auf die bekanntesten und im Rahmen der vorliegenden Arbeit relevanten Distanzmaße beschränkt. Da unterschiedliche Distanzmaße zu unterschiedlichen Aussagen führen können, muss die Festlegung des Distanzmaßes immer im konkreten Anwendungskontext erfolgen.

Klassischerweise werden Distanzmaße durch Metriken formuliert, die grundsätzlich die folgenden drei Bedingungen erfüllen müssen: [TAN20, S. 97]

$$D(T_{i,m}, T_{x,m}) = 0 \Leftrightarrow T_{i,m} = T_{x,m}$$
$$D(T_{i,m}, T_{x,m}) = D(T_{x,m}, T_{i,m}) \tag{2.9}$$
$$D(T_{i,m}, T_{x,m}) \leq D(T_{i,m}, T_{y,m}) + D(T_{y,m}, T_{x,m})$$

Ein bekannter Vertreter solcher Metriken ist die Minkowski-Distanz: [MAHA19, S. 30]

$$D^{Mink}(T_{i,m}, T_{x,m}) = \left(\sum_{y=0}^{m-1} |t_{i+y} - t_{x+y}|^q\right)^{\frac{1}{q}}, \; q \geq 1 \tag{2.10}$$

Für die Werte $q = 1$ und $q = 2$ gehen die Manhattan-Distanz und die euklidische Distanz aus der Minkowski-Distanz hervor. Diese sind in Bild 2.3 zur Vereinfachung anhand von aus nur einem einzigen Datenpunkt bestehenden Subsequenzen illustriert. Insbesondere die euklidische Distanz wird in zahlreichen Data-Mining-Anwendung, bspw. beim Clustering, verwendet [JAVE20].

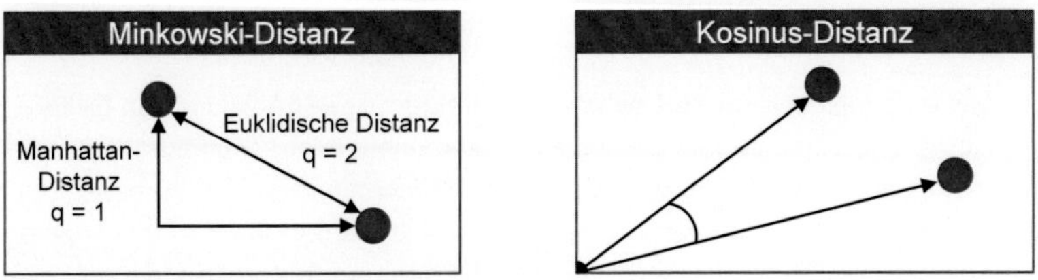

Bild 2.3: Beispiele unterschiedlicher Distanzmaße
Examples of Various Distance Measures

Allerdings sind nicht alle prominenten Distanzmaße Metriken. So misst bspw. die Kosinus-Distanz mithilfe des Standardskalarprodukts und der euklidischen Norm lediglich die Orientierung zweier Vektoren zueinander, nicht aber deren individuelle Länge, und verletzt dabei die Dreiecksungleichung aus (2.9), Bild 2.3 [TAN20, S. 101 f.]. Insbesondere in hochdimensionalen Räumen hat die Kosinus-Distanz jedoch Vorteile gegenüber bspw. der euklidischen Distanz und kommt daher häufig zur Anwendung.

Ein weiteres Distanzmaß, das in der Forschung viel Aufmerksamkeit erfährt, ist die Dynamische Zeitnormierung (engl.: Dynamic Time Warping; DTW) [BELL59]. Hierbei handelt es sich um einen renommierten Algorithmus, der in zahlreichen Varianten existiert. Der Algorithmus berechnet den minimalen euklidischen Abstand zwischen jedem Datenpunkt einer Subsequenz und einer Reihe von nahe beieinanderliegenden Datenpunkten der damit zu vergleichenden Subsequenz. Auf diese Weise ist es nicht nur möglich, unterschiedlich lange Subsequenzen miteinander zu vergleichen, sondern auch mehrere Datenpunkte einer Subsequenz einem einzelnen Datenpunkt der anderen Subsequenz zuzuordnen, was mit der euklidischen Distanz nicht funktioniert, Bild 2.4. Damit ist es im übertragenen Sinne möglich, dass die Zeit für eine Subsequenz stillsteht, während sie für die andere Subsequenz normal weiterläuft. Die Daten werden somit zeitlich nicht linear verzerrt, wobei sowohl Zeitsprünge als auch Zeitumkehrungen ausgeschlossen sind. Die Zuordnung aller Datenpunkte und somit auch der zeitliche Verlauf eines Subsequenz im Verhältnis zur anderen Subsequenz lässt sich mithilfe des sogenannten Warping-Path illustrieren, Bild 2.4. Die resultierende DTW-Distanz entspricht der Summe aller ermittelten minimalen Abstände im Rahmen der erlaubten zeitlichen Verzerrung. [AGGA15, S. 79-81]

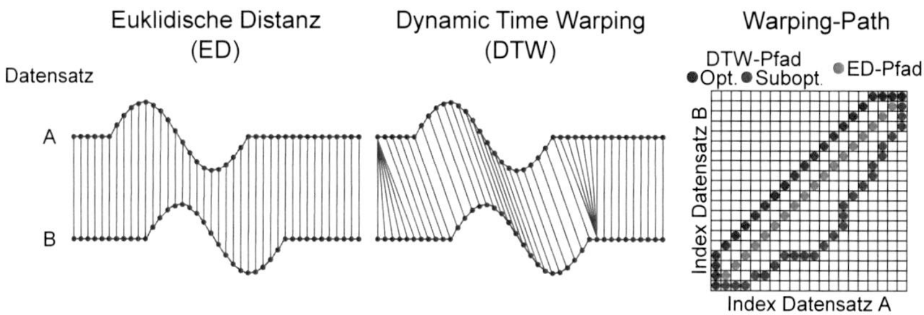

Bild 2.4: Illustration des Dynamic Time Warping im Vergleich zur euklidischen Distanz
Illustration of Dynamic Time Warping Compared to Euclidean Distance

DTW stellt eine Flexibilisierung bzw. Verallgemeinerung der euklidischen Distanz dar. Daher ist der Algorithmus auch Gegenstand zahlreicher Forschungsansätze, die darauf abzielen, die Berechnung trotz der hohen Rechenkomplexität zu beschleunigen [GELE19] und den Algorithmus in verschiedenen Varianten auch für mehrdimensionale Zeitreihen [SHOK17] sowie für Streaming-Daten verfügbar zu machen [YEH19]. Zudem findet DTW verstärkt Anwendung in den Bereichen Clustering, Klassifizierung und Motif-Suche [ALAE20a].

Der Vergleich zwischen der euklidischen Distanz und DTW zeigt auf, dass jedes Distanzmaß eigene Eigenschaften mit sich bringt und anwendungsspezifisch ausgewählt werden muss [BATI14]. In diesem Zusammenhang sind insbesondere die Invarianzen einer Distanz von entscheidender Bedeutung. Werden zwei Subsequenzen miteinander verglichen, so gilt ein Distanzmaß als invariant gegenüber einer Veränderung einer dieser Subsequenzen, wenn sich dadurch die berechnete Distanz nicht verändert. So ist DTW im Gegensatz zur euklidischen Distanz bspw. invariant gegenüber lokalen zeitlichen Skalierungen, wenngleich beide Distanzmaße eine Phasenvarianz, also eine Abhängigkeit vom Startpunkt einer Subsequenz aufweisen. Im Kontext eines Produktionsprozesses können Subsequenzen beliebiger Signale zeitlich skaliert sein, z. B. wenn unterschiedliche Vorschübe programmiert sind oder identische Bauteile unterschiedlicher Größe betrachtet werden. Darüber hinaus kann eine Subsequenz auch kontinuierlich zeitlich skaliert sein, wenn sich bspw. der Bahnradius kontinuierlich vergrößert. Bei Wahl der euklidischen Distanz können solche Effekte dazu führen, dass die Distanz zwischen entsprechenden Subsequenzen steigt und diese in der Folge nicht mehr als ähnlich gelten.

Die einem Distanzmaß inhärenten Varianzen lassen sich durch eine geschickte Datenverarbeitung mitigieren, aber nicht gänzlich eliminieren. So ist die euklidische Distanz variant gegenüber unterschiedlichen Amplituden. Die Antriebsströme zweier Linearachsen einer Werkzeugmaschine können bspw. einen ähnlichen Verlauf bzw. ähnliche Muster aufzeigen, wegen ihrer verschiedenen Grundlasten jedoch völlig divergierende Absolutwerte annehmen. Um die vorhandene Ähnlichkeit dennoch mit der euklidischen Distanz abbilden zu können, wird jedes Signal s vor der Distanzberechnung gemäß (2.11) z-standardisiert. [AGGA15, S. 77-79]

$$s_z = \frac{s - \mu}{\sigma} \tag{2.11}$$

Die z-Standardisierung stellt im Falle mehrdimensionaler Zeitreihen darüber hinaus eine Skaleninvarianz sicher. Durch die Aufzeichnung unterschiedlicher Signale in verschiedenen Dimensionen bzw. Einheiten wird die euklidische Distanz ohne z-Standardisierung von dem Signal mit der größten numerische Spannbreite dominiert [YEH19].

Dennoch kommt der Wahl eines geeigneten Distanzmaßes für die Definition der gewünschten Ähnlichkeit weiterhin eine zentrale Bedeutung zu. Daher ist die Weiterentwicklung von Distanzmaßen mit individuellen Invarianzen Gegenstand der Forschung [LIN12; BATI14; SPIE15].

Die in dieser Arbeit angestrebte musterbasierte Strukturierung von Prozessdaten basiert vollständig auf der z-standardisierten euklidischen Distanz (Kapitel 6). Dies dient einerseits der Komplexitätsreduktion. Andererseits lässt sie sich z. B. mithilfe des Verfahrens nach MUEEN ET AL. effizient berechnen und deckt zahlreiche anwendungstechnisch geforderte Invarianzen ab [MUEE23]. Weitere Implikationen werden in den jeweiligen Kapiteln mit Bezug zum Fertigungsprozess diskutiert. Die DTW-Distanz wird im Rahmen dieser Arbeit zur Datensatzsynchronisierung verwendet (Kapitel 7.3).

2.3.3 Darstellung von Zeitreihendaten

Representation of Time Series Data

Da Zeitreihendaten in hoher zeitlicher Auflösung aufgezeichnet werden können, entstehen schnell große Datensätze. Diese stellen für den effizienten Einsatz von Data-Mining-Algorithmen eine Herausforderung dar, weshalb die Zeitreihen häufig in eine schneller zu verarbeitende, unter Umständen auch approximierte Darstellung überführt werden. Nach Möglichkeit wird hierbei ein exakter Bezug zu den Rohdaten gewahrt, um diese im Anschluss weiterverarbeiten zu können. Die Wahl einer geeigneten Darstellung ist anwendungsabhängig. [KEOG17]

Daher stellt die Repräsentation von Zeitreihendaten in unterschiedlichen Domänen einen relevanten Forschungsbereich dar [GHOJ23]. In Bild 2.5 ist eine Einordnung der verwendeten Darstellungen überblicksartig visualisiert. Hierdurch wird ersichtlich, dass die Transformation von Zeitreihendaten in andere Darstellungen auch als Approximation durch z. B. Linearsegmente bezeichnet wird. Ein verwandter Begriff ist auch die Merkmalsextraktion, da die Berechnung von bspw. spektralen Kennwerten die Zeitreihe in einen Merkmalsraum und damit eine andere Darstellung überführt [GHOJ23].

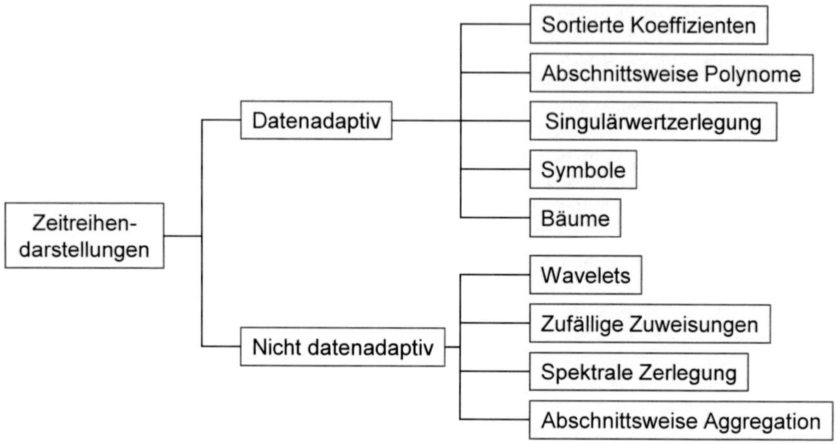

Bild 2.5: Einordnung unterschiedlicher Darstellungen von Zeitreihendaten, angelehnt an [KEOG17]

Categorization of Different Representations of Time Series Data, acc. to [KEOG17]

Geeignete Darstellungen spielen für alle Data-Mining-Anwendungen eine wichtige Rolle. Exemplarisch sei hierfür die Indexierung von Zeitreihendaten genannt, die eine effiziente Organisation von Zeitreihendatenbanken zur schnellen Durchsuchbarkeit zum Ziel hat [ESLI12]. Aktuelle Indexierungsmethoden nutzen dafür überwiegend symbolische Repräsentationen, die eine gute Datenkompression erzielen und somit die speicher- und laufzeiteffiziente Indexierung von Zeitreihendaten ermöglichen [SHIE08; SCHA15].

2.3.4 Motif-Suche

Motif Search

Die Suche nach einem in (2.6) definierten Motif ist Gegenstand zahlreicher Forschungsarbeiten und stellt eine der wichtigsten Grundlagen im Rahmen der Auswertung von Zeitreihendaten dar, sodass z. B. weiterführende Algorithmen der Segmentierung, des Clusterings und der Klassifizierung auf ihr basieren [ALAE20a]. In der Konsequenz ist die Motif-Suche eine zentrale Grundlage für die vorliegende Arbeit, wenngleich im Rahmen des zu entwickelnden Konzepts nicht explizit nach Motifs gesucht wird.

In der Literatur existiert über die Definition (2.6) hinaus eine weitere Motif-Definition, nach der das Motif nicht durch das ähnlichste Paar von Subsequenzen, sondern durch die Anzahl der ähnlichen Wiederholungen einer Subsequenz charakterisiert wird [MUEE14]. Eine dementsprechende Differenzierung der zugrundeliegenden Algorithmen ist erforderlich, da sich sowohl die grundsätzliche Herangehensweise als auch die Suchergebnisse signifikant unterscheiden können.

Ansätze zur Motif-Suche lassen sich hinsichtlich des verwendeten Distanzmaßes unterscheiden. Der Großteil der Ansätze zur Motif-Suche beruht auf der euklidischen Distanz [TORK17]. Die Verwendung anderer Distanzmaße wie z. B. DTW ist seltener [RAKT12; HAO13]. Dies ist darauf zurückzuführen, dass die euklidische Distanz sehr effizient berechnet werden kann und insbesondere beim Vergleich zweier sehr ähnlicher Zeitreihen zu annähernd identischen Abständen wie DTW führt [MUEE14].

Die Suche nach Motifs stellt bei sehr langen Zeitreihen eine ressourcenintensive Herausforderung dar. Dies ist darin begründet, dass alle vorhandenen Subsequenzen einer Zeitreihe paarweise miteinander verglichen werden müssen. Hierdurch steigt die Komplexität quadratisch mit der Länge der Zeitreihe. Daher werden die Zeitreihen in vielen Ansätzen vorab in unterschiedliche Repräsentationen niedriger Dimensionalität überführt [SHIE08]. Hierbei muss eine geeignete Repräsentation anwendungsspezifisch ausgewählt werden. Dies spielt allerdings eine untergeordnete Rolle, da auch durch relativ unpräzise Repräsentationen hinreichend gute Ergebnisse bei der Motif-Suche erzielt werden können [MUEE09].

Weiterhin können Ansätze zur Motif-Suche nach ihrer Exaktheit unterschieden werden. Da die approximierte Suche nach Motifs in vielen Ansätzen effizienter gestaltet werden kann als die exakte Suche, existieren in der Literatur viele dementsprechende Ansätze [PATE02; CHIU03]. Mit dem Matrix-Profil existiert jedoch ein Ansatz zur exakten Motif-Suche, der nicht nur effizient und ohne die Überführung in andere Repräsentationen berechnet werden kann, sondern auch eine Vielzahl weiterer Fragestellungen im Kontext des Data-Mining von Zeitreihen löst [YEH16].

Vielen Ansätze zur Motif-Suche ist gemein, dass die Länge des gesuchten Motifs initial als Parameter vorgegeben werden muss. Dennoch existieren auch Ansätze zur Suche nach Motifs variabler Länge [NUNT12; DEPP15].

Einen umfassenden Überblick zu Ansätzen der Motif-Suche unter Berücksichtigung verschiedener Invarianzen sowie weiterführende Informationen und Vergleiche geben MUEEN [MUEE14], TORKAMANI UND LOHWEG [TORK17] sowie ECHIHABI ET AL. [ECHI18].

Aus der Vielzahl an existierenden Algorithmen soll das Matrix-Profil an dieser Stelle hervorgeheben werden, da es das modernste und standardmäßig eingesetzte Werkzeug für die Motif-Suche ist. Das Matrix-Profil bildet die Grundlage für zahlreiche anwendungsorientierte Lösungsansätze und ermöglicht z. B. die Segmentierung [GHAR17], das Clustering [GHAR18; DER22], die Anomaliedetektion [NAKA20] sowie die Identifikation von Repräsentanten [IMAN18] im Kontext von Zeitreihendaten. Insbesondere für die Segmentierung wird im Rahmen der vorliegenden Arbeit auf das Matrix-Profil zurückgegriffen, weshalb es an dieser Stelle gemäß der Ausführungen von YEH ET AL. [YEH16] im Detail erläutert wird.

Der Matrix-Profil-Ansatz zielt darauf ab, eine vollständige exakte Ähnlichkeitssuche effizient zu lösen. Das bedeutet, dass jede Subsequenz einer festgelegten Länge mit jeder anderen Subsequenz der gleichen Länge hinsichtlich ihrer Ähnlichkeit verglichen werden soll. Hierbei können die zu vergleichenden Subsequenzen aus einem einzigen oder verschiedenen Datensätzen stammen. Durch diese generelle Betrachtung ermöglicht das Matrix-Profil nicht nur das Auffinden von Motifs, sondern bspw. auch die Überprüfung, ob eine spezifizierte Subsequenz in einem unbekannten Datensatz enthalten ist.

Die Berechnung des Matrix-Profils ist bis auf die Festlegung einer Subsequenzlänge m parameterfrei. Ein Fenster dieser Länge wird über den gesamten Datensatz geschoben und gleichzeitig die z-standardisierte euklidische Distanz zu allen anderen möglichen Fenstern berechnet, Bild 2.6. Die Implikationen der z-Standardisierung für das Matrix-Profil werden in [PAEP20] diskutiert. Damit tatsächlich alle in einem Datensatz enthaltenen Subsequenzen analysiert werden, ist von entscheidender Bedeutung, dass die gewählte Schrittweite eins beträgt, sich die Fenster also überlappen. Dieses Vorgehen ist aufwendig, kann aber durch die Verwendung der Fourier-Transformation sowie geschickter Vorausberechnung einmaliger Kennwerte der Zeitreihe massiv beschleunigt werden [MUEE23]. Triviale Ähnlichkeiten werden durch einen Ausschlussbereich um das gerade betrachtete Fenster vermieden.

Die so berechneten Distanzen werden gespeichert. Durch die vollständigen reziproken Vergleiche entsteht hierdurch jedoch eine quadratische Distanzmatrix, die bereits bei kleineren Zeitreihen nicht mehr effizient gespeichert werden kann. Der Ansatz des Matrix-Profils ist daher, die berechneten Distanzen für eine betrachtete Subsequenz zu überschreiben, sobald eine ähnlichere Subsequenz bzw. eine geringere Distanz identifiziert wurde. Im übertragenen Sinne wird dynamisch aus der Distanzmatrix spaltenweise das Minimum berechnet. Im Ergebnis wird lediglich ein Vektor gespeichert, der die Distanzen zu den jeweils ähnlichsten Subsequenzen repräsentiert – das Matrix-Profil, Bild 2.6. Zusätzlich wird auch die Startposition der jeweils ähnlichsten Subsequenz in einem Vektor, dem Matrix-Profil-Index, abgelegt. In diesem Sinne ist das Matrix-Profil ein Werkzeug zur Zeitreihenanalyse, gleichzeitig aber auch eine Datenstruktur zur effizienten Speicherung der Ergebnisse einer Ähnlichkeitssuche.

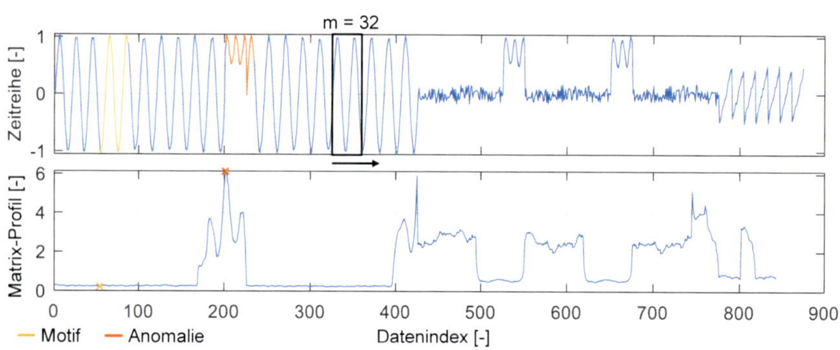

Bild 2.6: Beispiel eines berechneten Matrix-Profils, angelehnt an [MATR23]
Example of a Calculated Matrix Profile, acc. to [MATR23]

Aus Bild 2.6 wird ersichtlich, welche einfachen und effizienten Analysemöglichkeiten sich auf Basis dieser Datenstruktur ergeben. Das Matrix-Profil weist immer dann geringe Werte auf, wenn ein Muster existiert. Über den niedrigsten Wert des Matrix-Profils und den an gleicher Stelle auszuwertenden Matrix-Profil-Index kann demnach unmittelbar das Motif identifiziert werden. Auf gleiche Weise liefern hohe Werte des Matrix-Profils einen Hinweis auf in der Zeitreihe vorhandene Anomalien.

Das Matrix-Profil wird laufend erweitert. So können unter anderem mehrdimensionale Zeitreihen analysiert [YEH17] und Motifs auch unter lückenhaften Daten [ZHU21], variablen Längen [LINA18; MADR19] sowie mithilfe der DTW-Distanz [ALAE20a] identifiziert werden. Das Matrix-Profil wird darüber hinaus kontinuierlich hinsichtlich seiner Performanz optimiert [ZHU16; ZHU18; ZIMM19].

2.4 Data-Mining

Data Mining

Das Data-Mining stellt den essenziellen Analyseschritt zur Wissensextraktion im KDD-Prozess dar. Wissen ist hierbei ein bezüglich des Anwendungsfalls hinreichend interessantes und nützliches Muster, also eine in Regelmäßigkeit auftretende Datenbeziehung [BISS09]. Zwar wird das Data-Mining als eigenständiges Anwendungs- und Forschungsfeld angesehen, allerdings sind die angewandten Methoden überwiegend anderen Bereichen der Datenanalyse, darunter z. B. Statistik, Optimierung, KI und Datenbanktechnologien, entlehnt [TAN20, S. 27-29].

Somit beschreibt das Data-Mining ein umfassendes Forschungsgebiet. Selbst nach Einschränkung durch die Anwendungsdomäne der vorliegenden Arbeit, also der Produktionstechnik im weiteren und NC-Zerspanprozessen im engeren Sinne, verbleibt ein breites Anwendungsfeld. Dies ist darauf zurückzuführen, dass bereits die einzelnen Teilgebiete, wie z. B. der Einsatz von KI im Fertigungsumfeld, eine hohe Vielfältigkeit aufweisen [HUAN21]. Das wachsende Interesse an entsprechenden Lösungsansätzen in Forschung und Industrie spiegeln die Publikationszahlen für Data-Mining und KI in der Produktionstechnik wider, Bild 2.7. Dieser Anstieg geht nicht zuletzt mit der permanenten Zunahme der zur Verfügung stehenden Datenmenge einher [DOGA21].

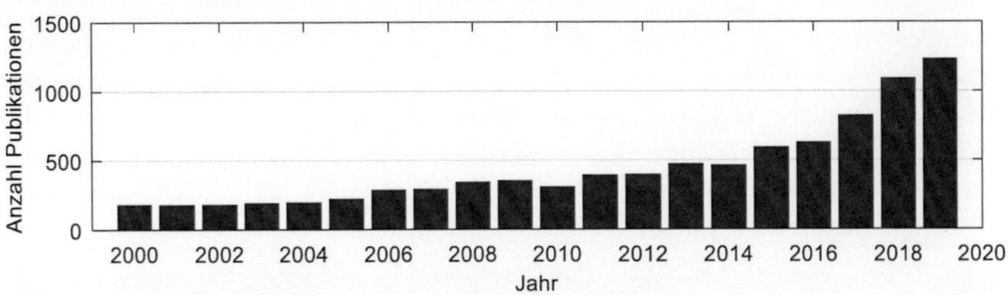

Bild 2.7: Historische Entwicklung der Publikationszahlen für maschinelles Lernen und Data-Mining in der Produktionstechnik, angelehnt an [DOGA21]

Historical Development of Publication Numbers for Machine Learning and Data Mining in Production Engineering, acc. to [DOGA21]

Die Aufgaben und Lösungsansätze des Data-Mining sind stark vom jeweiligen Anwendungskontext abhängig, was im Sinne ihrer Generalisierbarkeit und Übertragbarkeit eine Herausforderung darstellt [AGGA15, S. 6]. Für die datengetriebene Optimierung von Produktionsprozessen lassen sich zwei Stoßrichtungen identifizieren: die Prädiktion und die Beschreibung des Prozessverhaltens [GROE12]. Letztere Aufgabenstellung ist der Datenaufzeichnung nachgeschaltet und umfasst u. a. die zielgerichtete Strukturierung von Daten.

Insgesamt lässt sich eine Vielzahl typischer Data-Mining-Anwendungen prädiktiver und insbesondere deskriptiver Natur identifizieren, unter denen die Segmentierung (Kapitel 2.4.1), das Clustering (Kapitel 2.4.2) und die Klassifizierung (Kapitel 2.4.3) für die vorliegende Arbeit von Relevanz sind. Sie besitzen das Potenzial, unmittelbar zur Datenstrukturierung beizutragen und werden daher in den jeweils genannten Kapiteln detaillierter erläutert [KEOG17; TAN20, S. 29-33].

2.4.1 Segmentierung

Segmentation

Für den Begriff der Segmentierung existieren in der Literatur unterschiedliche Stoßrichtungen. So wird darunter die Repräsentation von Zeitreihendaten durch z. B. abschnittsweise lineare Approximationen, Fourier-Koeffizienten oder Wavelets verstanden [KEOG04]. In ähnlicher Weise ist die Segmentierung auch als Approximations- bzw. Dimensionalitätsreduktionsverfahren bekannt [ESLI12]. Darüber hinaus wird die Segmentierung aufgrund der in Kapitel 2.3.1 beschriebenen Ähnlichkeit zum Clustering auch mit eben diesem vermischt [TAN20, S. 311]. Die im Rahmen der vorliegenden Arbeit verwendete Definition ist an den Begriff der semantischen Segmentierung angelehnt. Hierunter fallen diejenigen Algorithmen, die zum Zweck der automatisierten Unterteilung eines Datensatzes in abgrenzbare homogene Teilabschnitte eingesetzt werden [GHAR17].

Der Segmentierung von Zeitreihendaten liegt der Gedanke zugrunde, dass von einer in den Daten erkennbaren Änderung auf eine Transition des Gesamtsystemzustands zurückgeschlossen werden kann. Steigt also bspw. die Vorschubgeschwindigkeit einer Werkzeugmaschine signifikant, kann dies ein Hinweis auf die Aktivierung des Eilgangs sein. Wichtig ist dabei, dass Segmentierungsalgorithmen zunächst keine Interpretation dieser Zustandsveränderung erlauben, sondern diese lediglich zu einem bestimmten Zeitpunkt detektieren [AMIN17]. Für die weitere Betrachtung sei davon ausgegangen, dass unterschiedliche Systemzustände durch diskrete Zeitpunkte separierbar sind. Unscharfe Übergänge werden damit nicht weiter betrachtet, wenngleich auch hierfür spezifische Algorithmen vorhanden sind [ABON05].

Insgesamt existiert eine Vielzahl unterschiedlicher Ansätze für die Segmentierung von Zeitreihendaten [LOVR14]. Die überwiegende Anzahl dieser Ansätze greift auf anwendungsspezifisches Wissen bzw. Annahmen zurück, z. B. für die Analyse von medizinischen Daten [ISEN18] oder von menschlichen Bewegungsdaten [LIN16]. Das gilt insbesondere für überwachte Lernverfahren, bei denen die Segmentierung aus einer großen Menge anwendungsspezifischer Daten erlernt wird [AOKI16].

Für die Produktionstechnik existieren nur wenige explizite Segmentierungslösungen. Dies ist darauf zurückzuführen, dass die Segmentierung häufig als Randproblem in einem größeren Anwendungskontext in Erscheinung tritt und dann fallspezifisch gelöst wird. So lassen sich bspw. unterschiedliche Geschwindigkeitszustände einer Werkzeugmaschine anhand von Grenzwerten für die Vorschubgeschwindigkeit einfach segmentieren [DENK14a]. Alternativ können auch definierte Achspositionen zur Segmentierung herangezogen werden [NETZ22]. Solche wissensbasierten Algorithmen können im Rahmen der jeweiligen Anwendungsdomäne präzise Ergebnisse liefern und vor allem sehr performant sein. Die Herausforderung liegt jedoch in der Parametrierung, die typischerweise ausschließlich auf den individuellen Anwendungsfall zugeschnitten ist.

Generalisierte Ansätze zur Segmentierung von Zeitreihendaten können in eine Vielzahl von Kategorien eingeteilt werden. Hierzu zählen bspw. die Verfahren zur Extraktion der Segmente nach der Bottom-Up- oder Top-Down-Methode [CARM20] sowie zur prozessparallelen oder nachgelagerten Datenverarbeitung [NAMO19]. Entscheidend ist dabei immer, ob die Anzahl der zu identifizierenden Segmente bereits vorab bekannt ist, was die Segmentierung vereinfacht. Anderenfalls müssen immer Grenzwerte gefunden werden, bei deren Erreichen eine Unterteilung der Zeitreihendaten in hinreichender Granularität erzielt wird [KEOG04].

Eine große Teilmenge der Segmentierungsalgorithmen lässt sich unter dem Begriff der Änderungspunkt-Erkennung (engl.: Change Point Detection) verorten [AMIN17]. Hierbei werden die zu analysierenden Daten meist durch die Extraktion statistischer Merkmale in eine andere Repräsentation überführt. Veränderungen in dieser Repräsentation weisen dann auf einen Änderungspunkt bzw. eine Segmentgrenze hin, die möglichst ohne vorherige Parametrierung identifiziert werden soll [MATT14]. Voraussetzung für die erfolgreiche Anwendung ist nicht selten die Stationarität der zugrundeliegenden Zeitreihe [SILV21]. Viele frei zugängliche Softwarebibliotheken basieren auf diesen Methoden zur Änderungspunkt-Erkennung [TRUO20]. Deren Nachteil liegt darin, dass sich statistische Merkmale bspw. bei einer Änderung des in den Zeitreihendaten enthaltenen Musters nicht notwendiger Weise ändern [GHAR17].

Insofern besteht eine Herausforderung in diesem Zusammenhang in der Bestimmung der zu extrahierenden Merkmale, die sich anwendungsspezifisch unterscheiden können. Dies motiviert Ansätze zur Änderungspunkt-Erkennung, in denen die notwendigen Merkmale durch ein Autoencoder-Modell selbst erlernt werden [LEE23]. Der Autoencoder bestimmt hierbei in einer Trainingsphase eine möglichst effiziente, in ihrer Dimensionalität reduzierte Abbildung der zu analysierenden Zeitreihendaten. Der kontinuierliche Abgleich zwischen der originalen und der aus der reduzierten Abbildung rekonstruierten Zeitreihe unter einem definierten Abstandsmaß stellt die Bewertungsgrundlage dar. Die hierbei erzielten Ergebnisse sind feingranular und in ihrer Bedeutung im realen Anwendungsfall schwierig nachvollziehbar [RYCK21]. Soll die ständige Wiederholung des zeitintensiven Trainingsvorgangs vermieden werden, so sind die Ergebnisse zudem unmittelbar von der Qualität, dem Umfang und der Varianz der genutzten Trainingsdaten abhängig.

Die Segmentierung der Zeitreihendaten kann auch durch Identifikation von Periodizitäten erfolgen. Hierbei wird ausgenutzt, dass Segmente aus sich wiederholenden Mustern bestehen, die sich hinsichtlich ihrer Periodenlänge unterscheiden. Über naheliegende Lösungsmöglichkeiten wie die Anwendung einer Kurzzeit-Fourier-Transformation oder Autokorrelationsanalyse hinaus existieren auch aufwendigere Ansätze, deren Ergebnisse allerdings stark vom Signalrauschen beeinträchtigt werden [PUEC20; WEN21]. In Zusammenhang mit der Periodizitätserkennung werden auch maßgeschneiderte Abstandsmaße entwickelt [GRAB15].

Darüber hinaus werden auch überwachte Lernansätze genutzt, um Segmentgrenzen zu identifizieren. Diese basieren überwiegend auf neuronalen Netzen [PERS19; MATI21]. So werden z. B. binäre Klassifikationsmodelle genutzt, die für jeden Datenpunkt die Zugehörigkeit zu je zwei benachbarten Segmenten bewerten. Durch eine hierarchische Vorgehensweise können die Segmentgrenzen iterativ dort bestimmt werden, wo die Zuverlässigkeit des Klassifikationsmodells am höchsten ist [SCHA21]. Konzeptionelle Nachteile dieser Modelle liegen in der Abhängigkeit vom Trainingsdatensatz sowie der zusätzlich benötigten Trainingszeit. Zudem werden analog zu verdeckten Markowmodellen [MATS14; CASS16] die besten Ergebnisse erzielt, wenn die zugrundeliegende Modellarchitektur fallspezifisch angepasst wird, was eine anspruchsvoll Aufgabe darstellt.

Ein annähernd parameterfreies und effizientes Verfahren zur Segmentierung von Zeitreihendaten auf Basis der darin enthaltenen Muster geht auf das Matrix-Profil zurück [GHAR17]. Hierbei werden zunächst das Matrix-Profil selbst sowie der Matrix-Profil-Index mithilfe eines gleitenden Fensters berechnet. Im Ergebnis ist für jede Subsequenz die jeweils ähnlichste Subsequenz bekannt. Für die Segmentierung liegt nun die Annahme zugrunde, dass es viel wahrscheinlicher ist, ein solches Subsequenzpaar innerhalb eines zusammengehörenden Segments zu finden als über verschiedene Segmente hinweg. Dementsprechend existieren lokale Unterschiede in der Verteilung des Matrix-Profil-Index, die sich über einen Vergleich mit der völlig zufälligen Verteilung des Matrix-Profil-Index identifizieren lassen. Unter Kenntnis der Anzahl der zu erwartenden Segmente können die Segmentgrenzen abschließend bestimmt werden. Für die Anwendbarkeit auf produktionstechnische Prozesse stellt die Bestimmung der für die Ähnlichkeitsanalyse notwendigen Fenstergröße sowie der Anzahl der zu erwartenden Segmente eine Herausforderung dar. Dennoch bietet der Ansatz eine vielversprechende Grundlage, da er insgesamt allgemeingültig sowie flexibel anwendbar ist und unmittelbar auf Basis der Rohdaten arbeitet.

2.4.2 Clustering

Clustering

Beim Clustering handelt es sich um ein Verfahren aus dem Bereich des unüberwachten Lernens (engl.: Unsupervised Learning), bei dem Datenpunkte so in Gruppen bzw. Clustern aggregiert werden, dass die Ähnlichkeit der Datenpunkte innerhalb eines Clusters größer ist als die Ähnlichkeit von Datenpunkten aus unterschiedlichen Clustern [JAVE20].

Von zentraler Bedeutung für das Clustering ist die Differenzierung des betrachteten Zeithorizonts. Zeitreihendaten lassen sich grundsätzlich punktweise anhand individueller Datenpunkte, abschnittsweise oder als vollständige Zeitreihe clustern. Das Clustering individueller Datenpunkte gibt Aufschluss über deren Verteilung, ignoriert jedoch vollständig ihren temporalen Zusammenhang. Das Clustering ganzer Datensätze steht dem diametral gegenüber und dient der Analyse von Zusammenhängen und Unterschieden von z. B. wiederkehrenden Prozessen über längere Zeiträume hinweg. So kann bspw. in Serienprozessen der Werkzeugverschleißzustand identifiziert werden [BREC21a; UNTE21]. Beim abschnittsweisen Clustering werden Subsequenzen einer oder mehrerer Zeitreihen miteinander verglichen. Die zur Extraktion der Subsequenzen verwendeten Fenster weisen je nach Anwendungsfall eine feste oder über den gesamten Datensatz dynamisch veränderliche Breite auf [ORTI11]. Die Wahl der Fensterbreite ist entscheidend, da in deren Abhängigkeit nachweislich auch zufällige Clusteringergebnisse im Kontext von Zeitreihendaten entstehen können [KEOG03]. Durch die vergleichende Analyse der Subsequenzen werden Strukturen wie z. B. wiederkehrende Teilprozessabschnitte identifiziert. [ESLI12]

Clusteringverfahren bestehen methodisch aus zwei voneinander trennbaren Schritten: der Distanz- bzw. Ähnlichkeitsberechnung und der Identifikation von Clustern [JAVE20].

Für die Identifikation von Clustern existieren zahlreiche Verfahren, die sich gemäß Bild 2.8 unterscheiden lassen [JAVE20]. Sie beschreiben, nach welchem Schema die Datenpunkte zu Clustern aggregiert werden. So können auch bei einer identischen Datenbasis verschiedene Clusteringergebnisse entstehen. Die Tatsache, dass keine „richtigen" Cluster existieren, da diese immer im Anwendungskontext betrachtet werden müssen, führt zur der Vielzahl an existierenden Algorithmen [ESTI02]. Häufig verwendete Verfahren sind das agglomerative hierarchische Clustering, das *k-means* Clustering oder das dichtebasierte Clustering. Von entscheidender Bedeutung für die Wahl eines geeigneten Verfahrens ist, ob die Anzahl der entstehenden Cluster vorab bekannt ist und damit als Parameter übergeben werden kann oder ob dies durch den Algorithmus selbst identifiziert werden muss. [EZUG21]

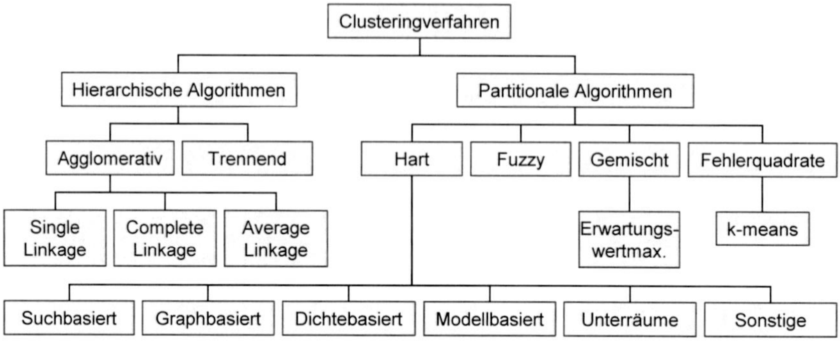

Bild 2.8: Einordnung unterschiedlicher Clusteringverfahren, angelehnt an [EZUG21]
Categorization of Various Clustering Methods, acc. to [EZUG21]

Unabhängig von dem gewählten Clusteringverfahren stellt die Bestimmung der Distanzen zwischen Datenpunkten den zentralen Schritt des Clusterings dar, da hierdurch festgelegt wird, hinsichtlich welcher Eigenschaften der Daten überhaupt Cluster entstehen können. Die Berechnung erfolgt durch Ähnlichkeitsanalyse der zu vergleichenden Daten. Wie in Kapitel 2.3.2 diskutiert ist diese Analyse maßgeblich von der Wahl des Distanzmaßes abhängig. Dabei existieren grundsätzlich zwei Stoßrichtungen: das form- und das merkmalsbasierte Clustering [ALAE20b]. [JAVE20]

Formbasierte Algorithmen evaluieren den Verlauf der Zeitreihendaten und basieren somit unmittelbar auf den Rohdaten. Zumeist wird dabei auf die euklidische Distanz oder die DTW-Distanz zurückgegriffen, um Ähnlichkeiten zwischen Subsequenzen oder ganzen Zeitreihen zu bewerten [AGHA15]. Darüber hinaus ist die Entwicklung speziell auf das Clustering zugeschnittener Distanzmaße Gegenstand der Forschung, um in Abhängigkeit des Anwendungsfalls unterschiedliche Invarianzen sicherzustellen [MOEL03]. In diesem Zusammenhang wird ein auf dem Matrix-Profil basierendes Distanzmaß entwickelt, das u. a. invariant gegenüber Phasenverschiebungen und Reihenfolgenänderungen sowie der Länge der zu vergleichenden Zeitreihen ist [GHAR18]. Dies wird dadurch erreicht, dass zwei Zeitreihen dann als ähnlich gelten, wenn sie unter Anwendung der euklidischen Distanz viele ähnliche Subsequenzen in beliebiger Reihenfolge aufweisen.

Merkmalsbasierte Algorithmen überführen die Zeitreihendaten z. B. durch die Extraktion von statistischen Merkmalen in eine zum Clustering geeignete Repräsentation. So wird z. B. jede Subsequenz durch eine Menge von Kennwerten abgebildet, deren Ähnlichkeit durch deren Vergleich unter einem definierten Distanzmaß bewertet wird. Insofern unterscheiden sich merkmalsbasierte von formbasierten Algorithmen dahingehend, als die Abbildung in eine geeignete Repräsentation das Clusteringverfahren beschleunigen und spezifische Invarianzen, darunter z. B. fehlende Daten oder unterschiedliche Längen, sicherstellen kann. Für die Merkmalsextraktion existieren unzählige Varianten, weshalb spezifische Softwarebibliotheken unterschiedliche Kombinationen aus Vorgehensweisen und Merkmalen bündeln [CHRI18; BARA20]. Obwohl die meisten merkmalsbasierten Clusteringverfahren generisch sind, hängt die Auswahl der zu extrahierenden Merkmale stark vom Anwendungskontext ab [WARR05]. Aktuelle Forschungsansätze sind damit befasst, bspw. über Autoencoder-Modelle die Merkmalsauswahl zu automatisieren [TAVA20; ALQA21]. [WANG06]

Die Wahl eines geeigneten Clusteringverfahrens, der notwendigen Repräsentation und des zielführenden Distanzmaßes stellt eine Herausforderung dar, da die objektive Evaluation der Ergebnisse aufgrund der explorativen Natur des Clusterings nur schwierig möglich ist [JAVE20]. Hierzu existieren einerseits Kennzahlen, die die Homogenität eines Clusters sowie dessen Distanz zu anderen Clustern bewerten [CAMP13]. Andererseits können auch extern vorgegebene Label verwendet werden, deren Übereinstimmung mit den identifizierten Cluster zur Validierung dient [FAER10].

Das Clustering von Zeitreihendaten findet breite Anwendung in einer Vielzahl von Forschungs- und Anwendungsdomänen [AGHA15], so auch in der Produktionstechnik [CHOU09; DOGA21]. Ein zentraler Anwendungsbereich ist hierbei die Anomaliedetektion. In diesem Kontext werden Data-Mining-Algorithmen implementiert, die mithilfe von Clusteringalgorithmen Anomalien in Prozessdaten z. B. im Hinblick auf Werkzeugbrüche oder Spindelausfälle identifizieren, um Maschinenausfälle zu vermeiden [LIAN19]. Die Herausforderung besteht bei der Anomaliedetektion darin, dass Komponentenausfälle selten sind und daher nur entsprechend wenige Daten zur Verfügung stehen. Vor diesem Hintergrund entwickeln DENKENA ET AL. einen DTW-basierten Clusteringansatz, der Bauteilmerkmale auf Basis von maschineninternen Daten prozessübergreifend differenziert, um so die Datenmenge zu erhöhen [DENK22]. Das Vorgehen berücksichtigt allerdings sehr stark die Bearbeitungsdauer der Features und ist daher nur bedingt zur Erhöhung der fallspezifisch zur Verfügung stehenden Datenmenge geeignet.

Darüber hinaus wird das Clustering auch zur Werkzeugverschleißüberwachung eingesetzt, indem ein verschlissenes Werkzeug datenbasiert von einem neuen Werkzeug unterschieden wird [TORA16]. Bei der Prädiktion des Werkzeugverschleißes dienen Clusteringalgorithmen hingegen der Differenzierung von unterschiedlichen Schnittbedingungen im Prozess, um anschließend maßgeschneiderte Klassifikationsmodell anwenden zu können [BREC22a]. Die Klassifikationsergebnisse können mithilfe des Clusterings als Vorverarbeitungsschritt auch in anderen Anwendungsfällen optimiert werden [DOGA21]. Maschineninterne Daten können darüber hinaus auch in Heatmaps überführt werden, die die Werkzeugbelastung über der Zeit repräsentieren, deren Clustering eine Korrelation mit dem Werkzeugverschleißzustand aufweist [BREC21a].

Clusteringalgorithmen werden auch für die Identifikation instabiler Prozesse bzw. zur Rattererkennung anhand von bspw. Beschleunigungssignalen eingesetzt [WANG21; DUN21] Im Gegensatz zu überwachten Verfahren der Rattererkennung kann hierdurch nicht nur auf eine komplexe Parametrierung, sondern auch auf eine Trainingsphase unter Hinzunahme aufwendig generierter Label verzichtet werden.

Zudem können Clusteringansätze allgemein zur Maschinenzustandsüberwachung beitragen, indem sie diskrete Betriebszustände datenbasiert unterscheiden [FRIE18].

Diese Zustände können sich z. B. dann ändern, wenn die Maschine hinsichtlich der verwendeten Werkzeuge neu konfiguriert wird. Eine durchgehende Zustandsüberwachung ist nur dann in der Breite sinnvoll möglich, wenn solche Veränderungen automatisiert berücksichtigt werden.

2.4.3 Klassifizierung

Classification

Mit der Klassifizierung von Zeitreihendaten wird das Ziel verfolgt, einer Zeitreihe ein Label bzw. eine Klasse zuzuordnen. Im Unterschied zum Clustering sind die Label hierbei vorab bekannt und liegen mit Bezug zu einem Trainingsdatensatz vor. Hierdurch ist es möglich, die Eigenschaften von Zeitreihen zu erlernen, die die jeweiligen Klassen differenzieren. Für neue, unbekannte Daten kann die zugehörige Klasse auf dieser Basis bestimmt werden. Bekannte Anwendungsbeispiele sind die Identifikation menschlicher Aktivitäten anhand von Sensordaten eines Smartphones [ALI21] oder die Erkennung von Musiktiteln [NA22]. [ESLI12]

Klassifizierungsalgorithmen können nach einer Vielzahl unterschiedlicher Gesichtspunkte unterschieden werden [BAGN17]. Die wohl wichtigste Unterscheidung liegt darin, ob die Klassifizierung analog zum Clustering merkmals- oder formbasiert stattfindet [ALAE20b]. Ein weiteres Unterscheidungsmerkmal ist der betrachtete Zeithorizont, also ob Subsequenzen oder vollständige Zeitreihen klassifiziert werden [BAGN17]. Für den Klassifizierungsvorgang kann auf eine Vielzahl bekannter Verfahren aus dem Bereich der KI zurückgegriffen werden, darunter z. B. neuronale Netze oder Zufallswälder (engl.: Random Forests). Gleichzeitig kann ein Label einer unbekannten Zeitreihe auch dadurch zugewiesen werden, dass im Rahmen einer Ähnlichkeitssuche die ähnlichste Zeitreihe in den Trainingsdaten identifiziert wird, deren Label dann als Klassifikationsergebnis gilt. Im Unterschied zu den KI-basierten Verfahren kann dann auf eine explizite Trainingsphase verzichtet werden. Zudem werden oftmals bessere Klassifikationsergebnisse, insbesondere unter Verwendung der DTW-Distanz, erzielt [XI06].

Unabhängig vom gewählten Vorgehen ist die Vorverarbeitung der Zeitreihendaten, um bspw. relevante Muster zu identifizieren, das aufwendigere Problem als die Klassifizierung selbst [HU16]. Im Rahmen der Vorverarbeitung stellen insbesondere Zuverlässigkeit und Präzision eine Herausforderung dar. In umfassenden Forschungsarbeiten werden vor diesem Hintergrund individuelle, speziell auf die Klassifizierungssaufgabe zugeschnittene Repräsentationen für z. B. repetitive Zeitreihendaten entwickelt, um die Präzision und Effizienz von entsprechenden Algorithmen zu erhöhen [GRAB15].

Im Bereich der Produktionstechnik sind gelabelte Daten meist in nur unzureichendem Umfang vorhanden. Das ist darauf zurückzuführen, dass die Datenannotation zeitaufwendig ist und oft nur von einem Experten durchgeführt werden kann. Zudem treten viele zu klassifizierende Ereignisse, wie z. B. Komponentenausfälle, nur äußerst selten auf. Gleichzeitig werden industrielle Daten aufgrund von Datenschutzbedenken bislang nur selten geteilt. Der Einsatz von Klassifizierungsalgorithmen ist daher auf Insellösungen beschränkt. Eine weitere zentrale Herausforderung ist die Parametrierung der Algorithmen, z. B. im Hinblick auf Grenzwerte, da hierbei häufig das Erfahrungswissen von Experten erforderlich ist [LIAN19]. [MORI22]

Dennoch existieren zahlreiche Forschungsansätze im Bereich der Produktionstechnik zur Klassifizierung von Zeitreihendaten [CHOU09; MOEH20]. Dazu zählen bspw. auch grundlegende Untersuchungen von Datenvorverarbeitungsschritten [FAHL21]. Einen zentralen Anwendungsbereich stellen Auswertungen hinsichtlich der erzielten Bauteilqualität dar [FERT22b]. Werden in einer automatisierten Produktionslinie umfassende Aufzeichnungen der Prozessparameter in Verbindung mit den entstehenden Bauteildefekten maschinenübergreifend gesammelt und von einem lernenden Modell trainiert, so kann das Auftreten von Defekten im Anschluss nicht nur prädiziert, sondern auch Empfehlungen für eine Anpassung der Prozessparameter generiert werden [BUSC21]. Für einzelne Technologien wie das Drehen kann aus den programmierten Technologieparametern auf die Schnittbedingungen geschlossen werden, die ebenfalls einen Aufschluss über die erzielte Bauteilqualität geben [EZUG05]. Spezifisch zugeschnittene Modelle sind darüber hinaus auf Basis von maschineninternen Rohdaten in der Lage, in Serienprozessen entstehende Bauteilabweichungen hinsichtlich ausgewählter Toleranzen, wie z. B. Rundheiten, quantitativ vorherzusagen und somit Toleranzverletzungen zu identifizieren [BREC19; BREC20b]. Analoge Modelle existieren auch für die Bestimmung von Oberflächengüten [BENA03; WU19].

Zur Identifikation von Bauteilfehlern im Auto entwickelt TWIEG ein Mustererkennungssystem auf Basis von akustischen Signalen aus dem Fahrzeuginnenraum [TWIE10]. Hierzu werden statistische Merkmale aus den Zeitreihendaten extrahiert. Mithilfe einer Korrelationsanalyse wird anschließend zunächst eine Fehlererkennung durchgeführt, bevor eine selbstorganisierende Karte (engl.: Self-organizing Map) den Fehlerzustand identifiziert. Wichtiger Bestandteil des Systems ist eine Datenbank, die eine Vielzahl unterschiedlicher Fahrzeuggeräusche umfasst. Die Qualitätssicherung kann somit unterstützt werden.

Zahlreiche Klassifizierungsansätze existieren hinsichtlich der Bestimmung des Werkzeugverschleißzustands [ZHOU18]. Dies ist darauf zurückzuführen, dass eine präzise und prozessparallele Bestimmung des Werkzeugverschleißes die Verfügbarkeit des Produktionssystems unmittelbar steigern kann, da ungeplante Stillstandszeiten verhindert werden. Als Datengrundlage dienen in den verschiedenen Ansätzen Prozesskräfte, Antriebsströme und -momente sowie Beschleunigungs- und Akustiksignale, die möglichst kostengünstig und ohne Beeinträchtigung des Prozesses aufgezeichnet werden sollen. In Kombination mit der Vielzahl an eingesetzten Klassifikationsmodellen, wie z. B. neuronalen Netzen oder verdeckten Markowmodellen, stellt die Bestimmung des Werkzeugverschleißzustands mithilfe von Zeitreihendaten einen extensiv erforschten Bereich dar. Zunehmend werden die Ansätze auch mit unüberwachten Lernverfahren kombiniert, um Trainingsdatenmengen fallspezifisch zu erhöhen und die Aussagefähigkeit der Modelle zu verbessern [GITT21]. [MOHA20]

Ein weiteres zentrales produktionstechnisches Forschungsgebiet im Zusammenhang mit der Klassifizierung von Zeitreihendaten ist die Rattererkennung [KOUN22]. Hierbei werden zumeist Beschleunigungs- oder Kraftsignale ausgewertet, um Prozessinstabilitäten zu detektieren bzw. zu prädizieren [LI21]. Herausforderungen bestehen hinsichtlich der Zuverlässigkeit der Klassifizierung über unterschiedliche Bearbeitungssituationen hinweg sowie insbesondere bezüglich der Parametrierung der Ansätze [KOUN23]. Die Vielzahl der Ansätze unterscheidet sich hinsichtlich der Repräsentation der aus den aufgezeichneten Signalen extrahierten Merkmale [TRAN20] und der Einbringung von Domänenwissen mithilfe von physikalisch motivierten Modellen [RAHI21]. Über reine Klassifizierungsansätze hinaus werden aktuell auch Ähnlichkeitsanalysen auf Basis der DTW-Distanz zur Rattererkennung erforscht [YESI22].

2.5 Übergreifende Ansätze

Comprehensive Approaches

Über individuelle Ansätze des Data-Minings hinaus existieren auch übergreifende Ansätze, die zur Strukturierung von Zeitreihendaten beitragen können. Hierbei werden Algorithmen in Form von Datenpipelines, die über die reine Datenvorverarbeitung hinausgehen, kombiniert. Deren zentrale Eigenschaft ist die Verschaltung unterschiedlicher Modelle und Aufgabenbereiche des Data-Mining, sodass die Ergebnisse eines Modells die Grundlage des nachfolgenden Modells bilden. Beispielhaft kann hier das Clustering zuvor segmentierter Daten genannt werden.

Solche übergreifenden Ansätze fallen in den Bereich des semi-überwachten Lernens. Wie in Bild 2.9 dargestellt, umfasst das semi-überwachte Lernen eine ganze Bandbreite unterschiedlicher Ansätze, die das Ziel verfolgen, gleichzeitig aus gelabelten und ungelabelten Daten zu lernen. Diese Bestrebung ist dadurch motiviert, dass gelabelte Daten oftmals nur unzureichend vorhanden sind und nur unter großem Aufwand generiert werden können. Dies trifft insbesondere auch im Bereich der Produktionstechnik zu [MORI22]. Auch im Bereich der Zeitreihendaten wird an semi-überwachten Lernansätzen geforscht [WEI06; GOSC23]. [VAN20]

Der *Cluster-Then-Label*-Ansatz, also die Verschaltung eines Clustering- und eines Klassifikationsmodells, ist für die vorliegende Arbeit von hoher Relevanz, da hierüber in den Daten vorhandene Strukturen identifiziert (Clustering) und neue bzw. unbekannten Daten diesen Strukturen im Anschluss zugewiesen werden können (Klassifizierung). Eine Vielzahl an Modellkombinationen, die ihre Vorteile insbesondere bei großen Datenmengen ausspielen, ist in unterschiedlichen Anwendungsdomänen erprobt [CHAK17; KHAN20; RICH22]. Hierbei wird auch die iterative Ausführung der Modelle unter korrigierendem Eingriff eines menschlichen Experten erforscht [BEIL20].

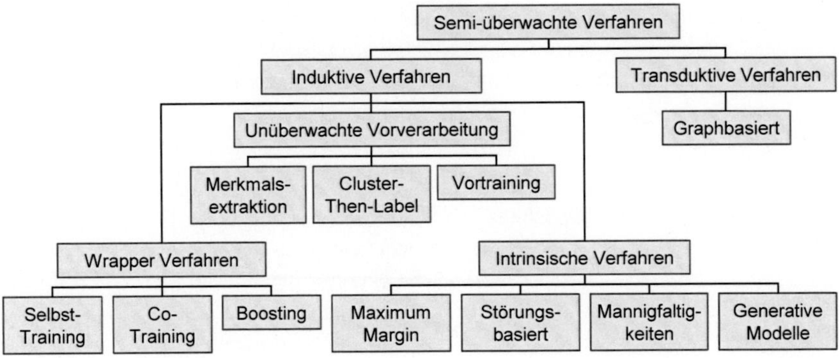

Bild 2.9: Einordnung unterschiedlicher Bereiche des semi-überwachten Lernens, angelehnt an [VAN20]

Categorization of Different Scopes of Semi-supervised Learning, acc. to [VAN20]

Für produktionstechnische Anwendungsfälle beschreiben NIEMIETZ ET AL. eine methodische Grundlage zur Kombination mehrere Data-Mining-Ansätze in Form einer Pipeline am Beispiel eines Stanzprozesses [NIEM20]. Demnach wird der Prozessablauf zunächst segmentiert und ein anwendungsspezifischer Satz an Merkmalen aus den vorhandenen Signalen extrahiert. Die Dimensionalität der Merkmale wird im Anschluss reduziert, bevor ein Clusteringverfahren auf dieser Basis unterschiedliche Prozessstatus differenziert. Die abschließende Verknüpfung aller bekannten Prozesseingangsgrößen, wie z. B. Material und Temperatur, mit der erzielten Bauteilqualität erfolgt mittels eines überwachten Lernansatzes. Der Fokus liegt hierbei nicht auf der Datenstrukturierung allgemein, sondern auf der unmittelbaren Entscheidungsunterstützung in der Fertigung. Darüber hinaus wird die Notwendigkeit einer übergreifend vernetzten Infrastruktur diskutiert.

Darauf aufbauend entwickeln UNTERBERG ET AL. einen Ansatz zur Überwachung des Werkzeugverschleißzustands bei Feinschneidprozessen [UNTE21]. Mithilfe eines externen Sensors wird ein akustisches Signal aufgezeichnet und durch ein fest an den Prozessablauf gebundenes Signal segmentiert. Auch hier erfolgt eine Merkmalsextraktion mit anschließender Dimensionalitätsreduktion. Das abschließende Clustering der segmentierten Prozessabschnitte zeigt eine signifikante Korrelation zu den gemessenen Werkzeugverschleißzuständen. Der Anschluss eines Klassifikationsmodells ist an dieser Stelle denkbar, um auch unbekannte Prozessbedingungen den identifizierten Clustern zuzuordnen und so den aktuellen Verschleißzustand zu prädizieren.

Verwandte Ansätze, die ebenfalls auf einer Extraktion von Merkmalen aus Zeitreihendaten beruhen, existieren auch für die Prozessüberwachung [ZHOU06; MING08]. Vor dem Hintergrund semi-überwachter Verfahren wird zur Prozessüberwachung auch auf die Detektion von Anomalien zurückgegriffen, die durch Kombination eines Clustering mit dem Erlernen von bekannten guten Prozessen identifiziert werden können [ZHAN18]. Darüber hinaus sind bspw. auch Datenanalysepipelines zur Bestimmung des Werkzeugverschleißes beim Fräsen Gegenstand der Forschung [FERG18].

Allen vorgenannten Anwendungen ist gemein, dass vornehmlich Serienprozesse oder ausschließlich eingeschränkte Bearbeitungssituationen analysiert werden. Durch immer gleiche Prozessabläufe können Teile des Data-Minings, wie z. B. die Segmentierung, vereinfacht durchgeführt und Wirkzusammenhänge schneller erlernt werden, weshalb sie sich gut automatisieren lassen [ZHOU05].

Für die Anwendung in realen Fertigungsumgebungen sind diese Einschränkungen jedoch nicht hinnehmbar. Insbesondere bei bahngebundenen Verfahren wie dem Fräsen müssen aufgrund der hohen Prozessfreiheitsgrade verschiedene Bearbeitungssituationen unterschieden werden. Eine solche Unterscheidung wird bspw. im Rahmen der Leistungsüberwachung von Werkzeugmaschinen vorgenommen [SOSS19]. Vor diesem Hintergrund entwickelt SEEVERS eine umfassende Data-Mining-Pipeline, die eine selbstlernende Leistungsüberwachung auf Basis einer Mustererkennung ermöglicht [SEEV20]. Hierzu erfolgt zunächst eine Systematisierung von Leistungsverläufen, dabei insbesondere eine Identifikation von Bearbeitungszyklen durch Periodizitätserkennungsverfahren. Den Bearbeitungszyklen werden Motifs mithilfe des Matrix-Profils zugeordnet. Alle keinem Bearbeitungszyklus zugehörigen Abschnitte des Wirkleistungsprofils werden segmentiert, hinsichtlich ihrer Konstanz fallspezifisch mithilfe von statistischen Merkmalen geclustert und anschließend auf sich wiederholende Clustersequenzen überprüft. Eine abschließende Ähnlichkeitsuntersuchung der identifizierten Sequenzen und Motifs ermöglicht die zustandsspezifische statistische Abweichungsanalyse zur Fehlererkennung und Energieeffizienzoptimierung. SEEVERS zeigt hierbei auf, dass solche datengetriebenen Lösungen nicht nur wirtschaftlich effizient sind, sondern insbesondere auch einen notwendigen Vorverarbeitungsschritt für die zielgerichtete Anwendung von lernenden Modellen darstellen. Allerdings ist der Ansatz nicht ohne Weiteres auf steuerungsinterne Signale von NC-Fertigungsverfahren übertragbar, da im Zuge der Entwicklungen eine Vielzahl an Annahmen getroffen werden, die spezifisch auf Leistungsdaten zugeschnitten sind.

SPIEGEL entwickelt einen generischen Ansatz zur Erkennung wiederkehrender Muster in mehrdimensionalen Zeitreihen am Beispiel von Sensordaten aus Kraftfahrzeugen [SPIE15]. Das Ziel ist hierbei, mithilfe der Muster einen Kontext zu schaffen, der bspw. die rein datengetriebene Identifikation typischer Verkehrssituationen ermöglicht. Im Rahmen des Ansatzes erfolgt zunächst eine Merkmalsextraktion der Zeitreihendaten. Die anschließende Segmentierung dient der Abgrenzung homogener Zeitbereiche konstanter Korrelation. Die zunächst durch die Identifikation von Extremwerten erzeugten feingranularen Segmente werden in diesem Zuge solange paarweise zusammengefügt, bis ein definierter Steigungsgrenzwert einer auf der Singulärwertzerlegung beruhenden Kostenfunktion erreicht wird. Mithilfe eines analogen Grenzwerts erfolgt das anschließende hierarchische Clustering. Konzeptionell stellt SPIEGEL ebenfalls dar, dass ein Klassifizierungsalgorithmus unmittelbar auf die Segmente angewendet werden kann. Insgesamt bleibt jedoch unklar, inwiefern die identifizierten Segmente und Cluster bedeutungsvolle Zusammenhänge im Anwendungskontext darstellen und wie die notwendigen Grenzwerte automatisiert festgelegt werden können.

2.6 Zwischenfazit und Forschungsbedarf

Intermediate Conclusion and Research Demand

Im produktionstechnischen Kontext fällt nicht zuletzt durch die prozessparallele Aufzeichnung maschineninterner Daten eine stetig wachsende Datenmenge an. Durch die Individualität der Fertigungsprozesse sind diese Daten nicht unmittelbar vergleichbar, weshalb deren übergreifende Auswertung eine Herausforderung darstellt. Gleichzeitig ist die Datenmenge u. a. aufgrund der historisch gewachsenen Heterogenität der eingesetzten Softwaresysteme kaum strukturiert, obwohl eindeutige Beziehungen z. B. zwischen wiederkehrenden Bearbeitungssituationen vorhanden sind.

Methoden zur datenbasierten Wissensgenerierung, darunter insbesondere das Data-Mining und Verfahren des maschinellen Lernens, sind in der Lage, die vorhandene Diskrepanz aufzulösen und eine Vergleichbarkeit der Daten durch deren Strukturierung herzustellen. Auf diese Weise kann das in den Daten vorhandene Optimierungspotenzial sichtbar gemacht werden. Vor diesem Hintergrund existieren zahlreiche Verfahren zur Segmentierung, zum Clustering und zur Klassifizierung von Zeitreihendaten in spezifischen Anwendungsgebieten. Auch im Bereich der Produktionstechnik ist eine zunehmende Nutzung entsprechender Algorithmen zu beobachten. Diese dienen jedoch ausschließlich der Lösung individueller Herausforderungen, wie z. B. der Identifikation von Werkzeugverschleißzuständen.

Demgegenüber wird insbesondere anhand von übergreifenden Ansätzen deutlich, dass erst die zielgerichtete Kombination von Data-Mining-Algorithmen in Form einer Pipeline eine Datenstrukturierung und darauf aufbauend einen Erkenntnisgewinn ermöglicht. Eine solche algorithmische Verschaltung bietet demnach das Potenzial, Daten grundlegend zu strukturieren und universell durchsuchbar zu machen. In den bestehenden Ansätzen fehlen hierzu jedoch wichtige Schritte [LENZ18]. Gleichzeitig werden elementare Algorithmen der Ähnlichkeitsanalyse dank kontinuierlicher Forschung immer leistungsfähiger, was im produktionstechnischen Zusammenhang bislang unzureichend genutzt wird.

Aus dem Stand der Technik ergibt sich folglich insgesamt der Bedarf nach einem übergreifenden Konzept zur Strukturierung von während eines Fertigungsprozesses aufgezeichneten Zeitreihendaten, in dessen Rahmen Data-Mining-Algorithmen so zusammenwirken, dass eine gezielte Durchsuchbarkeit auch großer Datenmengen ermöglicht wird. Dies dient der Extraktion maßgeschneiderter Daten zu beliebigen Zeitpunkten, um die Anwendung datengetriebener sowie insbesondere lernender Algorithmen im Produktionsumfeld zu unterstützen.

3 Zielsetzung und Vorgehensweise

Objectives and Modus Operandi

Ziel dieser Arbeit ist die automatisierte Strukturierung von Zeitreihendaten aus NC-Zerspanprozessen. Diese soll durch die Entwicklung und Kombination unterschiedlicher Data-Mining-Algorithmen und maschineller Lernverfahren erreicht werden.

Semantisch betrachtet soll ein Fertigungsprozess in bislang nicht betrachtete, nach unterschiedlichen Gesichtspunkten diversifizierte Teilprozessabschnitte unterteilt werden, in denen wiederum die Rohdaten gekapselt vorliegen. Die angestrebte Strukturierung schafft somit die wesentliche Grundlage zur datengetriebenen Optimierung von Fertigungsprozessen. Die durch sie erzielte lokale Differenzierung von Teilprozessabschnitten soll einen menschlichen Experten oder Algorithmus zu einem späteren Zeitpunkt dazu befähigen, einerseits einen einzelnen Fertigungsprozess zielgerichtet evaluieren und andererseits maßgeschneiderte Daten über mehrere Prozesse hinweg für tiefgreifende Modelle und Datenanalysen zusammenstellen zu können. Erst auf dieser Basis können datengetriebene Ansätze z. B. zur Produktivitätssteigerung und Werkzeugverschleißbestimmung tatsächlich angewendet werden, um bislang ungenutzte Potenziale zur Effizienzsteigerung im Fertigungsumfeld auszuschöpfen.

Vor dem Hintergrund des dargelegten Stands der Technik lautet die Forschungshypothese somit:

> Durch die Kombination von Methoden aus den Bereichen Data-Mining und maschinelles Lernen können Zeitreihendaten aus NC-Zerspanprozessen (hier: Fräs- und Bohrprozesse) generisch strukturiert und lokal differenziert werden, sodass sie zum Zeitpunkt einer späteren Analyse effizient gefunden, flexibel extrahiert und zielgerichtet kombiniert werden können.

Zur Sicherstellung der universellen Anwendbarkeit sollen die zugrundeliegenden Algorithmen die Struktur und Semantik der anfallenden Daten automatisiert auswerten. Struktur und Semantik können durch während der Entwicklungsphase vorhandenes Expertenwissen, aber auch datengetrieben, d. h. auf Basis von in den Daten enthaltenen Mustern und Korrelationen, injiziert werden.

Als Datengrundlage sollen maschineninterne Daten, also typische Sensorsignale einer Werkzeugmaschine wie z. B. Achspositionen, Antriebsströme oder Spindeldrehzahlen, dienen, um die durchgehende Anwendbarkeit sowie die zukünftige Übertragbarkeit auf weitere NC-Fertigungstechnologien sicherzustellen. Zwar lassen sich aufgrund der abstrakten Datenbetrachtungsweise sowie der Generalität des Ansatzes auch Signale externer Sensoren sowie modellbasiert angereicherte Daten analysieren, diese müssen dann allerdings zwingend für jeden zu strukturierenden Prozess in gleicher Form vorliegen, was aufgrund von Hardwareverfügbarkeiten und notwendigen Modellparametrierungen in der industriellen Praxis nur selten der Fall ist.

Das angestrebte Vorgehen soll im Rahmen eines Batch-Processings einzelner Fertigungsprozesse, also unter Betrachtung einer durch ein NC-Programm auf einer Maschine generierten abgeschlossenen Datenmenge, angewandt werden. Das Batch-Processing soll dabei möglichst fertigungsbegleitend stattfinden, damit die Analyseergebnisse zeitnah nach Bearbeitungsende gespeichert und genutzt werden können. Gleichzeitig soll auch die retrospektive Verarbeitung von bereits vorhandenen Prozessdaten möglich sein, um Daten aus bestehende Datensilos nachträglich strukturieren und nutzbar machen zu können. Die prozessparallele bzw. echtzeitfähige Strukturierung von Prozessdaten (Stream-Processing) wird somit an dieser Stelle nicht betrachtet.

Im Rahmen der vorliegenden Arbeit sollen die folgenden Forschungsfragen beantwortet werden:

- Wie können Struktur und Semantik zeitbasierter Prozessdaten generalisiert analysiert werden?
- Wie lassen sich dabei sowohl Expertenwissen als auch Muster in den Daten (kombiniert) einbeziehen?
- Wie lassen sich darauf aufbauend maßgeschneiderte Daten für weitere Analysen zusammenstellen?
- Welche Randbedingungen sind zu berücksichtigen, um die Anwendbarkeit dieser Lösung im Fertigungsumfeld zu gewährleisten?

Diese Fragestellungen werden im Rahmen der nachfolgenden Kapitel, deren Gliederung in Bild 3.1 dargestellt ist, beantwortet.

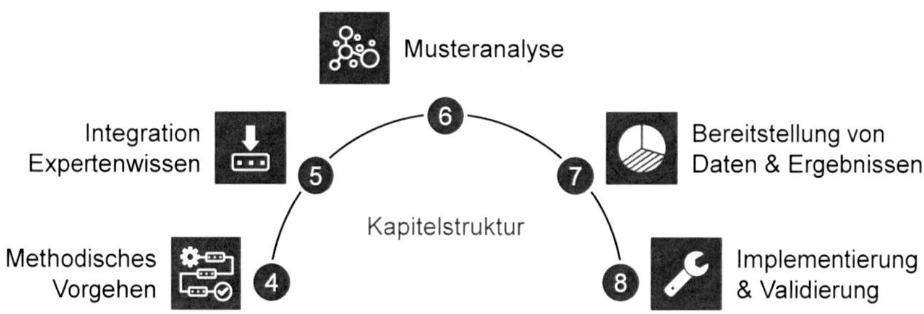

Bild 3.1: Gliederung und Kapitelstruktur des vorgestellten Lösungsansatzes

Outline and Chapter Structure of the Presented Approach

Zunächst wird in Kapitel 4 der grundlegende Lösungsansatz und das damit verbundene methodische Vorgehen erläutert. Hierbei wird zwischen der Strukturierung auf Basis von menschlichem Expertenwissen und auf Basis von in den Daten enthaltenen Mustern unterschieden, die jeweils in den Kapiteln 5 und 6 ausdetailliert werden. In Kapitel 7 wird die Bereitstellung der Rohdaten und Analyseergebnisse diskutiert. Die abschließende Validierung und Evaluation des Gesamtkonzepts erfolgt in Kapitel 8.

4 Methodik zur Strukturierung von NC-Zerspanprozessen

Methodology for Structuring NC Machining Processes

In diesem Kapitel wird die grundlegende Methodik zur Strukturierung von NC-Zerspanprozessen erarbeitet (Kapitel 4.3), die in den Kapiteln 5 und 6 ausdetailliert wird. Vor dem Hintergrund des Forschungsschwerpunkts der vorliegenden Arbeit werden die aufgezeichneten Daten abstrakt, also z. B. als Aneinanderreihung diskreter Datenpunkte, betrachtet. Dies stellt die vielseitige Anwendbarkeit der zu entwickelnden Methodik und die Übertragbarkeit der zugrundeliegenden Algorithmen sicher, erschwert aber gleichzeitig den Bezug zum realen Fertigungsprozess. Um die Ergebnisse der Datenanalyse veranschaulichen zu können und deren fortwährende Gegenüberstellung mit dem Fertigungsprozess zu gewährleisten, wird daher zunächst ein durchgängiges Anwendungsbeispiel vorgestellt (Kapitel 4.1). Dieses soll dem Leser an geeigneter Stelle Parallelitäten und Anknüpfungspunkte zwischen der digitalen Daten- und der realen Produktionsumgebung illustrieren. Zusätzlich wird die verwendete Infrastruktur zur Datenerfassung, -analyse und -abfrage (Kapitel 4.2) erörtert.

4.1 Vorstellung eines Anwendungsbeispiels

Introduction of an Application Example

Als Anwendungsbeispiel dient ein prismatisches Testwerkstück, das typische Bauteilmerkmale, bspw. Taschen, Flanken und Bohrungen, vereint und im Folgenden als *Alpha* bezeichnet wird. Die Prozessplanung wird in *EXAPT Solid* vorgenommen. Als Rohmaterial steht ein Block aus dem unlegierten Vergütungsstahl C45 (Werkstoffnummer 1.0503) mit den Maßen 100x100x32 mm^3 zur Verfügung. Zur Fertigung wird das fünfachsige Bearbeitungszentrum *Heller HF 3500* in Kombination mit der NC-Steuerung *Siemens SINUMERIK 840D sl v4.7* genutzt. Die Fertigungszeit beträgt ca. 14 Minuten. In Bild 4.1 wird das gesamte Fertigungsszenario dargestellt.

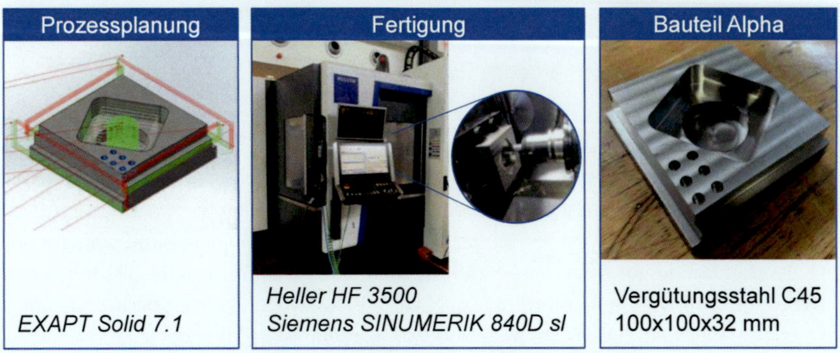

Bild 4.1: Anwendungsbeispiel zur Illustration des Gesamtkonzepts
Application Example for the Illustration of the Overall Concept

Der Prozess besteht aus zehn voneinander abgrenzbaren Teilprozessen. Die zu deren Fertigung gewählten Technologieparameter und Werkzeuge sind in Tabelle 4.1 dargestellt. Weitere Details sind in Anhang 11.1 zu finden.

Tabelle 4.1: Beschreibung und Schnittparameter der Teilprozesse im Anwendungsbeispiel
Description and Cutting Parameters of the Subprocesses in the Application Example

Nr.	Beschreibung	v_c [m/min]	SS [1/min]	f_z [mm]	Werkzeug
1	Planfräsen	110	2 190	0,06	Schaftfräs. Ø16 Z4
2	Kreistasche Schruppen Ø30	140	2 785	0,088	Schaftfräs. Ø16 Z4
3	Kreistasche Schruppen Ø40	140	2 785	0,088	Schaftfräs. Ø16 Z4
4	Kreistasche Schlichten Ø40	160	3 183	0,06	Schaftfräs. Ø16 Z4
5	Rechtecktasche	120	2 388	0,06	Schaftfräs. Ø16 Z4
6	Flanke rechts	120	2 388	0,245	Schaftfräs. Ø16 Z4
7	Flanke links	216	4 297	0,19	Schaftfräs. Ø16 Z4
8	Flanke unten	216	8 595	0,07	Schaftfräs. Ø8 Z4
9	Flanke oben	216	8 595	0,044	Schaftfräs. Ø8 Z4
10	Bohrungen	173	9 177	0,142	Bohrer Ø5,5

4.2 Infrastruktur zur Datenerfassung und -analyse

Infrastructure for Data Acquisition and Analysis

Wie in Kapitel 2.1 erläutert liegen im Vorfeld der Fertigung viele Daten hinsichtlich des Prozesses, insbesondere aus der CAD-CAM-Umgebung, vor, die allerdings bereits einen eindeutigen Fertigungsbezug und semantische Beziehungen aufweisen und daher nicht weiter im Fokus stehen. Die unmittelbar an der Maschine aufgezeichneten Prozessdaten hingegen können wegen des Post-Processings nicht mehr unmittelbar in die zuvor bestehende semantische Beziehung zueinander gesetzt werden.

Die Prozessdaten können gemäß ihrer Herkunft in zwei Klassen eingeteilt werden: maschineninterne (NC-Steuerungs-)Daten und Daten aus externer Sensorik. Als Datengrundlage dienen im Rahmen dieser Arbeit ausschließlich maschineninterne Daten, also typische, durch die NC-Steuerung verarbeitete Sensorsignale einer Werkzeugmaschine wie z. B. Achspositionen, Antriebsströme oder Spindeldrehzahlen, um eine durchgehende Anwendbarkeit zu gewährleisten. Die Generalität des Ansatzes erlaubt zwar ebenso die Auswertung von Daten externer Sensoren sowie bspw. modellbasiert veredelter Daten, die aufgrund von Hardwareverfügbarkeiten und notwendigen Parametrierungen aber nur selten gleichförmig vorliegen.

Die Erfassung maschineninterner Daten wird über eine am Werkzeugmaschinenlabor WZL der RWTH Aachen University (WZL) vorhandene Infrastruktur realisiert, die auf der internen Trace-Funktionalität der Siemens-Steuerung [SIEM20, S. 328-348] aufbaut. Da die Möglichkeiten dieser Trace-Funktionalität insbesondere hinsichtlich der kontinuierlichen Datenspeicherung begrenzt sind, werden die Daten über eine proprietäre Schnittstelle mithilfe eines Edge-Devices automatisiert und kontinuierlich ausgelesen. Das Edge-Device ist hierbei über ein herkömmliches Ethernet-Kabel mit der Industrial-Ethernet-Schnittstelle X130 der Steuerung verbunden [SIEM20], während die Konnektivität mittels des TCP/IP-Protokolls hergestellt wird. Auf Basis dieses Setups können mehrere Signalkanäle im Lagereglertakt mit einer Frequenz von 500 Hz aufgezeichnet werden. Damit die echtzeitfähige NC-Programmausführung nicht beeinträchtigt wird, ist die Anzahl der gleichzeitig auslesbaren Signalkanäle in Abhängigkeit der individuellen Steuerung auf ca. 20 begrenzt.

Die von der NC-Steuerung übermittelten Signale sind anhand ihres zeitlichen Aufzeichnungsintervalls unterscheidbar:

- **Zeitreihendaten:** Daten, die im Rahmen der Prozessregelung innerhalb der Steuerung kontinuierlich im Lagereglertakt verarbeitet werden (z. B. Spindeldrehzahl, Achspositionen).
- **Event-Daten:** Daten, die bei Eintritt eines unregelmäßig auftretenden, diskreten Events (z. B. Werkzeugwechsel, NC-Satzwechsel, Override) übermittelt werden (z. B. Werkzeugnummer, NC-Zeilennummer, Override-Wert).
- **Setup-Daten:** Daten, die einmalig bei Prozessbeginn ausgelesen werden und sich während des laufenden Prozesses nicht verändern (z. B. Werkzeugtabelle, Nullpunkttabelle, NC-Programm).

Sowohl Zeit- als auch Event-Daten werden fortlaufend mit einem Zeitstempel erfasst, sodass eine direkte bilaterale Zuordnung möglich ist. Die Auswahl der auszulesenden Kanäle ist manuell konfigurierbar. Im Rahmen dieser Arbeit wird davon ausgegangen, dass mindestens die in Tabelle 4.2 dargestellten Zeitreihendaten erfasst werden.

Tabelle 4.2: Standardmäßig erfasste Zeitreihendaten je Fertigungsprozess
Time Series Data Recorded by Default per Production Process

Kurzzeichen	Beschreibung	Einheit
TS	Zeitstempel des Lagereglertakts	ms
X1, *Y1*, *Z1*, *A1*, *B1*	Lageistwerte der Antriebsachsen	mm bzw. °
XC, *YC*, *ZC*, *AC*, *BC*	Drehmomentbildende Ströme der Vorschubantriebe	A
SC	Drehmomentbildender Strom der Hauptspindel	A
SS	Drehzahl der Hauptspindel	1/min

Die Datenaufzeichnung beginnt und endet im Rahmen der WZL-Infrastruktur automatisch, sobald an der NC-Steuerung der NC-Start- bzw. NC-Stopp-Befehl gegeben wird. Über das Edge-Device werden die Daten an einen MQTT-Broker übertragen, der als Zustandsdatenbank fungiert und die Daten nach dem Herausgeber-Abonnenten-Prinzip (engl.: Publish Subscribe Pattern) skalierbar an weitere Geräte (engl.: Clients) verteilt [HILL17, S. 11-13].

Der zentrale Abnehmer ist eine Datenbank, in der die aufgezeichneten Daten fortwährend persistiert werden. Die Datenbank basiert auf dem relationalen Datenbankmanagementsystem *PostgreSQL v14.4* mit der Erweiterung *TimescaleDB v2.8* [THE23; TIME23].

Die bislang beschriebene, am WZL existierende Infrastruktur ist in Bild 4.2 dargestellt.

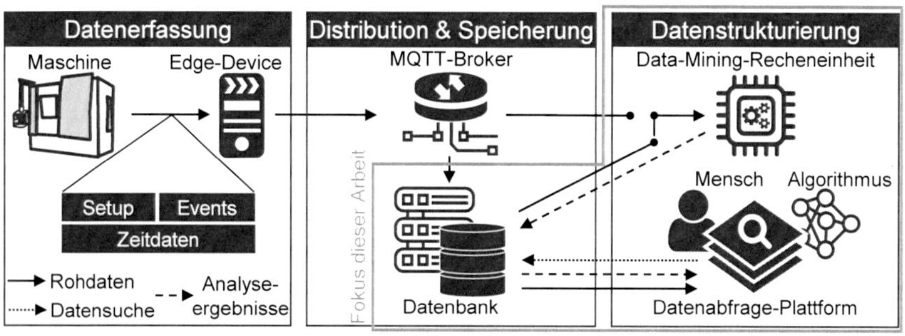

Bild 4.2: Infrastruktur zur Datenerfassung, -analyse und -abfrage

Infrastructure for Data Acquisition, Analysis and Query

Die Infrastruktur wird im Rahmen der vorliegenden Arbeit erweitert. Kernkomponente dieser Erweiterung ist eine Recheneinheit, auf der Algorithmen aus den Bereichen Data-Mining und KI ausgeführt und zur Strukturierung von Zeitreihendaten aus NC-Zerspanprozessen eingesetzt werden. Hierbei kann es sich um einen herkömmlichen leistungsfähigen Rechner handeln. Da dieser notwendigerweise Zugriff auf die aufgezeichneten Prozessdaten benötigt, bestehen zwei Möglichkeiten zum Anschluss an die bestehende Infrastruktur:

Zum einen kann die Recheneinheit die Rohdaten direkt beim MQTT-Broker abonnieren und ausschließlich die generierten Analyseergebnisse an die Datenbank übermitteln. In diesem Fall ist auch die prozessparallele Datenauswertung möglich. Allerdings bedarf es hierzu einer Synchronisation zwischen Recheneinheit und Datenbank, sodass Rohdaten und Analyseergebnisse auch über einen eineindeutigen Bezug zueinander verfügen. Zudem müssen alle Prozessdaten im lokalen Speicher vorgehalten werden.

Zum anderen kann die Recheneinheit unmittelbar auf die benötigten Rohdaten innerhalb der Datenbank zugreifen und keinerlei Daten vom MQTT-Broker empfangen. In diesem Fall kann auf die bereits bestehende Logik zur Indexierung eines Prozesses bzw. die Erkennung von Prozessstart- und -stopp aufgesetzt werden, sodass keine zusätzliche Synchronisierung notwendig ist. Außerdem können so auch bereits in der Datenbank abliegende Daten nachträglich analysiert werden. Da dieser Ansatz mit geringerem Implementierungsaufwand verbunden ist und eine prozessparallele Auswertung im Rahmen dieser Arbeit nicht angestrebt wird (vgl. Kapitel 3), wird die Recheneinheit auf diesem Wege an die restliche Infrastruktur angeschlossen.

Darüber hinaus wird eine Datenabfrage-Plattform entwickelt, die grundsätzlich als Benutzeroberfläche und Schnittstelle zwischen der Datenbank auf der einen und dem Menschen oder einem nachgeschalteten Datenanalyseverfahren auf der anderen Seite dient. Hierüber können auf Basis der Strukturierungsergebnisse maßgeschneiderte Daten angefragt werden, die anschließend mithilfe der Datenbank unmittelbar bereitgestellt werden. Bislang ist eine solche Plattform nicht existent, sodass nicht triviale Suchanfragen ausschließlich mittels SQL-Befehlen direkt auf der Datenbank realisiert werden müssen. Die Datenabfrage-Plattform ist im gesamten Netzwerk erreichbar und kann auf einem beliebigen Rechner, also z. B. auch auf der Recheneinheit, ressourcenschonend ausgeführt werden.

Insgesamt ist die Infrastruktur damit so konzipiert, dass zum Anschluss weiterer, bei Bedarf auch produktionsstandortübergreifend verteilter Maschinen ausschließlich kostengünstige Edge-Devices beschafft und angeschlossen werden müssen. Zur Leistungsoptimierung der Strukturierungsalgorithmen auf der Recheneinheit können optional mehrere Rechner parallel verwendet werden. Da die Algorithmen keine besonderen Anforderungen an die Rechenhardware stellen, ist auch die Anbindung an ein dezentrales Rechencluster denkbar, insofern eine hinreichende Datenübertragungsbandbreite sichergestellt ist.

4.3 Strukturierung von Prozessdaten

Structuring of Process Data

Im Folgenden wird das Vorgehen zur Strukturierung von Prozessdaten erarbeitet. Hierzu wird zunächst das grundlegende Prinzip der Teilprozessabschnitte erläutert (Kapitel 4.3.1). Anschließend werden diese Abschnitte im Rahmen eines Ebenenmodells zusammengefasst, das die Durchsuchbarkeit der Daten sowie die Erweiterbarkeit der gesamten Methodik illustriert (Kapitel 4.3.2). Zuletzt wird der gemeinsame prinzipielle Aufbau der zur Strukturierung verwendeten Data-Mining-Algorithmen, die in Kapitel 5 und 6 weiter ausdetailliert werden, diskutiert (Kapitel 4.3.3). Teile des nachfolgend beschriebenen Konzepts wurden bereits durch BRECHER ET AL. veröffentlicht [BREC23b].

4.3.1 Konzept der Teilprozessabschnitte

Concept of Subprocess Sections

Prozessdaten liegen mit einem konkreten Fertigungsprozessbezug vor, entstehen also immer durch eine spezifische Kombination aus Maschine, Betriebsmitteln und NC-Programm während eines definierten Zeitraums zwischen Prozessstart und -ende. Der Fertigungsprozess spiegelt typischerweise auch die kleinste bekannte logisch zusammenhängende Dateneinheit wider. Das heißt, dass über die hierin enthaltenen einzelnen multivariaten Datenpunkte auf semantischer Ebene nur bekannt ist, dass sie zum jeweiligen Fertigungsprozess gehören, nicht aber in welcher weiteren Beziehung sie zueinander stehen, Bild 4.4. Eine solche Beziehung kann bspw. die Zugehörigkeit zum selben geometrischen Bauteilmerkmal sein.

Über Metainformationen eines Datensatzes lassen sich mehrere Fertigungsprozesse einer konkreten Maschine oder einem spezifischen Produktionszeitraum zuordnen. Ebenso ist es möglich, vorhandene Datensätze anhand des NC-Programmnamens nach dem bearbeiteten Bauteil zu filtern. Auf diese Weise können Prozessdaten aggregiert werden, wobei die individuelle Fertigungsprozessinstanz als kleinste bekannte logisch zusammenhängende Dateneinheit erhalten bleibt, Bild 4.3 oben.

Mithilfe der aufgezeichneten Event-Daten (vgl. Kapitel 4.2) ist es zwar möglich, mehrere Datenpunkte einzelnen NC-Sätzen oder Werkzeugen zuzuordnen und somit den Fertigungsprozess in kleinere zusammenhängende Prozessabschnitte aufzuteilen. Allerdings bleibt hierbei weiterhin unklar, welche Bedeutung diese Abschnitte im realen Fertigungsprozess haben, also z. B. ob der entsprechende NC-Satz eine vollständige Transferbewegung, ein gesamtes Bauteilmerkmal oder nur einen Teil einer Rückzugsbewegung beschreibt. Insofern bilden die so auffindbaren Prozessabschnitte nur grobe und vor allem unzureichend semantische Dateneinheiten.

Dass ein Fertigungsprozess die kleinste semantische Dateneinheit darstellt, ist in Anbetracht eines stetig wachsenden Datensees (engl.: Data Lake) unbefriedigend, da keine feingranulare Suche nach spezifischen Daten möglich ist und nur ganze Prozessinstanzen innerhalb des Data-Lakes gefunden werden können. Im konkreten Fall ist also z. B. nicht bekannt, welche NC-Bearbeitungen innerhalb einer Prozessinstanz aufgezeichnet wurden. Solche Informationen sind nur menschlichen Experten zugänglich, die die gefertigten Bauteile kennen und diese einem NC-Programmnamen zuordnen können.

Ein denkbarer Ansatz zur gezielten Suche nach spezifischen Daten ist die Analyse der Rohdaten zum Suchzeitpunkt. Hierbei werden die den Prozessinstanzen zugeordneten Datenpunkte dann nicht zusammenhängend, sondern individuell ausgewertet, Bild 4.3 unten. Aufgrund der so feingranularen Betrachtung der Daten ist dieses Vorgehen jedoch impraktikabel. Bereits für einen zehnminütigen Fertigungsprozess fallen bei einer Abtastfrequenz von 500 Hz auf 13 Signalkanälen fast vier Millionen Datenpunkte an. Dies entspricht einem Datenvolumen von ca. 4 Gigabyte innerhalb von 24 Stunden. Über mehrere Prozesse und Maschinen sowie längere Zeiträume hinweg entstehen so viele Daten, dass diese selbst mit spezialisierten Datenbanken und hochperformanter Infrastruktur zum Suchzeitpunkt nicht anwendungsgerecht abgefragt, geschweige denn ausgewertet werden können.

Folglich müssen die anfallenden Prozessdaten so strukturiert werden, dass eine geeignete Datengranularität entsteht. Dies stellt eine Herausforderung dar, da die Daten einerseits hinreichend verdichtet werden müssen, um einen performanten Umgang mit ihnen zu gewährleisten, sie aber andererseits auch hinreichend kleine semantische Einheiten bilden sollen, die eine gezielte Durchsuchbarkeit überhaupt erst ermöglichen, Bild 4.3. Die Strukturierung muss schon im Vorfeld der Suche nach maßgeschneiderten Daten, bestenfalls parallel oder zumindest zeitnah zur Datengenerierung, erfolgen.

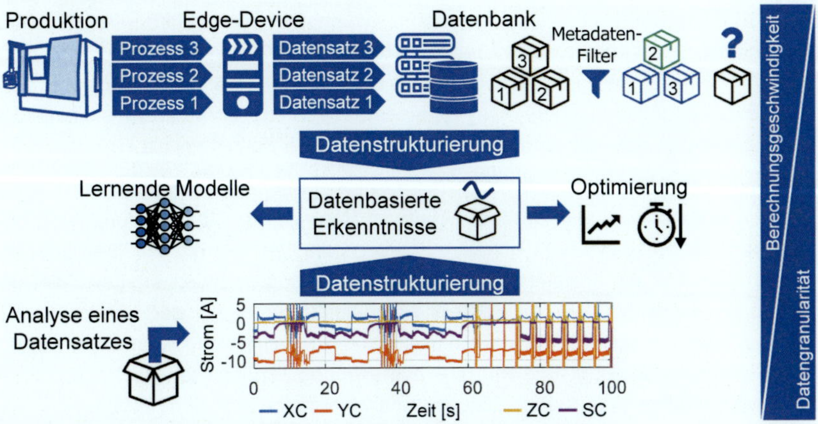

Bild 4.3: Datenstrukturierung zur Erreichung einer maßgeschneiderten Datengranularität
Data Structuring to Obtain Tailored Data Granularity

Die lokale Differenzierung, also das Aufbrechen und Unterteilen des Fertigungsprozesses als kleinste semantische Einheit in noch kleinere Dateneinheiten, erfolgt in zweierlei Hinsicht: in Bezug auf die Zeit und in Bezug auf die aufgezeichneten Signale.

Aus fertigungstechnischer Sicht sind weniger Datenpunkte, sondern vielmehr Teilprozessabschnitte, also zusammenhängende und voneinander abgrenzbare Zeitbereiche, für eine Strukturierung von Interesse. Dazu zählen z. B.:

- die Bearbeitung eines Bauteilmerkmals
- ein Werkzeugeingriff
- ein Bereich konstanten Vorschubs
- ein Bereich konstanter Spindeldrehzahl

Auf Basis verschiedener Data-Mining-Algorithmen werden im Rahmen dieser Arbeit einzelne Datenpunkte als solche zusammenhängende Teilprozessabschnitte identifiziert (vgl. Kapitel 5 und 6). Darüber hinaus ist auch eine Reduktion bzw. Kompression der Daten eine notwendige Voraussetzung dafür, dass die Daten anschließend zielorientiert durchsucht werden können. Dies steht im Kontrast zu vielen Ansätzen, die Rohdaten modellbasiert veredeln und in diesem Zuge höherwertige Daten wie z. B. Prozesskräfte oder Belastungskennwerte generieren [BREC20a], die wiederum neue Zeitreihendaten darstellen und damit die Durchsuchbarkeit nicht erhöhen. Daher ist neben der Identifikation zusammenhängender Teilprozessabschnitte auch deren Kondensierung in Form von für den Abschnitt repräsentativen Werten ein zentraler Bestandteil des Vorgehens zur Strukturierung von Zeitreihendaten aus NC-Zerspanprozessen. Hierdurch werden die kontinuierlich vorliegenden Zeitreihen in diskrete, separierbare Teilprozessabschnitte überführt. Insgesamt lassen sich die identifizierten Bereiche dann mit nur drei Variablen beschreiben, wodurch die Kompression der Datensätze und somit die schnelle Durchsuchbarkeit des Data-Lakes gewährleistet wird: Startzeitpunkt, Endzeitpunkt und einem Array repräsentativer Werte. Diese Werte stellen keine neuen Zeitreihen dar, sondern annotieren bestehende Zeitreihen als Grundlage zur Strukturierung des Fertigungsprozesses.

Der Fertigungsprozess wird darüber hinaus im Rahmen der Strukturierung auch hinsichtlich der aufgezeichneten Signale aufgeteilt. Diese werden nicht in ihrer Gesamtheit, sondern selektiv analysiert. So können anwendungsorientiert ausgewählte einzelne Signale evaluiert werden und erste Strukturierungsergebnisse liefern. Die Ergebnisse weiterer Algorithmen, die einen anderen Signalbereich fokussieren, werden anschließend hinzugefügt und mit den bestehenden Ergebnissen überlagert. Hierdurch wird einerseits die Komplexität der Analyseaufgabe reduziert, indem die Strukturierung aller Signale als Überlagerung der Strukturierung einzelner Signale erfolgt. Andererseits wird so über mehrere Signale hinweg auch die Spezifität der Strukturierungsergebnisse und damit der sich anschließenden Durchsuchbarkeit der Daten sichergestellt.

Zusammenfassend wird also in der semantischen Betrachtung des Fertigungsumfelds durch die Aggregation einzelner Datenpunkte eine neue Ebene zwischen den Rohdaten und dem Fertigungsprozess generiert, Bild 4.4. Auf dieser Ebene liegen Teilprozessabschnitte vor, die durch Start- und Endzeitpunkt sowie ein Array repräsentativer Werte beschrieben werden. Deren zentrale Eigenschaft ist, dass diese Teilprozessabschnitte nicht allgemeingültig für den Prozess, sondern individuell in Abhängigkeit der betrachteten Signale und somit allein durch die verwendeten Strukturierungsalgorithmen definiert sind. Dies ist die notwendige Voraussetzung dafür, dass Fertigungsdaten zukünftig z. B. mithilfe von Ontologien auf einfache, verständliche Weise durchsucht werden können. Die Ontologie beschreibt dabei die semantische Verknüpfung des Fertigungsumfelds und dessen Daten, während die im Rahmen dieser Arbeit vorgestellte Methodik die kleinsten semantischen Einheiten in Form von Teilprozessabschnitten auf Basis der Rohdaten überhaupt erst zur Verfügung stellt.

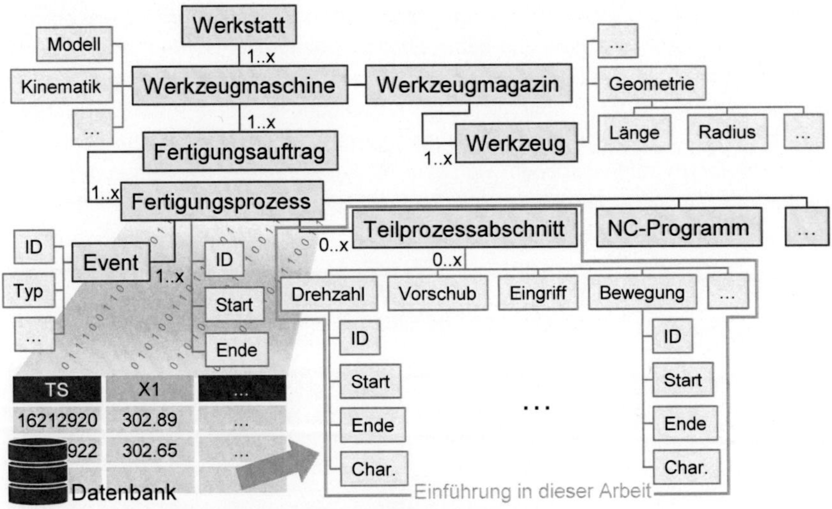

Bild 4.4: Semantische Integration der Teilprozessabschnitte
Semantic Integration of the Subprocess Sections

4.3.2 Durchsuchbarkeit von Prozessdaten
Searchability of Process Data

Werden unterschiedliche Data-Mining-Algorithmen auf unterschiedliche Daten eines Fertigungsprozesses angewendet, so entstehen mehrere separate Teilprozessabschnitte, die nicht notwendigerweise zusammenfallen bzw. kongruent sind. So kann z. B. die Spindeldrehzahl über mehrere Fertigungsstrategien und Vorschubgeschwindigkeiten hinweg konstant sein. Dieser Aspekt ist ein zentraler Bestandteil der Methodik zur Strukturierung von NC-Zerspanprozessen:

Der Datensatz bzw. ausgewählte Signale sind in individuellen Teilprozessabschnitten homogen, die jeweils separat voneinander identifiziert werden. Die Spezifität der im Rahmen einer Suche anfragbaren Daten entsteht erst durch die Überlagerung bzw. Kombination dieser homogenen Teilbereiche je Signal. Der Grundgedanke kann wie in Bild 4.5 anhand eines mehrschichtigen Ebenenmodells illustriert werden.

In der untersten Ebene liegen die unstrukturierten Prozessdaten vor, die sich in ihrem Rohformat nicht zur zielgenauen Durchsuchbarkeit eignen. Durch jeden Data-Mining-Algorithmus, der eine beliebige Zahl von Signalen auswertet, wird dem Modell eine Ebene hinzugefügt. Die Strukturierungsergebnisse des Algorithmus bestehen immer aus Start- und Endzeitpunkt eines identifizierten Bereichs sowie einem Array aus repräsentativen Werten. Durch Start- und Endzeitpunkt ist immer die exakte Referenz zu den Rohdaten auf der untersten Ebene gewährleistet. Anhand der repräsentativen Werte, wie z. B. einer definierten Spindeldrehzahl, kann effizient nach den identifizierten Bereichen gesucht werden. So ist es möglich, dass trotz einer reduzierten Suche nach repräsentativen Werten immer die referenzierten Rohdaten zurückgegeben werden. Je mehr Datenanalysen und damit Ebenen hinzugefügt werden, desto spezifischer kann die Suche nach Daten ausfallen. Zusätzlich zur Spindeldrehzahl können also bspw. auch der Vorschubbereich und die Fertigungsstrategie spezifiziert werden, wodurch in der Konsequenz eine geringere, dafür aber spezifischer zugeschnittene Menge an Daten zurückgegeben wird. Welche Auswertungen bzw. Ebenen genutzt werden, ist demnach nicht abhängig vom implementierten Algorithmus, sondern von der nachgelagerten Datenanfrage.

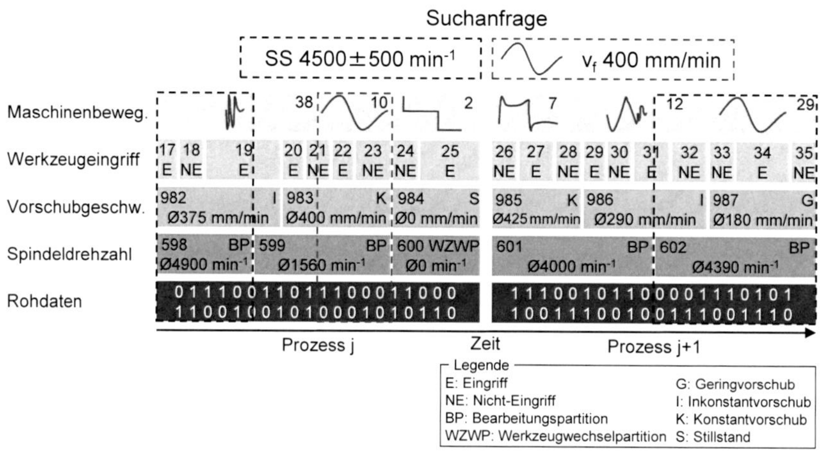

Bild 4.5: Überlagerung homogener Teilprozessabschnitte im Ebenenmodell
Superposition of Homogeneous Subprocess Sections in the Layer Model

Das Ebenenmodell wirft die Frage auf, auf Basis welcher Signale die Strukturierung der Rohdaten vorgenommen werden muss, um sinnvolle Strukturierungsergebnisse zu erzielen. Prinzipiell ist die Auswertung aller Signale denkbar und der Strukturierung zuträglich. Im Rahmen der vorliegenden Arbeit wird die Signalauswahl vor dem Hintergrund der produktionstechnischen Anwendung getroffen. Dementsprechend motivieren anwendungstypische Einflussgrößen, die in Planung und Realisierung eines NC-Zerspanprozesses festgelegt werden und dessen Produktivität maßgeblich beeinflussen, die Auswahl der zu analysierenden Signale, Tabelle 4.3. Die Datenauswahl sowie die zugrundeliegende Analysebasis werden in den Kapiteln 5 und 6 gemeinsam mit den zur Strukturierung genutzten Algorithmen näher erläutert.

Durch diese Analysen sind wichtige Prozesseinflussgrößen wie Schnittwerte und Fertigungsstrategien abgedeckt, sodass hiernach im Anschluss gezielt gesucht werden kann. Die Verrechnung mit den geometrischen Abmaßen der Werkzeuge ermöglicht auch den Einbezug von verwandten Größen wie dem Vorschub pro Zahn oder der Schnittgeschwindigkeit.

Tabelle 4.3: Zuordnung der zu analysierenden Rohdaten zu den Prozesseinflussgrößen
Assignment of the Raw Data to be Analyzed to the Process Influencing Variables

Prozesseinflussgröße	zu analysierende Rohdaten	Analysebasis	Kapitel
Spindeldrehzahl	Drehzahl der Hauptspindel *SS*, Werkzeugwechselevents	Expertenwissen	5.1
Vorschub	Lageistwerte der Antriebsachsen *X1*, *Y1*, *Z1*	Expertenwissen	5.2
Werkzeugeingriff	Lageistwerte der Antriebsachsen *X1*, *Y1*, *Z1* sowie drehmomentbildende Ströme der Hauptspindel *SC*	Expertenwissen	5.3
Fertigungsstrategie bzw. Maschinenbewegungen	Drehmomentbildende Ströme der linearen Vorschubantriebe *XC*, *YC*, *ZC*	Muster	6

Allerdings stellen die zu analysierenden Signale eine nicht abgeschlossene Liste dar. Im Rahmen des Konzepts dieser Arbeit kann eine beliebige Anzahl weiterer Signale, bspw. bereits veredelte Daten wie Prozesskräfte oder Belastungskennwerte, oder auch eine beliebige Anzahl weiterer Analysen von bereits ausgewerteten Signalen zur Strukturierung herangezogen werden. Diese erweitern lediglich das Ebenenmodell um weitere Schichten und somit die Möglichkeiten zur späteren Datenabfrage, da alle Auswertungen separat gespeichert werden. Denkbar ist dabei auch, dass weitere Analysen zu einem späteren Zeitpunkt auf bereits analysierte Datensätze angewendet werden und somit nachträglich Strukturierungsergebnisse erzeugen. Entscheidend ist, dass alle Auswertungen im Ergebnis homogene Bereiche offenbaren, die mithilfe von Start- und Endzeitpunkt sowie einer Charakterisierung des Bereichs definiert werden, und dass auch bei mehreren parallelen Algorithmen eine hinreichende Leistungsfähigkeit sichergestellt ist.

Durch die implementierten Datenanalysen wird festgelegt, nach welchen Teilprozessabschnitten im Nachgang innerhalb des Data-Lakes gesucht werden kann, nicht aber, was konkret abgefragt wird. Im konkreten Anwendungsfall kann ein Experte entscheiden, welche Kriterien für eine Suchanfrage zur Anwendung kommen. Dabei können alle Strukturierungsergebnisse ausgeschöpft oder nur auf eine Teilmenge der Ergebnisse zurückgegriffen werden. Die Auswahl ist maßgeblich von der Art und Komplexität des Anwendungsfalls abhängig. So können bspw. für eine Werkzeugstandzeitanalyse lediglich die Daten von Interesse sein, zu denen auch tatsächlich ein Werkzeugeingriff vorlag, während ein spezielles Kraftmodell nur in definierten Vorschub- und Drehzahlbereichen sowie für vorab definierte Fertigungsstrategien genutzt werden kann.

Anhand der Beispiele wird ersichtlich, dass die vorgestellte Methodik ein hybrides Datenanalysewerkzeug darstellt: Für den Experten wird eine Möglichkeit geschaffen, Daten flexibel gemäß den eigenen Anforderungen und mithilfe der eigenen Kreativität zu durchsuchen. In dieser Hinsicht ist die menschliche Intelligenz den maschinellen Algorithmen voraus, die wiederum aufgrund ihrer Effizienz und Skalierbarkeit die notwendigen Datengrundlagen schaffen, Bild 4.6. Selbst bei nur wenigen Strukturierungsalgorithmen bzw. Schichten im Ebenenmodell können durch die Vielzahl an möglichen Kombinationen der Strukturierungsergebnisse spezifische Suchanfragen durch einen Experten ausgestaltet werden. [VAN21]

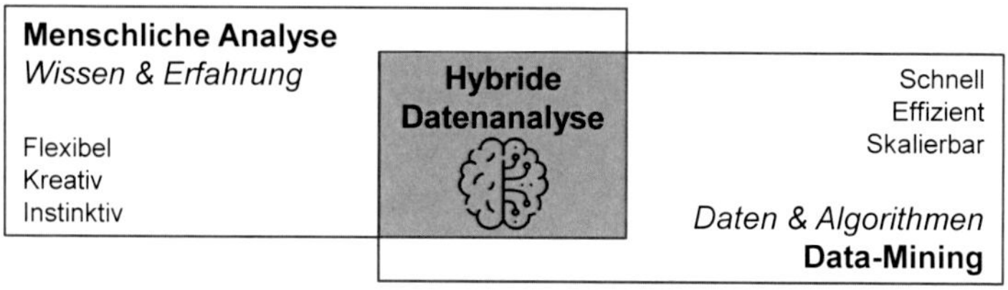

Bild 4.6: Hybride Datenanalyse, angelehnt an [VAN21, S. 9]
Hybrid Data Analytics, acc. to [VAN21, p. 9]

4.3.3 Entwicklung von Data-Mining-Algorithmen
Development of Data Mining Algorithms

Mithilfe von Data-Mining-Algorithmen sind die Teilprozessabschnitte auf Basis der Rohdaten zu identifizieren. Innerhalb eines Teilprozessabschnitts liegen grundsätzlich homogene Prozessbedingungen vor. Dies kann sich bspw. darin äußern, dass ein oder mehrere Signale im betrachteten Abschnitt annähernd konstant sind oder einem fortlaufenden Muster folgen. Grundsätzlich ist die Analysebasis, auf deren Grundlage die Data-Mining-Algorithmen entwickelt werden, nach zwei Klassen zu unterteilen: Die Identifikation der zusammenhängenden Teilprozessabschnitte kann auf Basis der in den Daten enthaltenen Muster oder auf Basis von Expertenwissen vollzogen werden.

Bei Betrachtung des zeitlichen Verlaufs der Prozessdaten wird auch ohne detaillierte Kenntnis des Fertigungsprozesses ersichtlich, dass diese in Abhängigkeit des NC-Programms aus voneinander abgrenzbaren Teilprozessabschnitten bestehen. In Bild 4.7 sind die in Tabelle 4.1 überblicksartig dargestellten Abschnitte exemplarisch für das Anwendungsbeispiel auf den Positionssignalen der Linearachsen im Maschinenkoordinatensystem referenziert.

Bereits in dieser Darstellung werden die im Datensatz enthaltenen Teilprozessabschnitte für einen Menschen erkennbar. Auf intuitive Weise kann der Mensch – im Gegensatz zu einem Algorithmus – die im Datensatz enthaltenen Muster identifizieren, voneinander abgrenzen, charakterisieren und daraus auf einen Teilprozessabschnitt zurückschließen, wenngleich dieses Vorgehen immer auch einer subjektiven Bewertung unterliegt. Solche Fähigkeiten sind aus algorithmischer Sicht anspruchsvoll, zugleich aber für die angestrebte Strukturierung der Prozessdaten notwendig. Innerhalb eines Teilprozessabschnitts liegt ein individuelles Muster je Signal vor, sodass im Zusammenspiel der drei Signale ein dem Teilprozess zuordenbares homogenes mehrdimensionales Muster entsteht.

Der Teilprozessabschnitt 3 besteht z. B. aus zwei 90° zueinander phasenverschobenen Sinus-Schwingungen im X- und Y-Signal, die eine kreisende Bewegung widerspiegeln, sowie einer abfallenden Geraden im Z-Signal, die eine kontinuierliche Tiefenzustellung darstellt. Allein die Kombination der individuellen Muster lässt darauf schließen, dass es sich bei diesem Abschnitt um eine helikale Bewegung zur Fertigung einer Kreistasche handelt. Zudem ähneln die in Abschnitt 3 enthaltenen Muster sehr stark denen der Abschnitte 2 und 4, weshalb auch hier von der Bearbeitung einer Kreistasche ausgegangen werden kann, wie ein Blick in Tabelle 4.1 bestätigt.

Durch die Kombination solcher Teilprozessabschnitte kann ein individueller Prozess vollständig beschrieben werden. Dazu sind Start- und Endzeitpunkt des jeweiligen Abschnitts sowie das zugehörige mehrdimensionale Muster notwendig. Diese Informationen sind jedoch nur implizit in den Rohdaten enthalten und müssen durch einen Algorithmus ermittelt werden. Die musterbasierte Identifikation und Beschreibung der Teilprozessabschnitte sowie ihrer Beziehungen zueinander sind somit die zentralen Stellhebel, um einen Datensatz strukturieren und anschließend auch durchsuchen zu können.

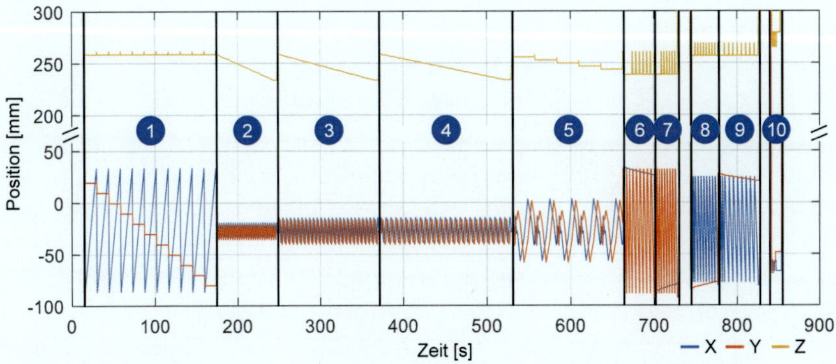

Bild 4.7: Teilprozessabschnitte der Positionssignale im Anwendungsbeispiel
Subprocess Sections of the Positional Signals in the Application Example

Neben der musterbasierten Analyse ist eine Strukturierung der Prozessdaten auch durch die Integration menschlichen Expertenwissens möglich.

Spezifisch zugeschnittene Algorithmen sind dazu in der Lage, die Rohdaten mithilfe des Expertenwissens auszuwerten. Exemplarisch ist in Bild 4.8 das aufgezeichnete Spindeldrehzahlsignal des Anwendungsbeispiels dargestellt. Durch Anwenderwissen ist bekannt, dass sich die Spindeldrehzahl vollständig in die folgenden Kategorien einteilen lässt:

- Konstante Spindeldrehzahl (blau hinterlegt)
- Steigende / Fallende Spindeldrehzahl (weiß hinterlegt)
- Spindelstillstand zum Werkzeugwechsel (rot hinterlegt)

Unter Einbezug dieses Wissens kann ein geeigneter Algorithmus den Kategorien zuordenbare Teilprozessabschnitte voneinander separieren und verdichten. Im Ergebnis lassen sich alle diese Abschnitte dann durch Start- und Endzeitpunkt sowie eine Beschreibung der Kategorie, z. B. in Form der durchschnittlichen Drehzahl, beschreiben. Dies verdeutlicht auch noch einmal den Aspekt der Datenkompression, der mit der Strukturierung einhergeht: In den insgesamt 427 946 Datenpunkten werden zehn zusammenhängende Teilprozessabschnitte identifiziert, die sich mit je drei Werten beschreiben lassen. Die Kompression auf 30 Datenpunkte bzw. 0,007 % der Rohdaten ermöglicht eine anwendungsgerechte Durchsuchbarkeit mehrerer Datensätze hinsichtlich des Spindeldrehzahlsignals.

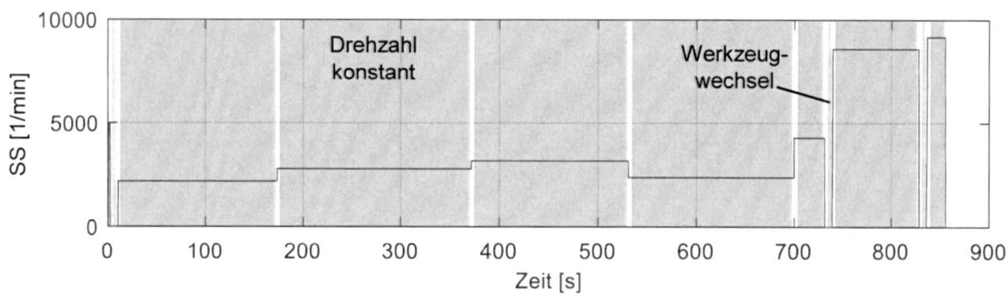

Bild 4.8: Teilprozessabschnitte des Spindeldrehzahlsignals
Subprocess Sections of the Spindle Speed Signal

Unabhängig von der Analysebasis, also davon, ob Teilprozessabschnitte anhand von Mustern oder durch Expertenwissen identifiziert werden, ist die Algorithmik hinter jeder lokalen Differenzierung der Prozessdaten identisch und kann in drei Aufgaben unterteilt werden, die in beliebiger Reihenfolge zu lösen sind: Segmentierung, Clustering und Klassifizierung.

Im Rahmen der Segmentierung werden Prozessbereiche voneinander separiert. Ohne Kenntnis darüber, inwiefern oder warum sich der Prozess verändert, können einzelne Segmente voneinander unterschieden werden. Dies kann bspw. der Fall sein, wenn die Spindeldrehzahl aus einem Konstant- in einen Drehzahlbeschleunigungsbereich übergeht oder sich das zugrundeliegende Muster in den Positionssignalen verändert. Ein Segmentierungsalgorithmus trifft also keinerlei Aussage darüber, was sich vor und nach einer Segmentgrenze befindet, sondern lediglich, dass sich die Prozessdaten hinsichtlich eines Kriteriums vor und nach der Segmentgrenze hinreichend unterscheiden. Auf diese Weise werden Start und Ende homogener Teilprozessabschnitte identifiziert.

Im Zuge des Clusterings wird die Ähnlichkeit der Daten untereinander bewertet und hinreichend ähnliche Daten einem gemeinsamen Cluster zugeordnet. Im Gegensatz zur Segmentierung werden hierbei auch nicht zusammenhängende Daten zusammengefasst. In diesem Sinne werden z. B. Konstantbereiche der Spindeldrehzahl mit annähernd identischer Durchschnittsdrehzahl oder identische Fertigungsstrategien wie die helikale Bearbeitung einer Kreistasche (Bild 4.7, Segmente 2, 3, 4) einem Cluster zugeordnet. Das Clustering erzeugt also eine Semantik, d. h. Beziehungen zwischen den einzelnen Segmenten, ohne die Daten explizit zu charakterisieren. Für die Anwendung nachgelagerter Modelle ist dabei besonders das durch den Clusteringalgorithmus ermittelte Ähnlichkeitsmaß bzw. die Distanz zwischen den Daten von Interesse, da sich hiermit die Übertragbarkeit der Modelle zwischen einzelnen Teilprozessabschnitten quantifizieren lässt. Im Beispiel der Spindeldrehzahl ist das Ähnlichkeitsmaß durch die Differenz konkreter Drehzahlwerte auf triviale Weise beschrieben, während die Bewertung der Ähnlichkeit von Mustern eine größere Herausforderung darstellt.

Durch die Klassifizierung werden den Daten repräsentative Werte (Label), z. B. die durchschnittliche Spindeldrehzahl oder eine Bezeichnung der genutzten Fertigungsstrategie, zugeordnet, mit denen nach Teilprozessabschnitten gesucht werden kann.

Diese drei Schritte sind von jedem Strukturierungsalgorithmus, also zur Erstellung jeder Ebene des Ebenenmodells, zu durchlaufen, wobei sich der Aufwand je nach Analysefokus unterscheiden kann, Bild 4.9. Zusammenfassend wird die Datenstrukturierung also durch eine lokale Differenzierung und die sich anschließende Ähnlichkeitsbewertung von Prozessdaten erzielt. Hierdurch wird die Generierung semantischer Aussagen über verschiedenartige Prozesse ermöglicht, selbst wenn diese zu unterschiedlichen Zeitpunkten analysiert werden. Die zentrale Herausforderung besteht hierbei insgesamt darin, produktionstechnisch sinnvolle und relevante Zusammenhänge innerhalb der Daten sichtbar zu machen. Anhand der semantischen Beziehungen, d. h. konkret anhand des Labels und der ermittelten Ähnlichkeit, werden die Daten durchsuchbar. So können gemäß Bild 4.5 bspw. alle konstanten Spindeldrehzahlbereiche mit dem Durchschnittswert 4 500 mm/min (Label) und einer erlaubten Abweichung von 500 mm/min (Ähnlichkeit) unmittelbar gefunden werden.

Im Rahmen der vorliegenden Arbeit werden die individuellen Strukturierungsalgorithmen in einer Datenpipeline so verknüpft, dass alle Zwischen- und Endergebnisse zur Strukturierung eines Fertigungsprozesses beitragen. Dabei können die Strukturierungsergebnisse eines Algorithmus bereits als Vorverarbeitung für nachfolgende Algorithmen verwendet werden und so bspw. eine Parallelisierung ermöglichen, Bild 4.9.

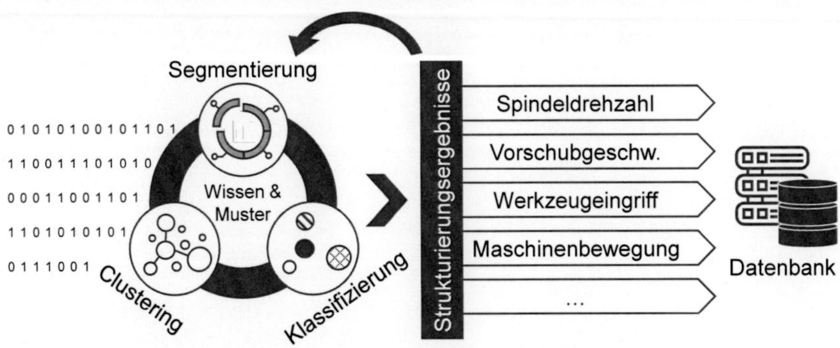

Bild 4.9: Mehrschichtige Anwendung von Data-Mining-Algorithmen
Multi-layered Application of Data Mining Algorithms

5 Integration des menschlichen Expertenwissens

Integration of Human Expert Knowledge

Die Strukturierung eines NC-Zerspanprozesses mithilfe einer lokalen Differenzierung von Prozessdaten kann in vielen Fällen durch Data-Mining-Algorithmen erzielt werden, die maßgeblich auf der Integration menschlichen Expertenwissens basieren. Dieses im Vorfeld der Datenanalyse vorhandene Wissen ermöglicht die gezielte Auswahl und Auswertung der Daten. Das zentrale Vorgehen bestehend aus Segmentierung, Clustering und Klassifizierung (vgl. Kapitel 4.3.3) findet auch hier Anwendung, wenngleich einzelne Schritte aufgrund des bereits vorhandenen Wissens teilweise zusammenfallen können.

Die Integration des menschlichen Expertenwissens wird im Folgenden anhand von drei Strukturierungsverfahren veranschaulicht, die zentrale Technologieparameter bzw. Prozesseinflussgrößen abbilden. Hierbei handelt es sich um die Spindeldrehzahl (Kapitel 5.1), die Vorschubgeschwindigkeit (Kapitel 5.2) sowie den Werkzeugeingriff (Kapitel 5.3). Weitere Auswertungen können flexibel ergänzt werden.

5.1 Partitionierung anhand der Spindeldrehzahl

Partitioning Based on the Spindle Speed

Die Strukturierung der Prozessdaten anhand der Spindeldrehzahl ist von entscheidender Bedeutung, da sie einen der wichtigsten Parameter der Prozessplanung darstellt und unmittelbaren Einfluss auf weitere Parameter wie den Vorschub pro Zahn

$$f_z = \frac{v_f}{SS \cdot z} \tag{5.1}$$

oder die Schnittgeschwindigkeit

$$v_c = \pi \cdot SS \cdot d \tag{5.2}$$

hat. Durch die Spindeldrehzahl werden die Schnittbedingungen des Werkzeugs, und damit z. B. auch der Werkzeugverschleiß, unmittelbar und maßgeblich beeinflusst. Zugleich sind über die Spindeldrehzahl Rückschlüsse auf die Bearbeitungsart, bspw. Schruppen oder Schlichten, möglich.

Eine Strukturierung der Spindeldrehzahl lässt sich theoretisch auf Basis des NC-Programms erzielen. Allerdings kann in diesem Fall nicht das reale Steuerungsverhalten bei z. B. Spindelbeschleunigungen oder manuellen Eingriffen durch den Maschinenbediener berücksichtigt werden. Zudem besteht eine Herausforderung in der allgemeingültigen Interpretation des herstellerspezifischen NC-Programms, insbesondere bei Unterprogrammen oder Zyklen, weshalb datenbasierte Strukturierungsalgorithmen zu bevorzugen sind. Die Strukturierung der Spindeldrehzahl wird als Partitionierung bezeichnet, da nachfolgende Algorithmen auf den im Ergebnis entstehenden Partitionen aufbauen. Die Abgrenzbarkeit zu den Segmentierungsergebnissen dieser Algorithmen wird somit gewährleistet.

Die Spindeldrehzahl wird im NC-Programm in Abhängigkeit der Bearbeitungsstrategie zur Fertigung unterschiedlicher Bauteilmerkmale auf diskrete Werte gesetzt und durch die NC-Steuerung konstant bzw. in Regelung gehalten. Daher gleicht ihr Verlauf bei Fräsbearbeitungen einer Stufenform, Bild 4.8 und Bild 5.1. Zwischen den horizontalen Stufen, also beim Wechsel von einer programmierten Drehzahl auf die nächste, befinden sich Beschleunigungsrampen. Da die NC-Steuerung aus Produktivitätsgründen einen Drehzahlwechsel immer so schnell wie möglich umsetzt, sind diese Rampen steil und im Vergleich zu den Stufen kurz. Spindelstillstände stellen hierbei grundsätzlich ebenfalls Konstantbereiche mit einer Drehzahl von null dar. Diese kommen während des Prozesses selten vor, z. B. während Messzyklen, insbesondere aber dann, wenn das Werkzeug gewechselt wird, da hierzu ein Spindelstillstand zwingend notwendig ist.

Vor dem Hintergrund dieses Anwenderwissens besteht die Aufgabe eines Strukturierungsalgorithmus also zunächst darin, die Konstantbereiche des Signals von den Beschleunigungsbereichen abzugrenzen. Durch Berücksichtigung der Werkzeugwechselzeitpunkte lässt sich das Spindeldrehzahlsignal dann in drei unterschiedliche Partitionstypen gliedern, Bild 5.1:

- Bearbeitungspartition mit konstanter Spindeldrehzahl
- Beschleunigungspartition mit ansteigender oder abfallender Spindeldrehzahl
- Werkzeugwechselpartition mit Spindelstillstand

Gemäß Kapitel 4.3.3 wird das Spindeldrehzahlsignal in einem ersten Schritt segmentiert. Hierbei werden dort Segmentgrenzen eingezogen, wo sich die Daten verändern, also bspw. zu Beginn und Ende einer Beschleunigungsrampe. Hierzu ist es ausreichend, die Rampen im Signal zu identifizieren, da sich zwischen einzelnen Rampen immer Konstantbereiche befinden.

Die Grundlage des Vorgehens bildet ein gleitendes Fenster, das mit der Schrittweite eins über das Spindeldrehzahlsignal geschoben wird, Bild 5.1. Die Breite des Fensters wird dabei so definiert, dass zwar jede Beschleunigungsrampe, gleichzeitig aber kein Konstantbereich überdeckt wird. In der Fertigung sind die Rampen deutlich kürzer als die Bearbeitungen mit konstanter Drehzahl, weshalb diese Bedingungen mit einer Fensterbreite von 500 Datenpunkten bzw. 1 Sekunde eingehalten werden können. Für jedes dieser Fenster wird die Differenz der Spindeldrehzahl zwischen dem linken und rechten Fensterrand berechnet.

Im Anschluss werden diejenigen Fenster von der nachfolgenden Auswertung ausgeschlossen, deren berechnete Differenz betragsmäßig kleiner als ein definierter Parameter ist. Dieser Parameter bestimmt die minimale Drehzahldifferenz zwischen zwei Konstantbereichen, die durch den Algorithmus noch aufgelöst bzw. unterschieden werden können, und wird standardmäßig auf 100 1/min gesetzt. Je größer der Parameter gesetzt wird, desto ungenauer, aber auch robuster ist der Algorithmus. Im Ergebnis entstehen so separate Blöcke von benachbarten bzw. zusammenhängenden Fenstern, wobei jeder Block eine Beschleunigungsrampe grob abdeckt.

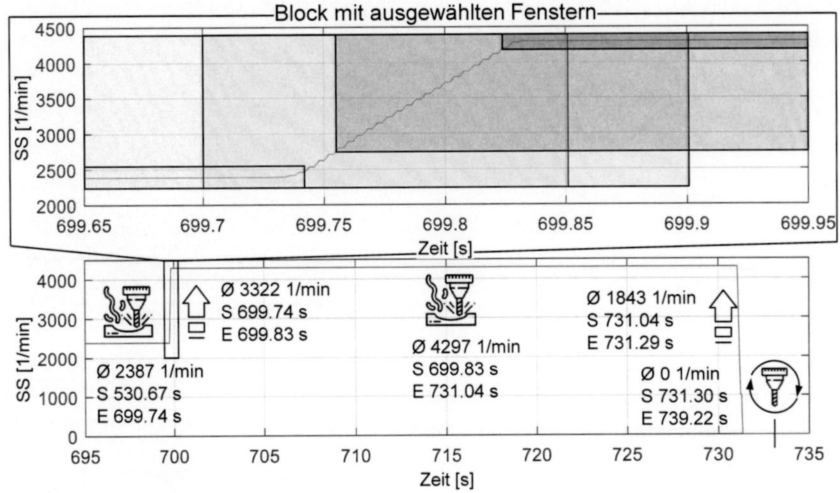

Bild 5.1: Partitionierung der Spindeldrehzahl
Partitioning of the Spindle Speed

Jeder Block wird danach mit dem Ziel weiter reduziert, dass er beim Start der Beschleunigungsrampe beginnt und mit deren Ende abschließt, Bild 5.2. Hierzu wird die Spindeldrehzahl innerhalb eines Blocks zunächst auf dessen Breite m^{Block} normalisiert. Dann wird ein Suchfenster, dessen Breite m halb so breit ist wie der gesamte Block, mit der Schrittweite eins über die Daten geschoben. Dabei wird das Fenster identifiziert, bei dem der Unterschied zwischen Start- und Endwert nach (5.4) am größten ist, in dem also der steilste Anstieg vorliegt, und die Fensterbreite gemäß (5.3) angepasst. Das Vorgehen wiederholt sich iterativ, wobei von einer Iteration auf die nächste geprüft wird, ob sich die Fensterbreite m stärker als die maximale Spindeldrehzahldifferenz δ^{max} verändert. Für diese Betrachtung ist die o. g. Normalisierung erforderlich. Solange sich m stärker verändert als δ^{max}, wird das Fenster halbiert, da es noch größer als die Beschleunigungsrampe ist. Ist hingegen die Veränderung in δ^{max} größer als in m, so ist das Fenster bereits zu klein und deckt nur noch den steilsten Teil der Beschleunigungsrampe ab. In diesem Fall wird es je Iteration um einen Datenpunkt vergrößert. Das Abbruchkriterium dieses Vorgehens ist erreicht, wenn sich m und δ^{max} gleich stark verändern. Das dann gefundene Fenster deckt exakt die Beschleunigungsrampe ab, unabhängig davon, ob es sich um eine steigende oder fallende Rampe handelt.

$$m_{x+1} = \begin{cases} \left\lceil \frac{m_x}{2} \right\rceil & \text{und } \tilde{x} = x - 1, \quad \delta_{x-1}^{max} - \delta_x^{max} < m_{x-1} - m_x \\ m_x + 1, & \delta_{\tilde{x}}^{max} - \delta_x^{max} > m_{\tilde{x}} - m_x \end{cases} \tag{5.3}$$

$$\delta_x^{max} = max\left(\left|SS_{i+m_x-1}^{norm} - SS_i^{norm}\right|\right) \quad \forall \{i \in \mathbb{N} \mid 0 \le i \le m^{Block} - m_x + 1\}$$
$$\text{mit } x \in \mathbb{N}^+,\ m_0 = m^{Block},\ m_1 = \frac{m^{Block}}{2} \tag{5.4}$$

Abschließend wird noch überprüft, ob der ursprüngliche Block breiter ist als die eingangs definierte Fensterbreite abzüglich der identifizierten Rampe. Hierdurch wird sichergestellt, dass sich vor und hinter der Rampe hinreichend lange Konstantbereiche befinden und somit kein singulärer Peak gefunden wurde.

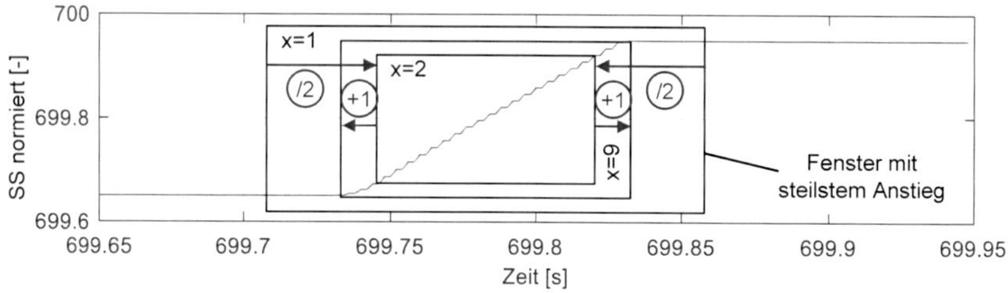

Bild 5.2: Identifikation der Beschleunigungsrampe innerhalb eines Blocks
Identification of the Acceleration Ramp within a Block

Nach Abschluss der Segmentierungen erfolgen Clustering und Klassifizierung, die für die Spindeldrehzahlanalyse trivialerweise zusammenfallen: Die als Beschleunigungsrampen segmentierten Bereiche stellen Beschleunigungspartitionen dar. Alle übrigen Bereiche sind in der Konsequenz Konstantbereiche. Durch die in den Event-Daten vorhandenen Werkzeugwechselzeitpunkte können hieraus diejenigen gefiltert werden, zwischen deren Start- und Endzeitpunkt ein Werkzeugwechsel stattfindet. Dies sind die Werkzeugwechselpartitionen, während alle übrigen Bereiche in Konsequenz die Bearbeitungspartitionen darstellen.

Im Ergebnis werden für jede Partition Start- und Endzeitpunkt sowie als Label der Partitionstyp und die innerhalb der Partition vorliegende durchschnittliche Drehzahl gespeichert. Die Differenz der Spindeldrehzahlwerte stellt das Ähnlichkeitsmaß zwischen diesen Labeln dar. Die Spindeldrehzahl ist somit in Form der Partitionen strukturiert, kann in stark komprimierter Weise gespeichert und schließlich auch effizient durchsucht werden. Dies mag auf den ersten Blick trivial anmuten, ermöglicht aber bereits ohne weiteres Zutun die Durchsuchbarkeit eines Data-Lakes bspw. hinsichtlich der Werkzeugwechselpartitionen zur Fehleruntersuchung bei Werkzeugwechseln, hinsichtlich der Bearbeitungspartitionen mit spezifischer Drehzahl für statische Auswertungen der Schnittwerte je Werkzeug oder hinsichtlich der Beschleunigungspartitionen für detaillierte Spindeluntersuchungen.

Abstrakt betrachtet ist die in Bild 5.2 dargestellte Beschleunigungsrampe eine zunächst flache, fast horizontale Kurve, die ab einem bestimmten Punkt plötzlich stark ansteigt. Dieser Punkt wird auch als Ellenbogen (engl.: Elbow) bezeichnet. Das oben dargelegte Verfahren zur Eingrenzung der Beschleunigungsrampe stellt somit gleichzeitig eine heuristische Methode dar, um diesen Elbow zu identifizieren. Hierauf wird im Rahmen der weiteren Ausführungen mehrfach zurückgegriffen.

5.2 Strukturierung der Vorschubgeschwindigkeit

Structuring of the Feed Rate

Ebenso wie die Spindeldrehzahl stellt die Vorschubgeschwindigkeit einen zentralen Parameter für die Prozessplanung dar und beeinflusst weitere Kenngrößen wie z. B. den Vorschub pro Zahn f_z nach Gleichung (5.1). Über die Schnittbedingungen hinaus ist der Vorschub insbesondere ein essenzieller Stellhebel für die Produktivität eines Zerspanprozesses, zu deren Optimierung der Vorschub in Abhängigkeit individueller Prozess- und Eingriffsbedingungen adaptiv maximiert werden muss.

Im CAM- bzw. NC-Programm wird der Vorschub entweder über einen vorzugebenden Wert oder über die Aktivierung des Eilgangs, bei dem die Maschine mit im Rahmen ihrer dynamischen Möglichkeiten maximaler Geschwindigkeit verfährt, definiert. Die reale Vorschubgeschwindigkeit unterliegt jedoch selbst bei diskret programmierten Werten einer permanenten Veränderung durch z. B. Bewegungsrichtungsänderungen der Maschine und damit einhergehenden Beschleunigungsvorgängen oder Schaltbefehlen wie Werkzeugwechseln. Die Veränderungen des Vorschubs sind physikalisch begründbar und mathematisch beschreibbar, allerdings aufgrund ihrer Vielzahl innerhalb eines Datensatzes selbst für einen Experten nur schwierig und unter hohem Zeitaufwand nachzuvollziehen. Aus diesem Grund ist ein Algorithmus zur Strukturierung der Vorschubgeschwindigkeit notwendig.

Im Rahmen der Strukturierung der Vorschubgeschwindigkeit wird nicht der programmierte und daher abschnittsweise konstante, sondern der tatsächlich an der Maschine umgesetzte bahndynamische Vorschub v_f betrachtet. Dieser kann unter Vernachlässigung thermischer und geometrisch-kinematischer Fehler auf Basis des Positionsvektors des Werkzeugmittelpunkts (engl.: Tool Center Point; TCP) im Maschinenkoordinatensystem (MKS) p^{MKS}, der nach (5.5) aus den aufgezeichneten Lageistwerten der einzelnen Achsen gebildet wird, für jeden Datenpunkt i des Datensatzes berechnet werden.

$$p_i^{MKS} = \begin{pmatrix} X1_i \\ Y1_i \\ Z1_i \\ A1_i \\ B1_i \end{pmatrix} \tag{5.5}$$

Grundsätzlich ist hierzu eine maschinenabhängige kinematische Transformation durchzuführen, die die TCP-Position aus dem MKS in das Werkstückkoordinatensystem (WKS) überführt. Im Falle der im Anwendungsbeispiel betrachteten 3-Achs-Bearbeitung mit feststehenden rotatorischen Achsen kann die kinematische Transformation für die Berechnung des Vorschubs vernachlässigt werden, sodass unmittelbar auf die aufgezeichneten Lageistwerte *X1*, *Y1*, *Z1* der Linearachsen zurückgegriffen werden kann. Somit wird der Vorschub unter Einbezug des aufgezeichneten Zeitstempels *TS* als diskrete zeitliche Ableitung der TCP-Position im WKS p^{WKS} mittels des Verfahrens der Rückwärtsdifferenzen nach Gleichung (5.6) berechnet.

$$v_{f_i} = \frac{\sqrt{\left\| p_i^{WKS} - p_{i-1}^{WKS} \right\|_2}}{TS_i - TS_{i-1}} \tag{5.6}$$

Das Vorschubgeschwindigkeitsprofil steht in starker Abhängigkeit zum Fertigungsprozess und zur Werkstückkontur. Im Gegensatz zur Spindeldrehzahl ist das Profil daher sehr individuell und lässt sich nicht pauschal charakterisieren. Die Anwendung des in Kapitel 5.1 vorgestellten, robusten und effizienten Partitionierungsalgorithmus ist daher an dieser Stelle nicht möglich. Trotzdem lässt sich die Strukturierung unter Berücksichtigung der folgenden expertenwissensbasierten Aspekte rein auf Basis der aufgezeichneten Prozessdaten umsetzen:

Innerhalb eines typischen Zerspanprozesses wechseln sich Bewegungen mit vorgegebenem Vorschub und Eilgangsbewegungen bereichsweise ab. Diese Bereiche können beliebig lang sein, allerdings nehmen Eilgangsbewegungen in Summe einen deutlich kleineren Anteil an der Fertigungszeit ein. Gleichzeitig erreicht die Maschine im Zuge einer Eilgangsbewegung signifikant höhere Geschwindigkeiten als während aller anderen Bewegungen. Es existieren nur wenige programmierte Vorschübe, die in ihrer Höhe diskret, aber beliebig durch den Programmierer gesetzt werden. Trotz möglicher Unterbrechungen durch z. B. Bewegungsrichtungsänderungen werden diese Vorschübe wiederholt erreicht. Sowohl eine solche Unterbrechung als auch ein geplanter Wechsel des programmierten Vorschubwerts erzeugen entsprechende Beschleunigungsrampen. All diese Aspekte lassen sich anhand des in Bild 5.3 dargestellten Auszugs des Vorschubgeschwindigkeitsprofils des Demonstratorprozesses bestätigen.

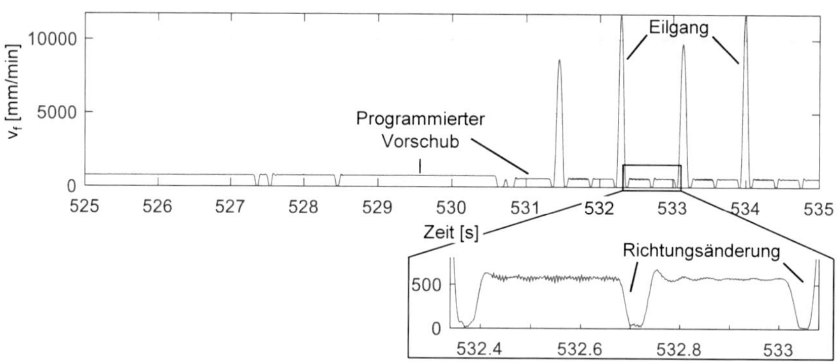

Bild 5.3: Auszug des Vorschubgeschwindigkeitsprofils

Excerpt of the Feed Rate Profile

Zur Strukturierung der Vorschubdaten auf Basis dieser Erkenntnisse wird ein dreistufiges Vorgehen angewandt:

Im ersten Schritt werden die zu einem Eilgang gehörenden von allen restlichen Datenpunkten getrennt. Wenn keine steuerungsspezifischen Zyklen programmiert sind, ist dies durch das Parsen des zugrundeliegenden NC-Programms hinsichtlich der Vorschubbefehle und der anschließenden Zuordnung der entsprechenden NC-Satzwechsel-Events zu den aufgezeichneten Zeitreihendaten möglich. Eine rein prozessdatenbasierte Trennung erfolgt anhand der Verteilung der Vorschubwerte. Aus den o. g. Erkenntnissen lässt sich ableiten, dass im Verhältnis zur restlichen Datenmenge nur wenige zum Eilgang zugehörige Datenpunkte existieren, die zudem auch sehr hohe Vorschubwerte repräsentieren. Eine aufsteigende Sortierung der Vorschubwerte führt daher zu der in Bild 5.4 dargestellten Kurve, die im hinteren Teil eine große Steigung und somit einen analog zu Kapitel 5.1 identifizierbaren Elbow aufweist, anhand dessen die Datenpunkte in zwei Cluster eingeteilt werden. Im Gegensatz zum NC-Programm-basierten Vorgehen werden die zum Eilgang zuordenbaren Daten also nicht statisch, sondern dynamisch in Abhängigkeit des individuellen Vorschubgeschwindigkeitsprofils eines Datensatzes geclustert. Das Clustering geht in diesem Fall der Segmentierung voraus. Da nun jeder Datenpunkt einem Cluster zugeordnet ist und somit bekannt ist, ob er zu einer Eilgangsbewegung gehört oder nicht, lassen sich allerdings in den zeitlich sortierten Daten dort auf einfache Weise Segmentgrenzen identifizieren, wo die Clusterzugehörigkeit wechselt.

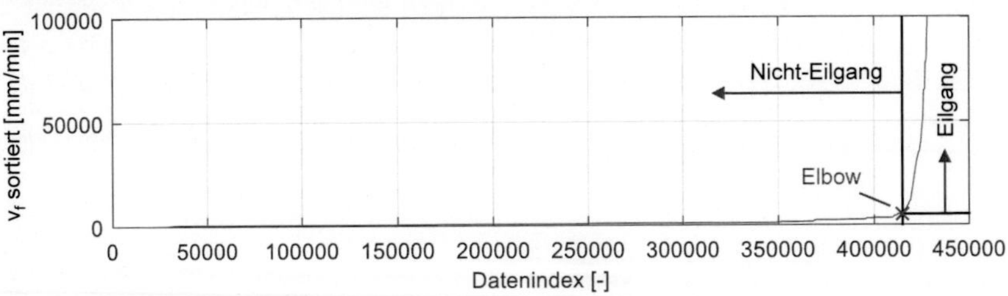

Bild 5.4: Sortierte Verteilung der Vorschubgeschwindigkeitswerte
Sorted Distribution of Feed Rate Values

Der zweite Schritt umfasst die Analyse der Häufigkeitsverteilung aller übrigen Vorschubdaten. Um die vom speziellen Datensatz unabhängige Anwendbarkeit zu garantieren, werden diese Daten auf dem heuristisch definierten Wertebereich [0 mm/min; 10 000 mm/min] normiert. Anschließend wird ein Histogramm erstellt, auf dessen Grundlage die Daten in äquidistante Klassen der heuristisch bestimmten Breite 10 mm/min eingeteilt und die durchschnittliche absolute Klassenhäufigkeit bestimmt werden, Bild 5.5. Mit denjenigen Klassen, deren Häufigkeit oberhalb des Durchschnitts liegt, sind häufig auftretende Datenpunkte assoziiert, die aus konstanten Geschwindigkeitsbereichen bzw. Horizontalen im Vorschubgeschwindigkeitsprofil hervorgehen, da diese im Prozessverlauf die meiste Zeit in Anspruch nehmen. Wie in Bild 5.3 illustriert sind die Horizontalen nur selten ideal konstant, sondern fluktuieren signifikant und ungleichmäßig um einen Durchschnittswert, der den programmierten Vorschub repräsentiert. Dieses Verhalten kann bspw. durch einen Materialabtrag und damit einhergehende Vibrationen am TCP verursacht werden. Damit der Algorithmus solche fortlaufend auftretenden Vorschubschwankungen nicht als Unterbrechung eines konstanten Geschwindigkeitsbereichs interpretiert, werden alle benachbarten häufig auftretenden Klassen des Histogramms wie in Bild 5.5 visualisiert zu einer gemeinsamen Klasse verbunden. Insgesamt sind die keiner Eilgangsbewegung zuordenbaren Datenpunkte damit ein weiteres Mal unterteilt bzw. geclustert worden: Sie gehören nun entweder einem konstanten Geschwindigkeitsbereich an oder nicht, Bild 5.6. Um zwei häufig auftretende Klassen des Histogramms gerade nicht mehr zu verbinden, müssen die darin enthaltenen Datenpunkte bei einer Klassenbreite von 10 mm/min um mindestens 20 mm/min auseinanderliegen. Die Auflösung der Konstantgeschwindigkeitsbereiche beträgt somit unter Berücksichtigung der Normierung 0,2 % des maximalen Vorschubwerts.

Erneut können anhand der Wechsel der Clusterzugehörigkeit in den zeitlich sortierten Daten Segmentgrenzen identifiziert werden. Aufgrund der Fluktuation der Vorschubgeschwindigkeiten entstehen hierbei allerdings viele, in kurzen Abständen unterbrochene Konstantbereiche, die nicht das reale Maschinenverhalten abbilden, sondern auf die Unschärfe innerhalb der Datenverarbeitungskette zurückzuführen sind. Diese unrealistisch kurzen Segmente werden deshalb mithilfe eines Tiefpassfilters unter Berücksichtigung einer Mindestsegmentlänge von 200 Datenpunkten bzw. 0,4 Sekunden herausgefiltert. Hierzu eignen sich z. B. Verfahren zur Glättung der Gesamtvariation (engl.: Total Variation Denoising) [COND13], die im Gegensatz zu Tiefpassfiltern wie bspw. dem gleitenden Mittelwert die Position eindeutiger Segmentgrenzen nicht verschieben.

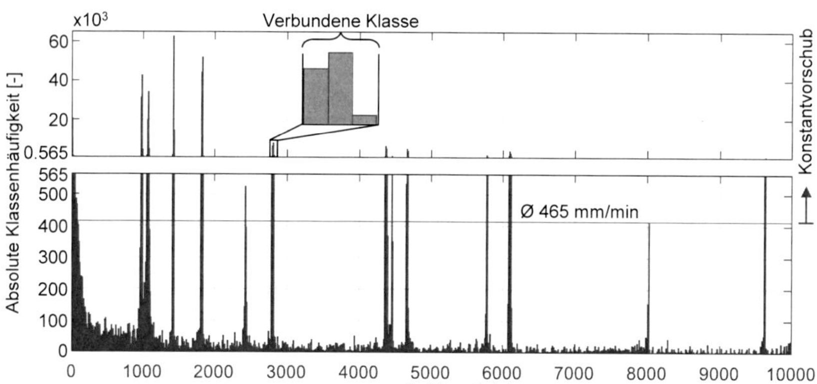

Bild 5.5: Häufigkeitsverteilung der Nicht-Eilgang-Vorschubwerte

Frequency Distribution of the Non-rapid Feed Rate Values

Im dritten Schritt wird die Klassifizierung aller Teilprozessabschnitte vorgenommen. Diese greift gemäß Bild 5.6 sowohl auf die ermittelten Clusterzugehörigkeiten als auch weitere Bedingungen zurück. Zur Generierung feingranularer Ergebnisse erfolgt die Klassifizierung nicht nur auf dem gesamten Datensatz, sondern im Speziellen auch auf den in Kapitel 5.1 identifizierten Bearbeitungspartitionen. Innerhalb der Partitionen ist die Spindeldrehzahl konstant, sodass veränderte Vorschübe unmittelbar auf eine Variation der Schnittwerte hinweisen. Die als Inkonstantvorschub klassifizierten Segmente können nicht weiter eingegrenzt werden. Hierbei handelt es sich z. B. um Beschleunigungsrampen zwischen zwei Konstantbereichen. Für alle Segmente werden Start- und Endzeitpunkt, die durchschnittliche Vorschubgeschwindigkeit sowie die Klassifizierung gespeichert. Als Ähnlichkeitsmaß dient in diesem Fall die Differenz der Vorschubwerte.

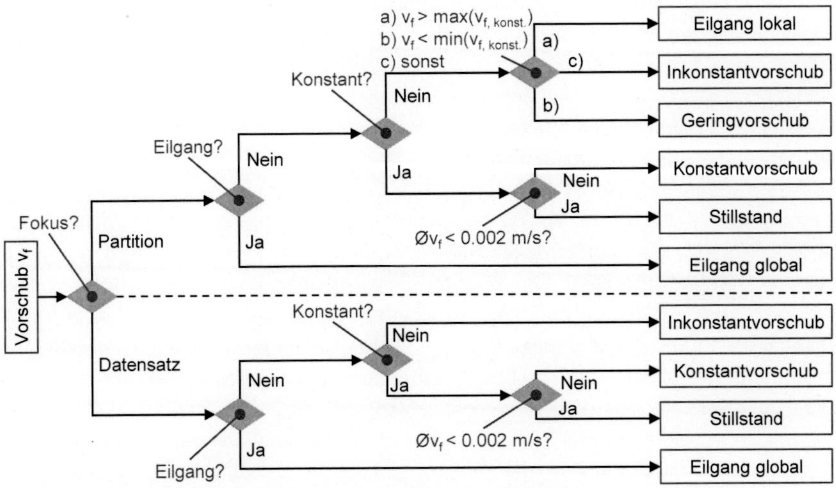

Bild 5.6: Klassifizierung der Teilprozessabschnitte der Vorschubgeschwindigkeit
Classification of the Feed Rate Subprocess Sections

Da der Vorschub in realen Produktionsumgebungen immer dem manuellen Eingriff des Maschinenbedieners unterliegt, wird zusätzlich der Vorschub-Override ausgewertet. Es besteht hierfür keine Notwendigkeit zur Segmentierung der Daten, da jede Override-Veränderung als diskretes Event aufgezeichnet wird. Der Override-Wert wird in 10 %-Schritten zwischen 0 % und 120 % geclustert, klassifiziert und analog zum Vorschub gespeichert.

5.3 Datenbasierte Werkzeugeingriffsdetektion

Data-based Tool Engagement Detection

Werkzeugeingriffe, also Teilprozessabschnitte, in denen Material abgetragen wird, sind für die Strukturierung und lokale Differenzierung von NC-Zerspanprozessen zentral. Während eines Eingriffs (Hauptzeit) unterscheiden sich die Technologieparameter und Zielgrößen des Prozesses fundamental von Abschnitten ohne Eingriff (Nebenzeit). So zielt bspw. ein Schruppvorgang auf ein maximales Zeitspanvolumen, während innerhalb der Nebenzeiten Vorschübe erhöht und Transferdistanzen reduziert werden sollen. Zugleich ist die Unterscheidung auch für nachgelagerte Modelle, wie z. B. Prozesskraft- oder Verschleißmodelle, interessant, die nur dort anzuwenden sind, wo auch tatsächlich ein Materialabtrag vorliegt.

Der Werkzeugeingriff kann grundsätzlich im Vorfeld der Produktion mithilfe von Prozesssimulationen im CAM-System vorhergesagt werden [CGTE23]. Hierbei werden jedoch keine Echtzeitdaten aus dem Prozess berücksichtigt, sodass selbst bei aufwendig parametrierten Simulationsmodellen ungenaue Vorhersagen möglich sind. Der Werkzeugeingriff kann durch unterschiedliche Ansätze auch prozessparallel detektiert werden. Naheliegend ist hierfür der Einsatz externer Sensorik. Über z. B. Körperschall- oder Beschleunigungssensoren können Vibrationen und somit Werkzeugeingriffe erkannt werden [HAJD21; MURA21]. Im Rahmen der Prozessüberwachung sind marktübliche Produkte wie *ToolScope* [CERA23] oder *Artis* [MARP23] in der Lage, auf Basis von durch Referenzprozesse identifizierten Schwellwerten für z. B. den Antriebsstrom der Hauptspindel Eingriffe zu erkennen. Darüber hinaus existieren Ansätze zur prozessparallelen Generierung eines digitalen Zwillings. Hierbei werden aufwendige Modelle mit den Prozessdaten kombiniert, um eine präzise Beschreibung von z. B. der Werkstücksqualität, des Werkzeugverschleißes oder der Maschinenkomponentenbelastung zu erzielen [DUAN19; ALTI16; KOEN18]. Auf Basis eines solchen digitalen Zwillings ist es daher möglich, die genauen geometrischen Eingriffsbedingungen wie z. B. den Umschlingungswinkel oder die Schnitttiefe zu bestimmen [BREC17a].

Allen prozessparallelen Ansätzen von der Prozessüberwachung bis hin zum digitalen Zwilling haben gemein, dass sie einer Feinabstimmung oder kostenintensiver externer Sensorik bedürfen. Im Rahmen der Prozessüberwachung sind Referenzprozesse, vor dem Hintergrund digitaler Zwillinge aufwendig zu parametrierende digitale Repräsentationen und Modelle für Maschine und Prozess, bspw. für die Maschinensteifigkeit, notwendig. Im Ergebnis können diese Ansätze teils sogar präzise geometrische Eingriffsgrößen berechnen, haben aber allesamt den Nachteil, dass sie sich nicht für eine nachgelagerte, stapelweise Auswertung großer Datenmengen hinsichtlich eines Werkzeugeingriffs eignen.

Eine solche Auswertung ist jedoch unter Verwendung der prozessparallel aufgezeichneten maschineninternen Daten möglich. Die Daten umfassen Informationen hinsichtlich des Werkzeugeingriffs, die auf Basis von Expertenwissen ohne physikalische Modelle oder besondere Softwarekomponenten extrahiert werden können. Der im Folgenden vorgestellte Ansatz zielt dabei nicht auf die Bestimmung geometrischer Eingriffsgrößen, sondern auf die einfache, möglichst parameterfreie und schnelle nachgelagerte binäre Differenzierung bereits bestehender Daten hinsichtlich Eingriff oder Nicht-Eingriff ab, die effektiv zur Datenstrukturierung beiträgt. Teile des nachfolgend beschriebenen Vorgehens wurden bereits durch BRECHER ET AL. veröffentlicht [BREC22b].

Die Werkzeugeingriffsdetektion greift auf Positionsdaten sowie den Antriebsstrom der Hauptspindel zurück, die Prozesskräfte und somit auch Eingriffe widerspiegeln. Zwei unabhängige Kriterien für den Werkzeugeingriff werden zur Anwendung gebracht, die sich aus Expertenwissen über das Prozessverhalten ableiten: das Spindelstrom- und das Ruckkriterium. Beide führen jeweils zu einer Eingriffswahrscheinlichkeit P_{SC} bzw. P_{Ruck}, die mit der Aktivierungsfunktion $A_{Vorschub}$ sowie dem benutzerdefinierten Gewichtungsfaktor w_{SC} gemäß Gleichung (5.7) die Gesamtwahrscheinlichkeit $P_{Eingriff}$ ergeben. Ist eines der beiden Kriterien bspw. aufgrund fehlender Daten nicht verfügbar, ist die Eingriffsdetektion auf Basis des jeweils anderen Kriteriums weiterhin möglich.

$$P_{Eingriff} = w_{SC} \cdot P_{SC} + (1 - w_{SC}) \cdot P_{Ruck} \cdot A_{Vorschub} \tag{5.7}$$

Im Vorfeld der Werkzeugeingriffsdetektion wird der Prozess anhand der Spindeldrehzahl wie in Kapitel 5.1 vorgestellt partitioniert. Dies ermöglicht die Parallelisierung des Algorithmus je Partition, also eine Reduktion der Rechenzeit, und ist außerdem notwendig, um auf lokale Prozessgegebenheiten, wie z. B. die Abhängigkeit des Spindelstroms von der programmierten Spindeldrehzahl, reagieren zu können. Da Werkzeugeingriffe nicht während Werkzeugwechseln oder Drehzahlbeschleunigungen auftreten, werden aufbauend auf den Strukturierungsergebnissen des Partitionierungsalgorithmus im weiteren Vorgehen ausschließlich die Bearbeitungspartitionen berücksichtigt. Dies ist auch deshalb von Vorteil, da z. B. eine Erhöhung des Spindelstroms sowohl während eines Eingriffs als auch während einer Drehzahlbeschleunigung vorliegt, und letztere somit bei der Auswertung des Spindelstromkriteriums unmittelbar ausgeschlossen werden kann. Das weitere Vorgehen besteht aus drei Schritten, die je identifizierter Partition angewandt werden. Zur Illustration dient losgelöst vom Anwendungsbeispiel eine exemplarische Partition, die einen Planfräszyklus mit drei Zustellungen umfasst.

Im ersten Schritt wird das Spindelstromkriterium evaluiert. Dieses basiert auf dem Expertenwissen, dass der Spindelstrom während eines Werkzeugeingriffs erhöht ist, Bild 5.7 a. Der Materialabtrag repräsentiert einen Widerstand gegenüber der Spindelrotation, weshalb die NC-Steuerung den Spindelstrom erhöht, um die programmierte Drehzahl beizubehalten. Zur Trennung der erhöhten und nicht erhöhten Bereiche bedarf es der Identifikation eines dynamischen Grenzwerts.

Zunächst werden ca. 0,2 Sekunden an Start und Ende der betrachteten Partition abgeschnitten. Dies ist notwendig, da Drehzahländerungen zu Peaks im Spindelstrom führen, die aufgrund von Totzeiteffekten durch die Partitionierung nicht vollständig entfernt werden: Ein Spindelstromanstieg geht einer Drehzahländerung immer voraus, ein

-abfall folgt ihr nach. Die genaue Totzeit ist u. a. von der Antriebsleistung, dem Drehzahlunterschied sowie der Massenträgheit von Spindel und Werkzeug abhängig, kann also partitionsweise variieren. Daher ist eine feste Abschätzung der Totzeit hier angebracht. Der Durchschnittswert der sich anschließenden 0,5 Sekunden am Start der Partition wird als Basisniveau gespeichert, auf das alle Spindelwerte vorläufig normiert werden, Bild 5.7 a. Im Anschluss werden die Spindelwerte nur noch absolut betrachtet.

Um nun Eingriffe zu identifizieren, wird der Spindelstrom aufsteigend sortiert. Die obersten 0,1 % der Werte werden abgeschnitten, um die Robustheit gegenüber Ausreißern zu erhöhen. Die resultierende Kurve ist zunächst flach und steigt dann plötzlich an, weist also einen anlog zu Kapitel 5.1 identifizierbaren Elbow auf, der die dem Eingriff zugehörigen, erhöhten Spindelstromwerte separiert. Um diesen Elbow werden alle Werte zentriert, sodass niedrigere Werte im negativen und höhere Werte im positiven Bereich liegen, Bild 5.7 b. Für beide Bereiche wird jeweils eine logistische Sigmoidfunktion gemäß Gleichung (5.8) so gefittet, dass ein benutzerspezifischer Konfidenzparameter θ eingehalten wird, der die Steigungen α_{pos} und α_{neg} der Funktionsabschnitte nach Gleichungen (5.9) und (5.10) definiert. Anhand dieses Parameters wird festgelegt, mit welcher Wahrscheinlichkeit der größte bzw. kleinste Spindelstromwert zu bzw. nicht zu einem Werkzeugeingriff gehört. Anhand der Sigmoidfunktionen kann anschließend jedem Spindelstromwert eine spezifische Eingriffswahrscheinlichkeit zugeordnet werden. Dies ist exemplarisch in Bild 5.7 b mit $\theta = 0,9$ dargestellt. Die Sigmoidfunktion verhindert hierbei im Vergleich zu einer linearen Wahrscheinlichkeitsfunktion, dass die 100 % Eingriffswahrscheinlichkeit durch Ausreißer derart hoch angesetzt wird, dass geringere Spindelstromwerte, die immer noch klar zu einem Eingriff zuzuordnen sind, eine sehr geringe Wahrscheinlichkeit erhalten.

$$P_{SC}(x) = sig(x) = \begin{cases} \dfrac{1}{1+e^{-\alpha_{neg}x}}, & x < 0 \\ \dfrac{1}{1+e^{-\alpha_{pos}x}}, & x \geq 0 \end{cases} \tag{5.8}$$

$$sig(max(x)) = \theta \qquad \Rightarrow \alpha_{pos} \tag{5.9}$$

$$sig(min(x)) = 1 - \theta \qquad \Rightarrow \alpha_{neg} \tag{5.10}$$

Im zweiten Schritt wird das Ruckkriterium evaluiert. Dieses basiert darauf, dass das Rucksignal während eines Eingriffs ein Rauschverhalten mit hohen Amplituden aufweist, Bild 5.7 c. Dieses Verhalten lässt sich auf die während des Materialabtrags vorherrschenden Prozesskräfte zurückführen, die kleine wechselnde Positionsänderungen des TCP hervorrufen. Zunächst wird der Ruck als dritte diskrete zeitliche Ableitung der TCP-Position im WKS p^{WKS} in Anlehnung an Gleichung (5.6) mittels des Verfahrens der Rückwärtsdifferenzen berechnet und analog zum ersten Schritt an Start und Ende beschnitten.

$$a_i = \frac{v_{f_i} - v_{f_{i-1}}}{TS_i - TS_{i-1}}, \tag{5.11}$$

$$r_i = \frac{a_i - a_{i-1}}{TS_i - TS_{i-1}} \tag{5.12}$$

Zur Identifikation der Rauschbereiche wird die gleitende Varianz mithilfe eines Fensters der Breite 0,2 Sekunden berechnet und anschließend zwischen 0 und 1 normalisiert. Die gleitende Varianz wird dann mithilfe eines gleitenden Mittelwerts derselben Fensterbreite geglättet, Bild 5.7 c. Die resultierende Kurve ist ausschließlich in den Rauschbereichen erhöht. Die erhöhten Bereiche werden daher analog zum Vorgehen im ersten Schritt mithilfe einer Sortierung und Zentrierung der Werte anhand des Elbows identifiziert. Im Anschluss werden auch hier zwei Sigmoidfunktionen gemäß der Gleichungen (5.8) bis (5.10) gefittet, mit deren Hilfe eine Zuweisung von Eingriffswahrscheinlichkeiten möglich ist, Bild 5.7 d.

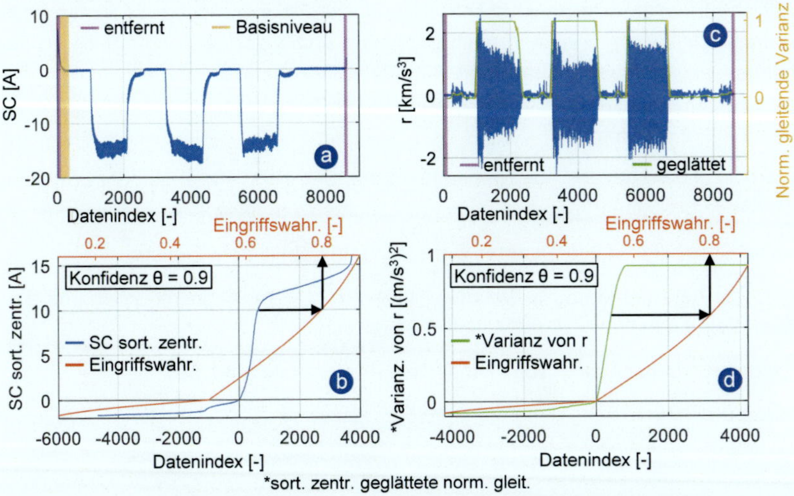

Bild 5.7: Auswertung von Spindelstrom und Ruck zur Werkzeugeingriffsdetektion
Evaluation of Spindle Current and Jerk for Tool Engagement Detection

Allerdings weist der Ruck auch dann oft ein Rauschverhalten auf, wenn die Maschine beschleunigt, z. B. während einer Bewegungsrichtungsänderung oder Vorschubanpassung. Um sicherzustellen, dass das Ruckkriterium in diesen Fällen nicht genutzt wird, wird im dritten Schritt das Verfahren zur Identifikation von konstanten Vorschubbereichen aus Kapitel 5.2 angewandt. Die Aktivierungsfunktion $A_{Vorschub}$ wird so ausgestaltet, dass das Ruckkriterium ausschließlich in Konstantbereichen aktiviert ist, also gemäß Gleichung (5.7) $A_{Vorschub} = 1$ gilt. Anderenfalls ist das Ruckkriterium mit $A_{Vorschub} = 0$ abgeschaltet.

In Summe ergibt sich also nach Gleichung (5.7) eine kontinuierliche Gesamteingriffswahrscheinlichkeit $P_{Eingriff}$ für jeden Datenpunkt, die eine zusätzlich zu den Rohdaten generierte Zeitreihe darstellt und abschließend zwischen 0 und 1 normalisiert wird. In realen Fertigungsprozessen ist der Werkzeugeingriff allerdings binär: entweder es wird Material abgetragen oder nicht. Zur Abbildung dieses Verhaltens in der Datenwelt muss ein Grenzwert für die Gesamteingriffswahrscheinlichkeit definiert werden: Alle Datenpunkte mit einer Eingriffswahrscheinlichkeit oberhalb des Grenzwerts gehören zu einem Eingriff, alle anderen Datenpunkte nicht. Auf diese Weise wird der Datensatz der Methodik aus Kapitel 4.3 folgend segmentiert. Um hierbei singuläre Fehleinschätzungen bzw. schnelle Eingriffswechsel, die in sehr kurzen Segmenten münden, zu vermeiden, werden die Ergebnisse analog zu Schritt zwei in Kapitel 5.2 insofern gefiltert, als die Segmente eine minimale Länge von 0,4 Sekunden aufweisen müssen. Werden den so identifizierten Teilprozessabschnitten zusätzlich zum Start- und Endzeitpunkt auch noch ihr jeweiliger Typ (Eingriff vs. Nicht-Eingriff) sowie die durchschnittliche Eingriffswahrscheinlichkeit, deren Differenz gleichzeitig als Ähnlichkeitsmaß dient, zugewiesen, so sind auch Clustering und Klassifizierung analog zu den vorherigen expertenwissensbasierten Strukturierungsansätzen abgeschlossen. Aufgrund der hier vorliegenden binären Einteilung der Teilprozessabschnitte fallen diese beiden Schritte zusammen.

Als Vorteile gegenüber den oben genannten Verfahren zur Werkzeugeingriffsdetektion sind beim vorgestellten Vorgehen folgende Aspekte zu nennen:

- keine Abhängigkeit von externen Sensoren und damit kostengünstig
- geringer Parametrierungsaufwand im Vergleich zu Simulationsmodellen und Digitalen Zwillingen
- Stapelverarbeitung auch von historischen Prozessdaten möglich
- keine Beeinträchtigung des Fertigungsprozesses

6 Mustererkennung und -strukturierung

Pattern Recognition and Structuring

Im vorangegangenen Kapitel wurden unterschiedliche Verfahren erörtert, um Prozessdaten auf Basis des in Kapitel 4.3 vorgestellten Konzepts durch Expertenwissen zu strukturieren. Allerdings existieren auch Möglichkeiten zur lokalen Differenzierung eines NC-Zerspanprozesses, die nicht auf Basis vorhandenen Expertenwissens, sondern ausschließlich mittels Algorithmen zur Analyse von Mustern in Prozessdaten implementiert werden können. Dies ist einerseits auf den hohen Abstraktionsgrad der Daten, andererseits aber auch auf die Komplexität der Produktionsumgebung mit ihrer Vielzahl an veränderlichen Randbedingungen sowie ihrer Heterogenität hinsichtlich der fertigbaren Produkte und einsetzbaren Werkzeugmaschinen zurückzuführen. Die menschliche Fähigkeit zur Erkennung einer Struktur in mehrdimensionalen Daten sowie ihrer Verknüpfung mit dem realen Fertigungsprozess ist frühzeitig erschöpft [PAND16]. Allenfalls unter sehr guter Kenntnis des Prozesses ist ein Experte noch in der Lage, diese Verknüpfung für einzelne Teilprozessabschnitte herzustellen, z. B. indem fünf aufeinanderfolgende Peaks im Z-Positionssignal den Rückzugsbewegungen von fünf konsekutiven Bohrungsoperationen zugeordnet werden. Da für die Analyse der in den Daten enthaltenen Muster in der Breite also nicht auf wissensbasierte Algorithmen zurückgegriffen werden kann, werden u. a. lernende Algorithmen aus dem Bereich der KI für das Clustering und die Klassifizierung angewandt.

Die musterbasierte Strukturierung eines NC-Zerspanprozesses kann ausschließlich auf Basis eines Vergleichs lokaler Muster erzielt werden. Globale Kennwerte, die sich auf den gesamten Datensatz beziehen, sind hierfür nutzlos, da sie sich über mehrere Teilprozessabschnitte hinweg nivellieren. Start und Ende der Teilprozessabschnitte sind jedoch im Vorfeld der Analyse noch unbekannt. Auf der Suche nach Teilprozessabschnitten müssen demnach musterbasierte Ähnlichkeitsanalysen von lokalen Datensatzbereichen durchgeführt werden.

Um dieser Tatsache zu begegnen, werden die zu erarbeitenden Algorithmen eng miteinander verzahnt. In Kapitel 6.1 werden zunächst die notwendigen Grundlagen zur musterbasierten Strukturierung erörtert. Anschließend wird eine Methode zur Kompression der Daten vorgestellt, um die Rechenzeit der nachfolgenden Analysen zu reduzieren (Kapitel 6.2). Darauf aufbauend wird der Datensatz anhand der enthaltenen Muster in Teilprozessabschnitte zerlegt (Kapitel 6.3), für die jeweils eine Ähnlichkeitsanalyse bestehend aus Clustering (Kapitel 6.4) und Klassifizierung (Kapitel 6.5) vorgenommen wird.

6.1 Grundlagen

Fundamentals

Ein Segment bzw. Teilprozessabschnitt beschreibt gemäß Definition (2.7) den Gesamtzeitraum, in dem sich ein Muster zusammenhängend wiederholt. Wie im Zusammenhang mit Bild 4.7 erläutert, fallen diese Segmente mit Maschinenbewegungen bzw. Bearbeitungsstrategien zusammen, die für die Strukturierung von Prozessdaten gemäß Tabelle 4.3 noch heranzuziehen sind. Um einen Datensatz hinsichtlich der Maschinenbewegungen durchsuchbar aufzubereiten, müssen die zugrundeliegenden Muster identifiziert, verglichen und geclustert werden. Daten aus der Prozessplanung sind an dieser Stelle unbrauchbar, da sie die reale Bearbeitung nur unzureichend abbilden und nur selten in immer gleicher Form zur Verfügung stehen. Wie in Kapitel 2.1 diskutiert, sind diese darüber hinaus stark von der Heterogenität der produktionstechnischen Softwarelandschaft, individuellen Programmiersprachen und Namenskonventionen abhängig, für die in der Praxis keine einheitlichen Schnittstellenformate existieren. Durch die Analyse der in den Prozessdaten enthaltenen Muster können die Daten hingegen nicht nur strukturiert werden, sondern es werden auch semantische Beziehungen, wie z. B. die Ähnlichkeit von Teilprozessabschnitten herausgearbeitet, die der Mensch nur teilweise qualitativ, aber keinesfalls quantitativ bewerten kann. Ein Algorithmus ist demgegenüber immer in der Lage, belastbare quantifizierbare Zusammenhänge herzustellen. Die resultierende Ähnlichkeit kann im Anschluss als Maß für die Übertragbarkeit von Modellen sowie zur Definition der Spezifität einer Suchanfrage genutzt werden.

Ein Muster, und folglich auch ein Teilprozessabschnitt, entsteht durch im NC-Programm explizit oder implizit programmierte Wiederholungen. Diese treten häufig auf, z. B. während einer kontinuierlichen Zustellung in Form einer Helix oder durch das mehrfache diskontinuierliche Abfahren einer Außenkontur. Dennoch ist es auch möglich, dass im Fertigungsprozess keine Wiederholungen und im Datensatz somit keine Muster auftreten. Dies kann bspw. der Fall sein, wenn ein Bauteil auf einer Werkzeugmaschine lediglich entgratet und dabei die Werkstückkontur nur ein einziges Mal mit einem Fasenfräser bearbeitet wird. Die nachfolgend beschriebenen Algorithmen basieren allesamt auf der Annahme, dass ein Fertigungsprozess unterschiedliche sich wiederholende Bearbeitungen, der Datensatz also mehrere Muster, umfasst.

Muster können in beliebigen Signalen auftreten und beliebiger Gestalt sein. Die im Folgenden zu entwickelnden Algorithmen sind deshalb grundsätzlich allgemeingültig, d. h. unabhängig vom Signal, der Anzahl an Signalen sowie dem Datensatz einsetzbar. Die Signalauswahl ist demzufolge nur insofern von Bedeutung, als einerseits Muster in den Signalen enthalten sein müssen und andererseits diese Muster auch Rückschlüsse auf die Maschinenbewegungen ermöglichen müssen. Im Rahmen der vorliegenden Arbeit werden die Antriebsströme der Linearachsen *XC*, *YC*, *ZC* für die Musteranalyse verwendet. Diese Signale sind aussagekräftig, da sie Maschinenbewegungen charakterisieren und im Gegensatz zu den Positionssignalen auch den Einfluss der Prozesskräfte deutlich widerspiegeln. Im Unterschied zu aggregierten Signalen wie der Vorschubgeschwindigkeit bleibt zudem die Richtungsabhängigkeit erhalten. Zwar sind die gewählten Signale grundsätzlich abhängig von der Werkzeug- und Materialauswahl sowie von den Eingriffsbedingungen, diese beeinflussen jedoch überwiegend die Signalamplitude, die im weiteren Verlauf durch die gezielte Anwendung der z-Standardisierung unerheblich ist. Allerdings sind die gewählten Signale und damit das weitere Vorgehen maschinenspezifisch, da sie in Abhängigkeit der Hardwarekonfiguration auch bei identischer Bearbeitung z. B. durch Totzeiteffekte stark variieren können.

Theoretisch können im Rahmen der Musteranalyse gleichzeitig noch weitere Signale ausgewertet werden. In einem ersten, naiven Ansatz kann es sogar sinnvoll erscheinen, alle Signale eines Datensatzes zu evaluieren. Dieses Vorgehen führt allerdings zu massiv erhöhten Rechenzeiten und sogar zu einer Verschlechterung der Strukturierungsergebnisse. Dieser Umstand ist darauf zurückzuführen, dass unter Hinzunahme einer Vielzahl von Signalen ein hochdimensionaler Datenraum entsteht, in dem die Ähnlichkeit einzelner Datenpunkte zunehmend gleich gering ist [BEYE99]. Plastisch ausgedrückt wird die Ähnlichkeit der Muster zweier Teilprozessabschnitte in den Signalen *XC*, *YC* und *ZC* immer unwichtiger für eine Strukturierung, je mehr weitere Signale berücksichtigt werden. Das Phänomen ist als Fluch der Dimensionalität (engl.: Curse of Dimensionality) bekannt und geht auf BELLMANN zurück [BELL61].

Unter Verwendung der o. g. Signale ergibt sich eine wichtige Unterscheidung für die musterbasierte Strukturierung von Prozessdaten: Die Analyse bezieht sich auf die Bearbeitungsstrategie, also z. B. ein mäanderförmiges Planfräsen, nicht aber auf ein geometrisches Bauteilmerkmal, wie z. B. eine Tasche. Eine veränderte Strategie kann etwa auch dann vorliegen, wenn eine Bearbeitung in entgegengesetzter Richtung durchgeführt wird, da sich hierdurch die in den Antriebsströmen enthaltenen Muster verändern. Die optimale Zuordnung von Strategie und Bauteilmerkmal liegt im Interessensbereich der CAM-System-Anbieter. Für den Strukturierungsansatz bleiben Bauteilmerkmale jedoch unberücksichtigt. In der Konsequenz sind die Prozessdaten damit ausschließlich nach Bearbeitungsstrategien durchsuchbar. Da ein Bauteilmerkmal mit verschiedenen Strategien gefertigt werden kann, lässt sich nicht unmittelbar von einer Bearbeitungsstrategie auf ein Bauteilmerkmal zurückschließen [ZHAN14].

Die musterbasierte Strukturierung von NC-Zerspanprozessen stellt unter vielen Gesichtspunkten eine Herausforderung dar. Dies ist darin begründet, dass nur wenige bis keine Informationen über die im Datensatz enthaltenen Muster bekannt sind und die Suche nach einem Muster kaum eingeschränkt ist. Die Muster folgen schließlich keinen universellen Gesetzen, sondern ergeben sich aus der externen Kausalität des NC-Programms bzw. der Fertigung, also z. B. aus der Wahl der Technologieparameter und Werkzeuge, der Bearbeitungsstrategie und letztlich auch der Werkstückkontur. Aus demselben Grund existieren in einem Prozessdatensatz auch keine stabile Periodizität und keine Varianz, die zu Analysezwecken herangezogen werden können. Es liegen im Vorfeld der Strukturierung ebenso keinerlei Informationen dazu vor, aus wie vielen Mustern und Teilprozessabschnitten ein Prozess besteht oder welche minimale und maximale Länge oder Ähnlichkeit diese aufweisen können.

6.2 Datenkompression

Data Compression

Wie die folgenden Kapitel zeigen, ist die musterbasierte Strukturierung von NC-Zerspanprozessen aufwendiger als die wissensbasierte. Es ist daher naheliegend, die Zeitreihendaten noch vor der eigentlichen Auswertung zu komprimieren, um weniger Datenpunkte analysieren zu müssen und in jedem nachfolgenden Schritt Rechenzeit einzusparen. Dies ist insbesondere vor dem Hintergrund einer fertigungsnahen Strukturierung der Prozessdaten erstrebenswert. Bei der Komprimierung muss ein Optimum im Zielkonflikt zwischen der Minimierung des im komprimierten Signal auftretenden Datenverlusts auf der einen Seite und der Maximierung der Kompressionsrate auf der anderen Seite gefunden werden. Für die angestrebte Musteranalyse werden folgende Anforderungen an die Datenkompression gestellt:

- Trotz der Kompression bleibt die Natur der zeitbasierten Daten erhalten. Sie werden also nicht in eine zeitunabhängige Darstellung überführt.
- Durch die Kompression wird die grundsätzliche Gestalt der in den Daten enthaltenen Muster nicht verändert.
- Durch einen eindeutigen Bezug zwischen den komprimierten Daten und den Rohdaten kann der ursprüngliche Datensatz vollständig reproduziert werden und alle Analyseergebnisse lassen sich auf den ursprünglichen Datensatz beziehen.

Ein häufig verwendetes Verfahren, das all diese Anforderungen in effizienter Weise erfüllt und im Rahmen der vorliegenden Arbeit angewendet wird, ist die Diskrete Wavelet-Transformation (engl.: Discrete Wavelet Transformation, DWT) [JAYA21]. Hierbei werden zeitlich lokalisierte Wellen (engl.: Wavelets) mehrfach skaliert und translatiert und mit dem zu analysierenden Signal gefaltet, wodurch unterschiedliche Zeit- und Frequenzauflösungen in verschiedenen Frequenzbereichen erzielt werden. Wie in Bild 6.1 d veranschaulicht, folgt die DWT dabei dem Grundgedanken, dass sich niedrige Frequenzen im Laufe der Zeit nur langsam ändern und daher einer geringen Zeit-, aber hohen Frequenzauflösung bedürfen. Für hohe Frequenzen gilt dies umgekehrt. Im Gegensatz dazu erfolgt bei der Fourier-Transformation die Faltung des Signals mit einer zeitlich nicht lokalisierten, also unendlichen Sinus- bzw. Cosinus-Funktion. Hierdurch wird zwar eine maximale Frequenzauflösung erreicht, aber die zeitliche Information, d. h. wann eine bestimmte Frequenz im Signal auftritt, geht vollständig verloren, Bild 6.1 b. Da die zu analysierenden Prozessdaten bzw. die darin enthaltenen Frequenzen durch die Abhängigkeit vom NC-Programm aber keinesfalls stationär sind, muss die zeitliche Information erhalten bleiben. Dies ist prinzipiell auch mit einer Kurzzeit-Fourier-Transformation möglich, für die der Datensatz so unterteilt wird, dass stationäre Bereiche entstehen, auf denen eine Fourier-Transformation angewandt werden kann, Bild 6.1 c. Solche Bereiche sind jedoch im Vorfeld der Strukturierung unbekannt und sollen ja gerade identifiziert werden. Alle Verfahren unterliegen der Unschärferelation der Nachrichtentechnik [GIRO03, S. 228-230], nach der Frequenz und Zeit nicht gleichzeitig beliebig genau bestimmt werden können. [BRUN19, S. 85f.]

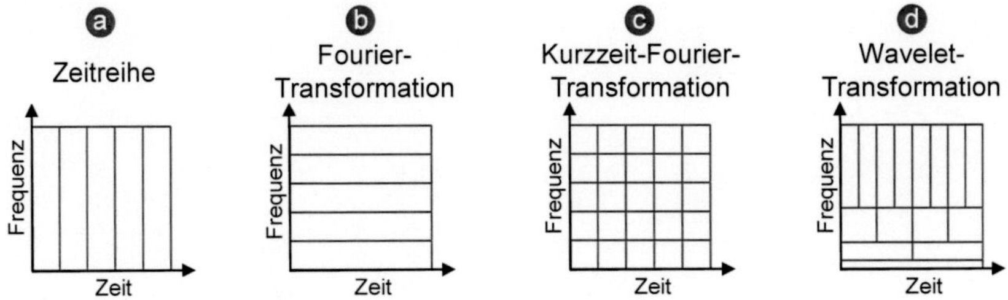

Bild 6.1: Zeit- und Frequenzauflösung verschiedener Transformationen, angelehnt an [BRUN19, S. 86]

Time and Frequency Resolution of Different Transformations, acc. to [BRUN19, p. 86]

Die Wavelet-Koeffizienten bilden das Ergebnis der DWT und lassen sich mathematisch als Skalarprodukt beschreiben:

$$\Omega_{\psi}(s)(x,y) = \langle s, \psi_{x,y} \rangle \tag{6.1}$$

$s(t)$ stellt das zu transformierende Signal und $\psi_{x,y}(t)$ eine diskrete Wavelet-Familie dar:

$$\psi_{x,y}(t) = b^{-\frac{x}{2}} \cdot \psi\left(\frac{t - ycb^x}{b^x}\right) \tag{6.2}$$

mit $x, y \in Z$ und $b, c \in R$, $b > 1$, $c > 0$

Der Parameter b ist für die Skalierung des Wavelet, der Parameter c für seine Translation verantwortlich. Die Funktion $\psi(t)$ wird als Mutter-Wavelet (engl.: Mother Wavelet) bezeichnet und kann anwendungsabhängig gewählt werden. [DAUB92, S. 53f.]

Mithilfe der Schnellen Wavelet-Transformation nach MALLAT lässt sich die DWT effizient als rekursive Kaskade von Tief- und Hochpassfiltern umsetzen. Dabei wird das Signal $s(t)$ durch je einen Tief- und einen Hochpassfilter gefiltert und seine Abtastrate anschließend dyadisch, d. h. um den Faktor 2, reduziert. Die Filter leiten sich aus dem gewählten Mutter-Wavelet ab. Wie in Bild 6.2 visualisiert, wiederholt sich dieses Prozedere rekursiv bezüglich der aus dem Tiefpassfilter resultierenden Approximationskoeffizienten Ω_A, während die aus dem Hochpassfilter resultierenden Detailkoeffizienten Ω_D nicht weiterverarbeitet werden. In jedem Schritt wird also der jeweils hochfrequente Anteil abgespalten und der niederfrequente Anteil an den nachfolgenden Schritt übergeben. Die Anzahl der Wiederholungen wird anwendungsspezifisch vorgegeben, ist aber gleichzeitig nach oben begrenzt, da die sukzessive Reduktion der Abtastrate dazu führt, dass die Anzahl der Approximationskoeffizienten die Breite des Filters ab einer bestimmten Iteration unterschreitet. [GOME15, S. 89-112; MALL89]

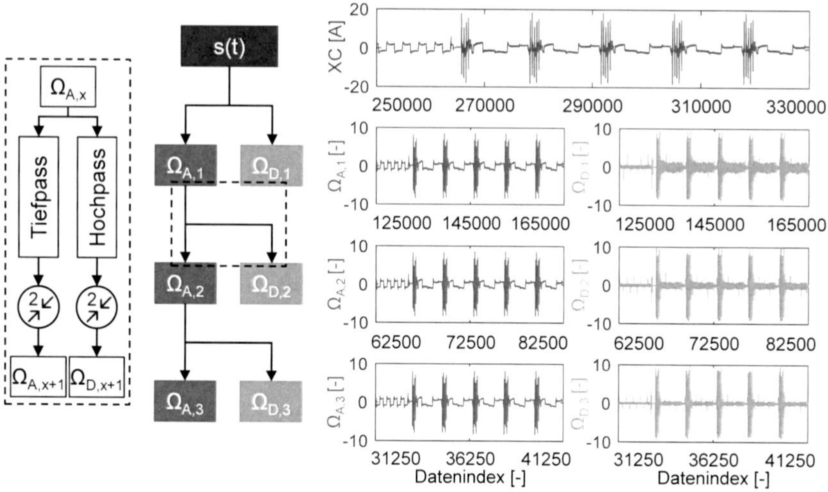

Bild 6.2: Wavelet-Transformation zur Datenkompression

Wavelet Transformation for Data Compression

Auf Basis dieses Vorgehens wird der Datensatz im Rahmen der vorliegenden Arbeit komprimiert. Dabei kann der Grad der Zerlegung bzw. die Anzahl der Wiederholungen *w* benutzerspezifisch vorgegeben werden. Die Approximationskoeffizienten des *w*-ten Grads bilden schließlich den tiefpassgefilterten Verlauf des ursprünglichen Signals in komprimierter Form ab. Lediglich die Amplitudenhöhen spiegeln sich nicht in den Wavelet-Koeffizienten wider, weshalb die Koeffizienten zuletzt nach (2.11) z-standardisiert werden. Die Standardisierung hat keinen Einfluss auf die Ergebnisse der Musteranalyse, da das Signal im weiteren Vorgehen noch mehrfach normalisiert wird und die Bewertung der Muster grundsätzlich unabhängig von ihrer Amplitude erfolgen soll. Die Kompressionsrate *K* ergibt sich zu:

$$K = 2^{-w} \tag{6.3}$$

Im Rahmen dieser Arbeit wird die Datenkompression standardmäßig mit $w = 4$ durchgeführt, sodass sich die Kompressionsrate zu $K = 6{,}25\ \%$ ergibt. Als Mutter-Wavelet wird das *Daubechies 1* Wavelet gewählt. Im Vergleich der unkomprimierten und komprimierten Signale zeigt sich, dass auf diese Weise eine gute Reduktion der zu analysierenden Datenmenge bei weitgehendem Erhalt der Muster gewährleistet ist, Bild 6.3.

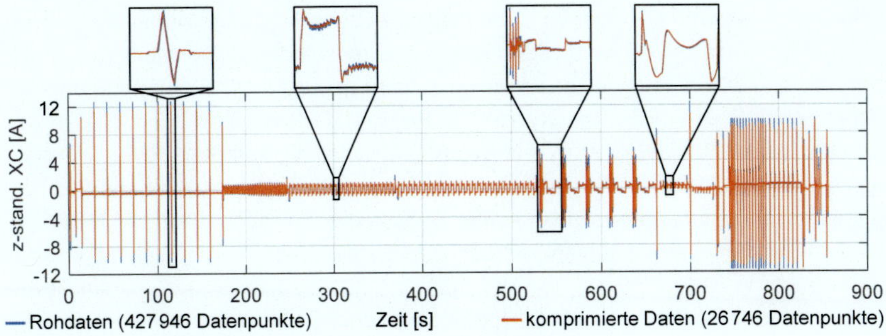

Bild 6.3: Vergleich komprimierter und unkomprimierter Daten
Comparison of Compressed and Uncompressed Data

6.3 Segmentierung

Segmentation

Segmente sind separierbare Bereiche eines Prozesses, die aus zusammenhängenden und sich wiederholenden Mustern bestehen und für die homogene Prozessparameter angenommen werden. Segmentgrenzen beschreiben in der Folge prozessinduzierte Veränderungen des Maschinenverhaltens unter Berücksichtigung von externen und stochastischen Effekten. Für die Signalauswahl aus Kapitel 6.1 indizieren Segmentgrenzen eine Veränderung der Bearbeitungsstrategie. Die Segmentierung basiert demnach auf der Hypothese, dass homogene Prozessabschnitte bzw. Bearbeitungsstrategien an diskreten Zeitpunkten separiert werden können. Ein musterbasierter Segmentierungsalgorithmus muss unterschiedliche Herausforderungen lösen:

Erstens ist die Granularität der Segmentierungsergebnisse arbiträr. Das liegt darin begründet, dass sich makroskopisch identische Muster in der mikroskopischen Betrachtung unterscheiden können. Der Segmentierungsalgorithmus legt fest, bis zu welchem Grad sich Muster noch unterscheiden dürfen, um weiterhin zum selben Segment zu gehören. Die in Bild 6.4 visualisierte Grenze a trennt die beiden makroskopisch unterschiedlichen Muster der linearen Antriebsströme des Anwendungsbeispiels. Dennoch kann das linke Segment aus mehreren Subsegmenten bestehen, da sich das Muster in *XC* mikroskopisch verändert. Die Grenze b stellt somit ebenfalls ein valides Segmentierungsergebnis dar. Folglich ist die Granularität der Segmente in Bezug auf den betrachteten Datensatz und die konkrete Analyseaufgabe zu interpretieren.

Zweitens unterliegt die Segmentierung einer Abhängigkeit vom Datenkontext. Berücksichtigt der Algorithmus verschiedene Datenbereiche, so können sich die identifizierten Segmentgrenzen verschieben. Ihre Position ist also relativ zum Datensatz zu bewerten und kann z. B. in Abhängigkeit der Datenvorverarbeitung variieren. Anstelle der Grenze a in Bild 6.4 sind auch c und d nachvollziehbare Segmentgrenzen. Für die Segmentierung ist allerdings weniger die exakte Position der Grenzen entscheidend als vielmehr die zuverlässige Identifikation von Änderungen des Maschinenverhaltens.

Drittens unterliegen die Muster im Datensatz einer variablen Dimensionalität. Das bedeutet, dass unterschiedliche Muster nicht nur in verschiedenen Signalen, z. B. in *XC* oder *YC*, sondern auch in einer variablen Anzahl an Signalen, z. B. in *XC* und *YC* (Dimensionalität zwei, links der Grenze e in Bild 6.4) oder in *XC*, *YC* und *ZC* (Dimensionalität drei, rechts der Grenze d in Bild 6.4), gleichzeitig auftreten können. Zudem kann sich das Muster eines Signals verändern, während das Muster aller anderen Signale stationär weiterverläuft. Dies kann z. B. dann der Fall sein, wenn die Maschine aus dem Stillstand heraus beginnt, sich ohne Materialabtrag in X-Richtung hin und her zu bewegen. Während *YC* und *ZC* also weiterhin konstant sind, ist in *XC* ein Bewegungsmuster erkennbar. Aus anwendungstechnischer Sicht liegt zwischen dem Stillstand und der eindimensionalen Bewegung eine eindeutige Segmentgrenze vor, da sich das Maschinenverhalten verändert. Berücksichtigt der Segmentierungsalgorithmus in diesem Fall alle Signale gleichzeitig, so detektiert er in nur einem von drei Signalen eine Veränderung, was das Vorhandensein einer Segmentgrenze als unwahrscheinlich erscheinen lässt. Um diese eindeutige Segmentgrenze trotzdem identifizieren zu können, muss der Segmentierungsalgorithmus dementsprechend adaptiv zu jedem Zeitpunkt eine Auswahl aller Signale treffen und diese in ihrem Zusammenwirken bewerten. Eine identifizierte Segmentgrenze gilt dann über alle betrachteten Signale hinweg. Sind hingegen signalindividuelle Grenzen für mehrere Signale von Interesse, so muss der Algorithmus mehrfach ausgeführt werden, um gemäß der in Kapitel 4.3 vorgestellten Methodik eine Strukturierungsebene je Signal anzulegen.

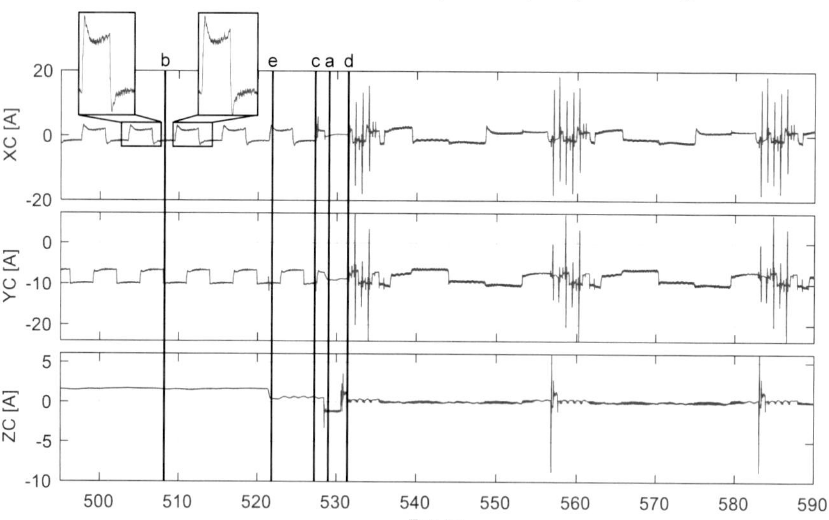

Bild 6.4: Mögliche valide Segmentgrenzen

Possible Valid Segment Boundaries

Um die Prozessdaten zu segmentieren und dabei gleichzeitig den genannten Herausforderungen zu begegnen, werden zunächst die bereits vorgestellten Algorithmen zur Partitionierung des Datensatzes anhand der Spindeldrehzahl (Kapitel 5.1) sowie zur Datenkompression (Kapitel 6.2) angewandt. Alle sich anschließenden Schritte zur Segmentierung werden individuell je Bearbeitungspartition mit konstanter Spindeldrehzahl durchgeführt. Hierbei liegt die Annahme zugrunde, dass kein Segment bzw. keine Bearbeitungsstrategie existiert, während der sich die Spindeldrehzahl verändert. Dies trifft auf die Mehrheit der Bearbeitungen, insbesondere im 3-Achs-Bereich, zu. Ausnahmen können jedoch z. B. bei speziellen Eintauchbewegungen, bei wechselndem Gleich- und Gegenlauf, bei Gewindebohrungen oder bei Drehbearbeitungen mit konstanter Schnittgeschwindigkeit vorliegen. Im Umkehrschluss bedeutet diese Annahme, dass eine Partitionsgrenze auch immer eine Segmentgrenze darstellt. Die der Segmentierung vorgeschaltete Partitionierung des Datensatzes hat folgende Vorteile:

- Reduktion der auszuwertenden Datenmenge und folglich der benötigten Rechenzeit durch Ausschluss von Beschleunigungs- und Werkzeugwechselpartitionen
- Ermöglichung der Parallelisierung des Segmentierungsalgorithmus
- Einbringung von bereits vorhandenen Ergebnissen zur lokalen Datendifferenzierung und dadurch Einschränkung und Reduktion der zur Segmentierung notwendigen Ähnlichkeitsanalyse

Für die Ähnlichkeitsbewertung (Kapitel 6.3.1) und die Ableitung der Segmentgrenzen (Kapitel 6.3.2) wird im Folgenden der Segmentierungsansatz nach GHARGHABI ET AL. [GHAR17] für eindimensionale Daten mit der Ähnlichkeitsanalyse mehrdimensionaler Daten nach YEH ET AL. [YEH17] kombiniert und erweitert. Beide Ansätze basieren auf dem Matrix-Profil [YEH16]. Teile des nachfolgend beschriebenen Vorgehens wurden bereits durch OCHEL ET AL. veröffentlicht [OCHE22].

6.3.1 Mehrdimensionale Ähnlichkeitsanalyse

Multidimensional Similarity Analysis

Zur Ähnlichkeitsanalyse wird jeweils ein gleitendes Fenster der Breite m mit der Schrittweite eins über die gesamte Partition p der Länge n_p geschoben. Das Fenster befindet sich jeweils linksseitig des ihm zugeordneten Datenpunkts, sodass das erste betrachtete Fenster am Datenindex m und das letzte betrachtete Fenster am Datenindex n_p-1 anliegt, Bild 6.5 a. Die durch die gewählte Schrittweite erzeugte Überlappung der Fenster ist notwendig, um Abhängigkeiten des Algorithmus vom Startpunkt des Datensatzes zu vermeiden bzw. seine Invarianz gegenüber Phasenverschiebungen der Muster sicherzustellen. Anders kann außerdem nicht garantiert werden, dass jedes im Datensatz enthaltene Muster analysiert wird.

Für ein Fenster i wird jedes Signal j gemäß (2.11) z-standardisiert, um dessen Vergleichbarkeit zu erhöhen und die Unabhängigkeit von der Amplitudenhöhe eines Musters zu gewährleisten, und anschließend jeweils die euklidische Distanz D^{eukl} zu allen anderen möglichen z-standardisierten Subsequenzen desselben Signals berechnet,

Bild 6.5 b. Hiervon explizit ausgeschlossen sind diejenigen Subsequenzen, die im Bereich der halben Fensterbreite *m/2* vor und hinter dem betrachteten Datenpunkt liegen. Dies dient im weiteren Vorgehen dazu, triviale Ähnlichkeiten von Mustern zu vermeiden, da die Signalverläufe aus stark überlappenden Subsequenzen auf natürliche Weise eine geringe Distanz zueinander aufweisen. Für die effiziente Berechnung dieser eindimensionalen Distanzprofile $\Delta^{1}_{p,i,j}$ wird das Verfahren nach MUEEN ET AL. [MUEE23] angewendet.

Anschließend werden die Distanzprofile individuell je verglichenem Subsequenzpaar entlang der Signale aufsteigend sortiert, Bild 6.5 c. Um nun aus den eindimensionalen Distanzprofilen $\Delta^{1}_{p,i,j}$ mehrdimensionale Distanzprofile $\Delta^{k}_{p,i,j}$ zu berechnen, wird aus den sortierten Distanzen D^{eukl}_{sort} schrittweise der kumulierte Durchschnitt D^{eukl}_{kum} nach (6.4) berechnet, Bild 6.5 d.

$$D^{eukl}_{kum_k} = \frac{1}{k} \sum_{x=1}^{k} D^{eukl}_{sort_x} \tag{6.4}$$

Im Ergebnis entspricht die eindimensionale Distanz $\Delta^{1}_{p,i,j}$ zwischen den beiden betrachteten Subsequenzen dem niedrigsten Wert der eindimensionalen Distanzprofile. Das zugehörige Signal ist dasjenige, das die größte Ähnlichkeit aller Signale zwischen den beiden Subsequenzen aufweist. Die zweidimensionale Distanz $\Delta^{2}_{p,i,j}$ entspricht dem Durchschnitt der Distanz im eindimensionalen Fall und dem zweitniedrigsten Wert der eindimensionalen Distanzprofile. Diese zweidimensionale Ähnlichkeit bezieht sich folglich auf das vorherige Signal sowie das Signal, das die zweitgrößte Ähnlichkeit aller Signale zwischen den beiden Subsequenzen aufweist. Die Validität dieser Berechnung ist intuitiv nachvollziehbar: Wenn zwei unterschiedliche Signale identische Verläufe in den beiden verglichenen Fenstern aufweisen, dann steigt die berechnete zweidimensionale Ähnlichkeit im Vergleich zu den individuellen eindimensionalen Ähnlichkeiten nicht an. Die Distanzberechnung und Signalbestimmung der höheren Dimensionalitäten ergeben sich entsprechend.

Das beschriebene Vorgehen wird für jedes Fenster *i* wiederholt. Die berechnete Distanz D^{eukl}_{kum} und die bestimmten Signale für die jeweilige Dimensionalität werden jeweils überschrieben, sobald sich eine niedrigere Distanz bei gleicher Dimensionalität ergibt. So entsteht das mehrdimensionale Matrix-Profil MP^{k}_{p}, das für jedes Fenster *i* und für jede Dimensionalität *k* neben den für die Dimensionalität ausgewählten Signalen nicht nur die Distanz zum, sondern auch den Index des ähnlichsten Fensters gleicher Dimensionalität in der betrachteten Partition beinhaltet.

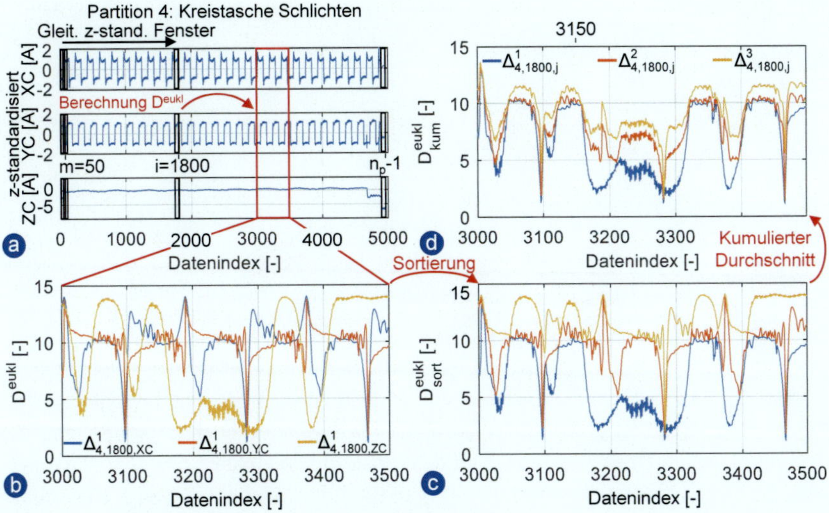

Bild 6.5: Mehrdimensionale Ähnlichkeitsberechnung
Multidimensional Similarity Calculation

An dieser Stelle bleibt noch zu beantworten, welche Dimensionalität und damit unmittelbar auch welche Signale am Datenindex *i* für die Segmentierung ausgewählt werden sollen. Wie bereits erwähnt, ist die Berücksichtigung aller Signale nicht zielführend. Trotzdem ist eine hohe Dimensionalität grundsätzlich von Interesse, da in diesem Fall mehrere Signale gleichzeitig einen Hinweis auf eine Segmentgrenze geben. Dies gilt allerdings nur so lange, wie auf Basis mehrerer Signale auch weiterhin hinreichende Ähnlichkeiten erzielt werden können. Unter Betrachtung des mehrdimensionalen Matrix-Profils MP_p^k entlang der Dimensionalitäten eines Fensters ergibt sich aufgrund der vorgenommenen Sortierung eine grundsätzlich monoton steigende Kurve, Bild 6.6. Die Kurve steigt moderat an, solange auch bei zunehmender Dimensionalität weiterhin eine hinreichende Ähnlichkeit zwischen den Fenstern berechnet wird. Sobald aber ein Signal berücksichtigt wird, das eine nur geringe Ähnlichkeit mit dem ähnlichsten Fenster aufweist, steigt die Kurve stark an. Dieser Elbow lässt sich mittels des in Kapitel 5.1 vorgestellten Verfahrens identifizieren, wodurch die größtmögliche und trotzdem noch hinreichend gute Dimensionalität für die Segmentierung ausgewählt wird. Wird kein Elbow detektiert, so wird die größtmögliche Dimensionalität gewählt.

Hierbei ist zu beachten, dass sich die resultierenden Daten, also das Matrix-Profil und der Index der ähnlichsten Subsequenz, insbesondere aber auch die gewählte Dimensionalität und die zugehörigen Signale, von einem Fenster bzw. Datenpunkt zum nächsten verändern können. Am Datenpunkt *i* könnte der Algorithmus also z. B. die Dimensionalität zwei mit den Signalen *XC* und *YC* auswählen, am Datenpunkt *i+1* die Dimensionalität drei mit den Signalen *ZC*, *YC* und *XC*. Hierdurch wird die Adaptivität des Vorgehens in Bezug auf die variable Dimensionalität der Daten sichergestellt.

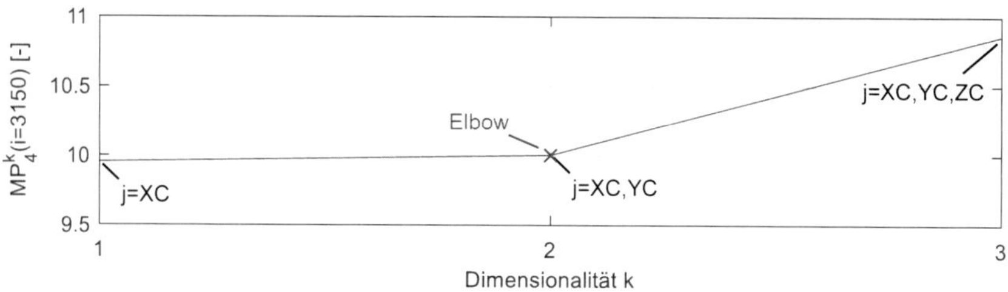

Bild 6.6: Auswahl der Dimensionalität anhand des Matrix-Profils

Selection of the Dimensionality Based on the Matrix Profile

Der kritische Parameter des vorgestellten Vorgehens ist die initial definierte Fensterbreite *m*. Diese wird benutzerseitig vorgegeben und im Idealfall so eingestellt, dass sie in etwa der Länge der in den Daten enthaltenen Mustern entspricht. Im Falle von NC-Zerspanprozessen ist diese Länge jedoch weder bekannt, noch ist sie entlang des gesamten Datensatzes konstant. Wird die Fensterbreite zu klein gewählt, also bspw. lediglich vier Datenpunkte, so ist die Ähnlichkeit zu fast allen möglichen Fenstern dieser Breite sehr hoch und die Auswahl des ähnlichsten Fensters zufällig. Ist die Fensterbreite jedoch zu groß, dann überspannt das Fenster in vielen Fällen unterschiedliche Muster, wodurch die Ähnlichkeitsanalyse viele große Distanzen zurückgibt und Segmentgrenzen nicht identifiziert werden können. Somit besteht für die Fensterbreite ein entlang des Datensatzes veränderlicher Zielkonflikt zwischen der notwendigen Abdeckung des unbekannten Musters (Fenster hinreichend groß) und der lokalen Auflösung der Segmentierung (Fenster so klein wie möglich). Zwar existieren Algorithmen, die den Bereich sinnvoller Fensterbreiten automatisiert einschränken, indem z. B. die maximale Fensterbreite ermittelt wird, allerdings müssen für diese Algorithmen ebenfalls Parameter, wie bspw. Korrelationsgrenzwerte, gesetzt werden, die aus anwendungstechnischer Sicht noch schwieriger abschätzbar sind als die Fensterbreite selbst [MIRM18; MADR19; IMAM19; IMAN21]. Solche Algorithmen sind darüber hinaus mit zusätzlichem Rechenaufwand verbunden und eignen sich daher eher für die manuelle visuelle Inspektion einzelner Datensätze als für die automatisierte Verarbeitung im Sinne einer Strukturierung. Deshalb wird das bislang beschriebene Verfahren gemäß eines Brute-Force-Ansatzes für mehrere ganzzahlige Fensterbreiten *m* aus einem benutzerspezifisch vorgegebenen Bereich wiederholt. Standardmäßig sind Fensterbreiten im Bereich von 0,128 bis 1,6 Sekunden vorgegeben, was einer Abschätzung der Länge individueller Maschinenbewegungsmuster entspricht. Die zugehörige Anzahl an Datenpunkten ergibt sich in Abhängigkeit der gewählten Kompressionsrate *K*.

6.3.2 Identifikation von Segmentgrenzen

Identification of Segment Borders

In Zusammenfassung ist nun für jede Fensterbreite und jedes Fenster der betrachteten Partition die Position der jeweils ähnlichsten Subsequenz sowie deren Ähnlichkeit unter der identifizierten Dimensionalität bekannt. Die Positionsbeziehung der beiden Subsequenzen lässt sich visuell als gerichtete Kante interpretieren, die vom analysierten

Fenster zum ihm ähnlichsten Fenster zeigt. Somit weist jedes Fenster eine von ihm weg zeigende Kante auf, während keine oder mehrere Kanten auf das Fenster zeigen. Die auf den generierten Daten aufbauende musterbasierte Segmentierung folgt der intuitiven Logik, dass sehr viele dieser Kanten innerhalb eines Segments aufeinander zeigen, während wenige bis keine Kanten von einem Segment in ein anderes weisen, Bild 6.7. Die Anzahl der Kanten spiegelt also wider, dass innerhalb eines Segments sehr viele ähnliche Muster existieren, während sich die Muster zwischen zwei Segmenten deutlich unterscheiden. Daher wird für jeden Datenindex die Anzahl der über ihn hinweg zeigenden Kanten kumuliert. Hieraus resultiert die Kantensummenkurve (*KSK*) für jede Partition *p* und Fensterbreite *m*, Bild 6.7.

Unter der Annahme, dass eine Partition keinerlei Lokalitäten bzw. Segmente aufweist, sind alle Kanten zufällig und gleichmäßig in der Partition verteilt. Wird in einer solchen Partition nach gleichem Vorgehen die *KSK* berechnet, ergibt sich die Zufallskantensummenkurve (*ZKSK*). Diese Kurve ist eine nach unten geöffnete Parabel, die an den Rändern den Wert null annimmt und deren Scheitelpunkt bei ($n_p/2$, $n_p/2$) liegt, Bild 6.7. Die *ZKSK* einer Fensterbreite *m* ist demnach ausschließlich von der Anzahl der Kanten bzw. der Länge der Partition n_p abhängig und lässt sich mithilfe des Datenindex *i* wie folgt beschreiben:

$$ZKSK_{p,\,m}(i) = -\frac{2}{n_p} i^2 + 2i \tag{6.5}$$

Hieraus lässt sich die Segmentierungskurve (*SK*) der Fensterbreite *m* bestimmen:

$$SK_{p,\,m}(i) = \frac{KSK_{p,\,m}(i)}{ZKSK_{p,\,m}(i)} \tag{6.6}$$

Das Vorgehen hat also für jede Fensterbreite eine eigene Segmentierungskurve und somit auch eine individuelle Segmentierung zum Ergebnis. Die wahre Fensterbreite ist weiterhin unbekannt und verändert sich entlang des NC-Programmablaufs. Trotzdem kann davon ausgegangen werden, dass über die Mehrheit der Fensterbreiten hinweg eine einheitliche musterbasierte Segmentierung entsteht. Demzufolge wird die Gesamtsegmentierungskurve (*GSK*) als Durchschnitt aller *SK* berechnet:

$$GSK_p(i) = \frac{\sum_m SK_{p,\,m}(i)}{\sum_m 1} \tag{6.7}$$

Hierbei gilt zu beachten, dass ein linksseitiges gleitendes Fenster wie oben beschrieben erst am Datenindex *m* starten kann. Entsprechend können am linken Rand der Partition nicht alle *SK* zur Durchschnittsberechnung herangezogen werden. Um Instabilitäten zu vermeiden, werden die ersten Werte der *GSK* einheitlich mit dem Wert überschrieben, bei dem zum ersten Mal alle *SK* berechnet werden können.

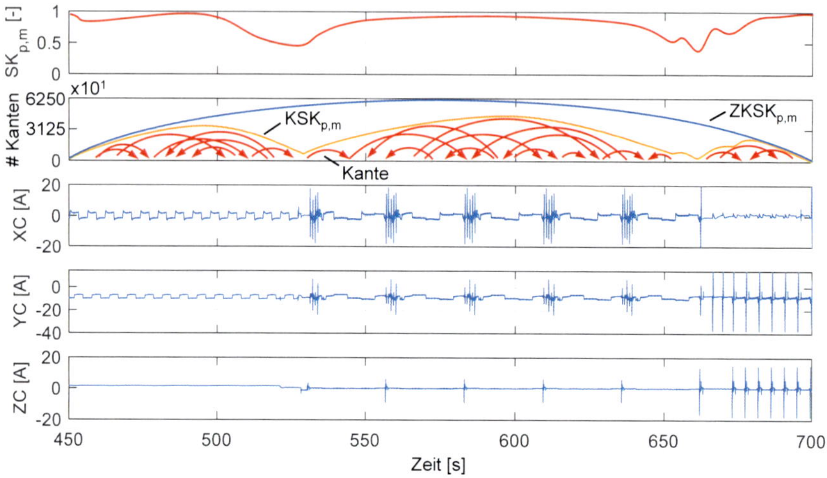

Bild 6.7: Generierung der Segmentierungskurven
Generation of the Segmentation Curves

Die individuellen Werte der *GSK* lassen sich aufgrund ihrer Relativität nicht sinnvoll interpretieren. Allerdings lassen sich mit ihrer Hilfe dort Segmentgrenzen ableiten, wo eindeutige Minima identifiziert werden können. Diese Stellen werden von nur wenigen Kanten überspannt, weshalb davon auszugehen ist, dass sich jeweils links und rechts von ihnen zusammenhängende Muster befinden. Wäre die Anzahl der Segmente je Partition vorab bekannt, so könnten die dementsprechend niedrigsten Minima der *GSK* als Segmentgrenzen identifiziert werden. Da dies nicht möglich ist, müssen alle lokalen Minima betrachtet werden, von denen unzählige aufgrund der Fluktuation der Kurve existieren. Um hieraus eine geeignete Auswahl der deutlichsten Minima zu extrahieren, wird die Prominenz angewandt [SCIP23]. Diese beschreibt, wie in Bild 6.8 illustriert, inwiefern ein Minimum in Bezug auf seine Tiefe und Position in Relation zu anderen Minima hervorsticht. Ausschließlich Minima, die einen Prominenz-Grenzwert überschreiten, dienen als Segmentgrenzen. Der Grenzwert wird dabei relativ zum grundsätzlichen Verlauf der *GSK* definiert, sodass z. B. bei Vorliegen von ausschließlich wenig prominenten Minima auch ein entsprechend niedriger Wert für die Identifikation von Segmentgrenzen vorausgesetzt wird. Heuristisch wird der Grenzwert je Partition auf 10 % des Verhältnisses des Maximums der durchschnittlichen *KSK* zum Maximum der durchschnittlichen *ZKSK* gesetzt.

Die Evaluation der *GSK* mithilfe der Prominenz stellt insofern einen Vorteil dar, als diese vollständig unabhängig von der Ähnlichkeitsanalyse ist. Soll eine Neuberechnung der Segmentierung mit dem Ziel feiner granulierter Segmente durchgeführt werden, so kann der Prominenz-Grenzwert ohne aufwendige Neuberechnungen reduziert werden. Bildlich ausgedrückt wird in diesem Fall also nicht die *GSK* neu berechnet, sondern lediglich die Auswahl ihrer Minima modifiziert.

Die Segmentgrenzen werden mit dem gewählten Prominenz-Grenzwert gespeichert.

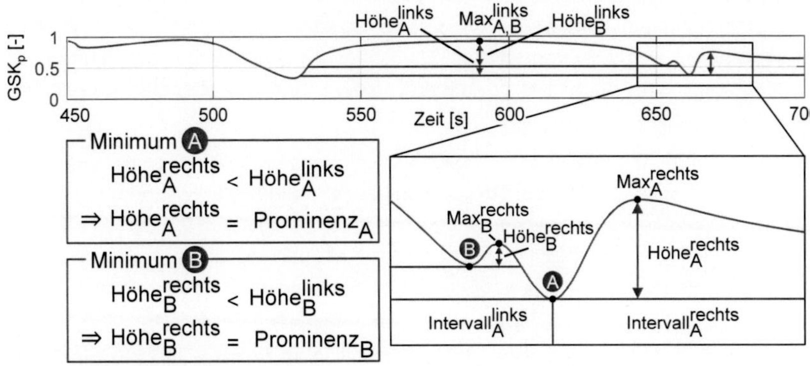

Bild 6.8: Bestimmung der Prominenz

Determination of the Prominence

Abschließend sei darauf verwiesen, dass das beschriebene Segmentierungsvorgehen verschiedene Invarianzen bedingt. Durch die Anwendung eines gleitenden Fensters fester Größe in Kombination mit der euklidischen Distanz kann ein zeitlich kontinuierlich skalierendes Muster nicht als zusammenhängendes Segment identifiziert werden. Wird bspw. der Bahndurchmesser bei der Bearbeitung einer Kreistasche kontinuierlich vergrößert, so werden die zugrundeliegenden Muster zeitlich gestreckt. Von Fenster zu Fenster werden also aufgrund der festen Fensterbreite unterschiedliche Muster analysiert, die sich unter euklidischer Distanz immer weniger ähnlich sind. Dementsprechend entstehen zu viele Minima bzw. Segmentgrenzen. Aus denselben Gründen werden zwei aufeinanderfolgende identische Maschinenbewegungen, die mit jeweils unterschiedlichen Vorschüben ausgeführt werden, als individuelle Segmente identifiziert. Darüber hinaus wird die Segmentierung von der räumlichen Orientierung der Maschinenbewegung beeinflusst, da im Rahmen der Ähnlichkeitsanalyse weder signalübergreifende noch kombinatorische Vergleiche durchgeführt werden. Werden zwei aufeinanderfolgende identische Bearbeitungsstrategien also bspw. in der XY- und anschließend in der XZ-Ebene ausgeführt, so bilden diese zwei separate Segmente.

6.4 Clustering

Clustering

Im Anschluss an die Segmentierung werden zur weiteren Strukturierung des Datensatzes semantische Beziehungen zwischen den einzelnen Segmenten benötigt. Deren Generierung stellt eine komplexe Aufgabenstellung dar, da sich die enthaltenen Muster nicht trivial beschreiben lassen und dennoch verglichen werden müssen. Hierfür eignen sich Clusteringalgorithmen, die die Ähnlichkeit zwischen den Segmenten bewerten und diese aggregieren. Damit ist eine Analogie zur fensterbasierten Ähnlichkeitsanalyse im Rahmen des Segmentierungsalgorithmus gegeben. Im Unterschied dazu können beim Clustering allerdings auch zeitlich nicht zusammenhängende Muster eines oder sogar mehrerer Prozesse zusammengefasst werden. Resultieren aus der Segmentierung zu feingranulare Segmente, so kann das Clustering ebenfalls dazu beitragen, diese weiter zu aggregieren. Die Aufteilung bestehender Segmente ist jedoch nachträglich nur noch über die Anpassung der Prominenz oder eine erneute Segmentierung möglich.

Die Strukturierung eines einzelnen Prozessdatensatzes anhand der enthaltenen Muster ist vor dem Hintergrund des in Kapitel 2.4.2 diskutierten Zeithorizonts beim Clustering ausschließlich fensterbasiert möglich. Ein naheliegender fensterbasierter Ansatz ist das Clustering ganzer Segmente. Diese können jedoch unterschiedlich lang sein, selbst wenn dasselbe Muster enthalten ist, was das Verfahren erschwert. Zudem führt dieser Ansatz zu einer geringen, in vielen Datensätzen nur einstelligen Anzahl an zu clusternden Elementen, wodurch sich die Stabilität des Clusterings verschlechtert. Daher wird für das Clustering ein Fenster verwendet, das kleiner als die Segmentlänge ist und dessen Breite adaptiv auf das jeweils betrachtete Segment zugeschnitten wird. Die Notwendigkeit einer adaptiven Fensterbreite entsteht einerseits dadurch, dass eine für alle Segmente passende feste Fensterbreite unbekannt ist oder gar nicht existiert. In solchen Fällen führt das Clustering nachweislich zu bedeutungslosen Ergebnissen unabhängig vom konkreten Anwendungskontext [KEOG03]. Andererseits kann der Clusteringalgorithmus mit fester Fensterbreite die im Datensatz enthaltenen Muster hinsichtlich einer Streckung oder Stauchung nicht hinreichend generalisieren. Werden bspw. zwei Taschen mit unterschiedlichem Durchmesser und gleicher Vorschubgeschwindigkeit gefertigt, so werden diese durch zwei identische Muster repräsentiert, die relativ zueinander gestreckt oder gestaucht sind. Dass die Muster der beiden Taschen bis auf die Streckung bzw. Stauchung identisch sind, kann auf Basis einer festen Fensterbreite allerdings nicht festgestellt werden, weshalb die Taschen sicher zwei unterschiedlichen Clustern zugeteilt werden. Die Verwendung eines adaptiven Fensters verhindert dies.

In Analogie zur Segmentierung bestehen auch für das Clustering Herausforderungen hinsichtlich der Granularität der Ergebnisse und der Abhängigkeit vom Datenkontext. Die entstehenden Cluster eröffnen einen Interpretationsspielraum, da die „wahren“ Cluster immer vom Anwendungskontext und -ziel abhängig sind [HENN23]. In diesem Sinne spielt vor allem die Zugehörigkeit des Clusterings zu den unüberwachten Lernansätzen eine entscheidende Rolle, die per Definition auf den verfügbaren Daten beruhen. Werden bspw. ausschließlich mehrere Instanzen einer Bearbeitungsstrategie im Rahmen des Clusterings berücksichtigt, so führen auch kleinste Unterschiede dieser Merkmale zu unterschiedlichen Clusterzugehörigkeiten. Diese Unterschiede sind jedoch vernachlässigbar und beeinflussen die Clusterzugehörigkeit nicht, wenn völlig unterschiedliche Bearbeitungsstrategien geclustert werden. In diesem Fall sind die Unterschiede je nach Parametrierung maximal noch als Subcluster erkennbar. Generell verändern sich die Clusteringergebnisse immer dann, wenn mehr oder weniger Daten einbezogen werden.

Darüber hinaus werden folgende Anforderungen an die resultierenden Cluster gestellt:

- Separierbarkeit: Die Ähnlichkeit der Muster eines Clusters ist hoch, die Ähnlichkeit der Muster unterschiedlicher Cluster gering.
- Stabilität: Die Clusterzugehörigkeiten ändern sich bei unterschiedlichen Randbedingungen möglichst geringfügig.
- Anwendungsbezug: Die Cluster liegen in einer anwendungsgerechten Anzahl bzw. Granularität vor und repräsentieren auf nachvollziehbare Weise die physikalischen Gegebenheiten des Fertigungsprozesses.

Zunächst wird in jedem Segment ein Repräsentant, also eine Instanz des Musters, identifiziert (Kapitel 6.4.1). Hierdurch kann ein variables Fenster über den Datensatz geschoben werden, für das jeweils statistische und temporale Merkmale der Daten extrahiert werden (Kapitel 6.4.2). Der so entstehende Merkmalsraum bildet die Grundlage für das abschließende Clustering (Kapitel 6.4.3). Teile des nachfolgend beschriebenen Konzepts wurden bereits durch BRECHER ET AL. veröffentlicht [BREC23a].

6.4.1 Snippets

Snippets

Anhand der Segmentierung wird der Datensatz bereits mit entscheidenden Informationen annotiert: Bereiche, in denen sich genau ein Muster wiederholt, können durch Start- und Endzeitpunkt lokal eingegrenzt werden. Dies eröffnet nicht nur weitere Analyseverfahren, sondern legt gleichzeitig nahe, dass ein Segment durch eine einzige Instanz des sich wiederholenden Musters zusammenfassend beschrieben werden kann, Bild 6.9. Dies entspricht der Definition eines Snippets nach IMANI ET AL. [IMAN18].

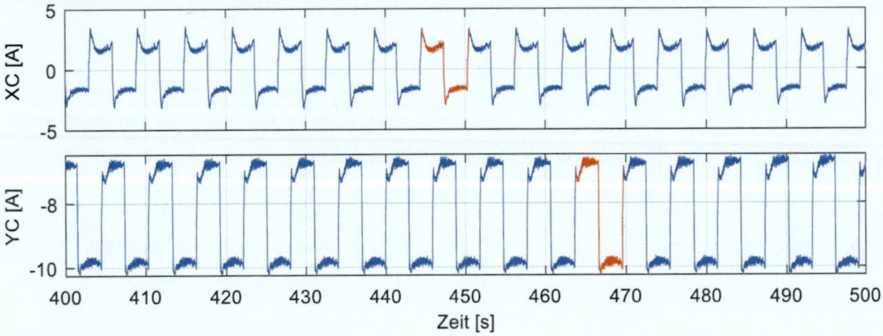

Bild 6.9: Exemplarische Snippets

Sample Snippets

Während der parallelisierten Berechnung der Snippets wird jedes Segment und jedes darin enthaltene, bereits komprimierte Signal einzeln betrachtet. Auf das Segment wird zunächst ein Gauß-Filter angewandt, dessen Breite einer vorzugebenden minimalen Snippetlänge entspricht, die standardmäßig auf 0,6 Sekunden gesetzt wird. Zusätzlich wird das Signal mit einem Von-Hann-Fenster [BLAC58, S. 502] gewichtet, Bild 6.10

oben. So werden die Daten an den Rändern der Segmente unterdrückt, an denen sich das Muster oftmals noch nicht vollständig entwickelt hat oder überlagert wird. Diese Schritte dienen vorbereitend für die Anwendung einer ungleichmäßigen schnellen Fourier-Transformation (engl.: Non-uniform Fast Fourier Transform; NUFFT).

Die NUFFT gibt Aufschluss über das Frequenzspektrum des Signals eines Segments und ermöglicht darüber einen Rückschluss auf die bislang noch unbekannte Periodendauer eines Musters, also die Snippetlänge. Damit die NUFFT gute Ergebnisse produziert, sollte der zu analysierende Datenbereich lokal möglichst so abgegrenzt sein, dass nur ein einziges sich wiederholendes Muster enthalten ist. Dies wird anhand der Segmentierungsergebnisse gewährleistet. Im Gegensatz zur schnellen Fourier-Transformation erlaubt die NUFFT die ungleichmäßig verteilte Abtastung der Frequenzen. Somit können alle ganzzahligen Snippetlängen aus einem durch die minimale Snippetlänge und die halbe Segmentlänge begrenzten Bereich übergeben werden. Durch die Identifikation des Maximums im resultierenden Spektrum kann die gesuchte Snippetlänge extrahiert werden, Bild 6.10 unten.

Das beschriebene Vorgehen ist weitgehend parameterfrei. An dieser Stelle sind mit der Snippetlänge bereits alle für das Clustering notwendigen Daten vorhanden. Für die Repräsentation eines Segments anhand des Snippets fehlt allerdings noch die Information, an welcher Stelle im Datensatz sich das Snippet befindet. Diese Information ist maßgebend, da nur so sichergestellt werden kann, dass das Snippet das Segment auch tatsächlich repräsentiert und das enthaltene Muster widerspiegelt. Zur Identifikation des Snippet-Startpunkts kann der auf dem Matrix-Profil basierende, performante und robuste Algorithmus nach IMANI ET AL. verwendet werden [IMAN18]. Die Anzahl der Wiederholungen des repräsentativen Musters innerhalb eines Segments kann abschließend aus dem Verhältnis von Segment- und Snippetlänge abgeschätzt werden.

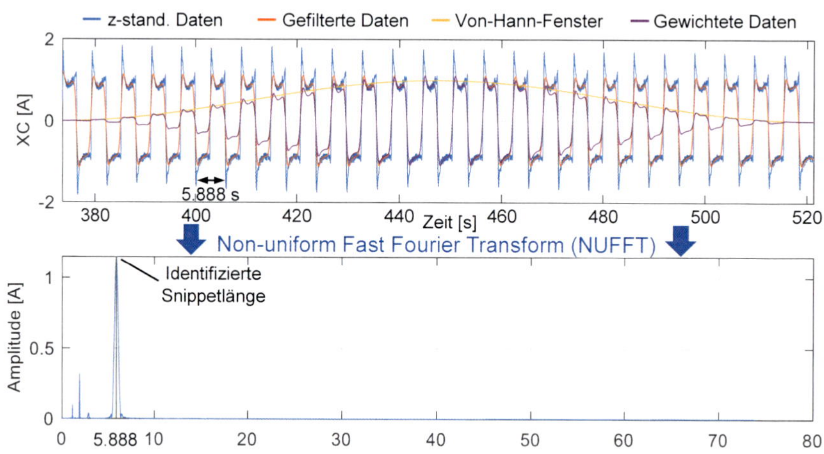

Bild 6.10: Bestimmung der Snippetlänge innerhalb eines Segments
Determination of the Snippet Length within a Segment

Jedes Signal jedes Segments wird durch sein zugehöriges Snippet erstmals automatisiert klassifiziert. Die Klassifizierung entspricht dabei nicht einer Beschreibung wie z. B. „Schwingung" oder „Kreistasche". Vielmehr ist das Snippet selbst das entsprechende Label. Hierdurch wird das gesamte Segment bzw. das enthaltene Muster präziser als durch Worte beschrieben. Dies ist insbesondere vor dem Hintergrund der hohen kombinatorischen Vielfalt von fertigbaren Werkstückkonturen und dafür auswählbaren Fertigungsstrategien von Vorteil und wird in Kapitel 6.5 näher erläutert. Die Klassifizierung des Segments mithilfe des Snippets stellt gegenüber der Beschreibung durch Worte einen Paradigmenwechsel für die spätere Durchsuchbarkeit der Daten dar, da eine Suchanfrage nach Mustern konsequenterweise auch nur anhand von konkreten Zeitreihendaten gestellt werden kann (vgl. Kapitel 7.2 und 8.4.1). Zugleich stellt das Snippet gemäß dem konzeptionellen Vorgehen aus Kapitel 4.3 auch eine Komprimierung des Segments dar, da es in Kombination mit der Anzahl seiner Wiederholungen das gesamte Segment mit nur wenigen Datenpunkten vollständig charakterisiert. Das gesamte Snippet wird daher als Strukturierungsergebnis gespeichert.

Der für das weitere Clusteringverfahren relevante Vorteil des Snippets liegt jedoch vor allem darin, dass mit dem Snippet automatisch auch die für das Segment maßgeschneiderte notwendige Fensterbreite berechnet wird. Diese entspricht der Snippetlänge. Ist das Fenster bspw. kürzer als das Snippet und deckt somit auch nur einen Teil, bspw. eine steigende Flanke, des zugrundeliegenden Musters ab, so wird dieser Teil folglich auch nur individuell und nicht mehr zusammenhängend im Clustering berücksichtigt. Daher ist eine präzise Bestimmung der Fensterbreite essenziell.

6.4.2 Merkmalsextraktion

Feature Extraction

Anhand der identifizierten Fensterbreiten m kann im Anschluss wie in Bild 6.11 gezeigt ein Fenster über jedes Signal des komprimierten Datensatzes geschoben werden, dessen Breite sich an jeder Segmentgrenze verändert, um genau die Länge des sich wiederholenden Musters abzudecken. Für jedes dieser Fenster wird das enthaltene Signal zunächst gemäß (2.11) z-standardisiert, um dessen Vergleichbarkeit zu erhöhen und die Unabhängigkeit von der Amplitudenhöhe eines Musters zu gewährleisten. Daraufhin werden aus den einzelnen Signalen statistische und temporale Merkmale extrahiert. In Analogie zur Segmentierung beträgt die Schrittweite des Fensters ebenfalls eins, sodass sich die Fenster überlappen, um eine Abhängigkeit vom Startpunkt des Datensatzes bzw. eine Phasenvarianz möglichst zu verhindern. Sobald der rechte Rand des größten Fensters die rechtsseitige Segmentgrenze eines Segments der Länge n_S erreicht, werden keine weiteren Merkmale extrahiert, bis sich das Fenster mit seinem linken Rand vollständig im nächsten Segment befindet. Hierdurch wird sichergestellt, dass keine Kombination aus zwei unterschiedlichen Mustern im Rahmen des Clusterings analysiert wird, damit diese möglichst gut separierbar bleiben. Abschließend werden alle Merkmale gemäß der in Bild 6.11 dargestellten Struktur in einer Merkmalsmatrix gespeichert. Die Zeitreihendaten werden auf diese Weise in einen Merkmalsraum transformiert.

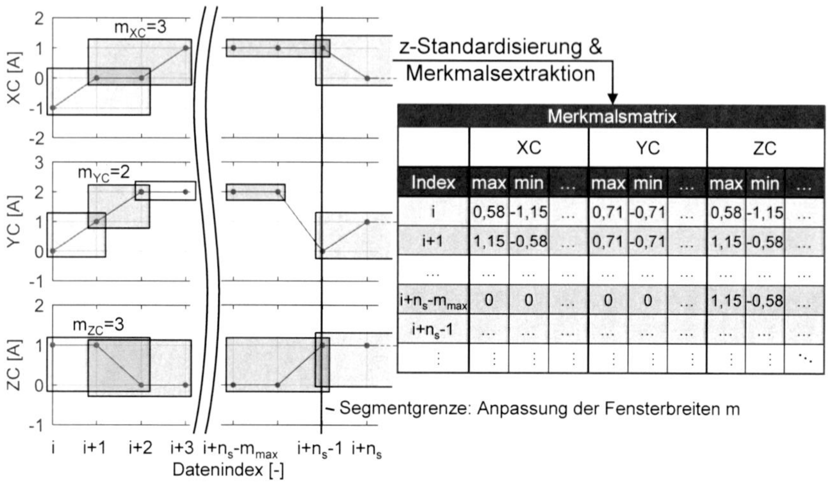

Merkmalsmatrix									
	XC			YC			ZC		
Index	max	min	...	max	min	...	max	min	...
i	0,58	-1,15	...	0,71	-0,71	...	0,58	-1,15	...
i+1	1,15	-0,58	...	0,71	-0,71	...	1,15	-0,58	...
...	...	...	...	...	...	...	...	...	...
i+n_s-m_{max}	0	0	...	0	0	...	1,15	-0,58	...
i+n_s-1	...	...	...	...	...	...	...	...	...
⋮	⋮	⋮	⋮	⋮	⋮	⋮	⋮	⋮	⋱

Bild 6.11: Fensterbasierte Merkmalsextraktion
Window-based Feature Extraction

Unabhängig vom Vorgehen zur Merkmalsextraktion ist von entscheidender Bedeutung, welche Merkmale extrahiert werden. Hierdurch wird maßgeblich bestimmt, welche Muster sich wie stark ähneln und somit letztlich auch, welche Cluster entstehen. Mit der Merkmalsauswahl wird das Ziel verfolgt, ähnliche Muster mit möglichst identischen Werten und gleichzeitig verschiedene Muster mit möglichst unterschiedlichen Werten abzubilden. Dies spielt für die anschließende Separierbarkeit der Cluster eine zentrale Rolle, da die entstehenden Cluster hierdurch jeweils möglichst dicht gepackt sind und gleichzeitig zwischen einzelnen Clustern möglichst große Distanzen entstehen. Grundsätzlich gilt, dass die auszuwählenden Merkmale möglichst unabhängig voneinander sein sollten, um Redundanzen im Rahmen des Clusterings zu vermeiden.

Für die Extraktion von im Data-Mining typischerweise verwendeten Merkmalen existieren frei zugängliche Softwarebibliotheken [CHRI18; BARA20]. Auf Basis eines Vergleichs dieser Bibliotheken wird im Rahmen der vorliegenden Arbeit aufgrund ihres Umfangs und ihrer Berechnungseffizienz auf die *Time Series Feature Extraction Library* zurückgegriffen, deren 60 statistische, temporale und spektrale Merkmale als Ausgangspunkt für die weitere Merkmalsauswahl dienen [HEND21].

Die 26 spektralen Merkmale der Bibliothek werden allesamt ausgeschlossen. Dies liegt zum einen darin begründet, dass viele dieser Merkmale für kürzere Segmente im komprimierten Datensatz aus numerischen Gründen nicht berechnet werden können. Zum anderen soll das Frequenzspektrum bei der musterbasierten Strukturierung gerade keine Berücksichtigung finden, damit zeitlich unterschiedlich skalierte Muster wie in Kapitel 6.4 beschrieben weiterhin gemeinsam geclustert werden können. Wird bspw. bei identischer Bewegung der Vorschuboverride um 50 % reduziert, so verschieben sich das Frequenzspektrum und somit die spektralen Merkmale.

Alle statistischen und temporalen Merkmale der Bibliothek werden anhand des Anwendungsbeispiels evaluiert. Hierfür werden testweise alle Merkmale mit unterschiedlichen Fensterbreiten extrahiert und hinsichtlich ihres zeitlichen Verlaufs und ihrer paarweisen Verteilung visuell untersucht, Bild 6.12. Zum Clustering geeignete Merkmale sind in Tabelle 6.1 gelistet und zeichnen sich durch folgende Charakteristika aus:

- In der reziproken Verteilung zweier Merkmale sind Teilprozessabschnitte mit homogenem Muster als eindeutig separierbare Punkteansammlungen gut erkennbar.
- Im zeitlichen Verlauf ist die Varianz eines Merkmals innerhalb eines Teilprozessabschnitts mit homogenem Muster gering (annähernd horizontale Linie) und der Unterschied zwischen zweier solcher Teilprozessabschnitte klar erkennbar (möglichst großer Abstand zwischen zwei annähernd horizontalen Linien).
- Es ist keine Abhängigkeit des Merkmals von der Fensterbreite gegeben oder diese lässt sich durch Division mit der Fensterbreite normieren.

Tabelle 6.1: Übersicht der ausgewählten Merkmale; blau hinterlegte Merkmale werden mit der Fensterbreite normiert

Overview of the Selected Features; Features with a blue background are normalized with the window size

<table>
<tr><th>Nr.</th><th>Bezeichnung</th><th>Beschreibung</th><th>Art</th></tr>
<tr><td>1</td><td>Interquartilsabstand</td><td>Intervallbreite der mittleren 50 % der Daten</td><td rowspan="6">statistisch</td></tr>
<tr><td>2</td><td>Kurtosis</td><td>Steilheit der Häufigkeitsverteilung</td></tr>
<tr><td>3</td><td>Maximum</td><td>Maximalwert der Daten</td></tr>
<tr><td>4</td><td>Minimum</td><td>Minimalwert der Daten</td></tr>
<tr><td>5</td><td>Mittlere absolute Abweichung</td><td>Durchschnitt der absoluten Abweichungen vom Mittelwert</td></tr>
<tr><td>6</td><td>Peak-zu-Peak-Abstand</td><td>Abstand zwischen kleinstem und größtem Wert</td></tr>
<tr><td>7</td><td>Mittlere absolute Differenz</td><td>Durchschnitt der absoluten Abweichungen zweier benachbarter Datenpunkte</td><td rowspan="7">temporal</td></tr>
<tr><td>8</td><td>Fläche unter der Kurve</td><td>Fläche zwischen Datenpunkten und X-Achse (bestimmtes Integral)</td></tr>
<tr><td>9</td><td>Negative Wendepunkte</td><td>Anzahl negativer Wendepunkte</td></tr>
<tr><td>10</td><td>Positive Wendepunkte</td><td>Anzahl positiver Wendepunkte</td></tr>
<tr><td>11</td><td>Signaldistanz</td><td>Gesamtstrecke des Signals</td></tr>
<tr><td>12</td><td>Summe absoluter Differenzen</td><td>Summe der absoluten Abweichungen zweier benachbarter Datenpunkte</td></tr>
<tr><td>13</td><td>Nulldurchgänge</td><td>Anzahl der Nulldurchgänge</td></tr>
</table>

Die nähere Untersuchung der Merkmale zeigt auf, dass sie z. T. auch innerhalb von Teilprozessabschnitten mit homogenem Muster nicht konstant sind, sondern schwach oszillieren, Bild 6.12. Diese Oszillationen sind auf eine leichte Phasenvarianz der Merkmale zurückzuführen: Durch die Verschiebung des Fensters auf dem Datensatz mit Schrittweite eins werden für alle Phasenverschiebungen eines Musters Merkmale extrahiert, die sich dann auch im zeitlichen Verlauf der Merkmale widerspiegeln. In diesem Sinne stellen die zeitlichen Verläufe der Merkmale erneut Zeitreihendaten dar, in denen Muster enthalten sind. Dennoch führt die Transformation der Rohdaten mithilfe der Merkmalsextraktion nicht zum ursprünglichen Problem zurück. Denn die Merkmale sind ja gerade danach selektiert worden, dass ihre Intra-Cluster-Varianzen im Vergleich zu den Inter-Cluster-Varianzen gering sind. Somit können die Merkmale im Gegensatz zu den Rohdaten auf einfache Weise punktweise geclustert werden. Vor diesem Hintergrund sind die Oszillationen innerhalb der Merkmale sogar notwendig, da Clusteringalgorithmen auf eine hinreichende Varianz in den zu analysierenden Daten angewiesen sind.

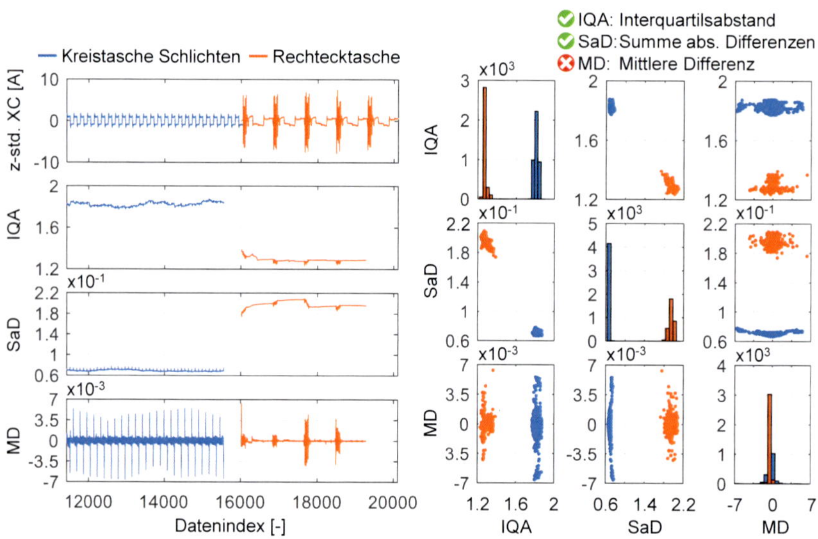

Bild 6.12: Untersuchungen zur Auswahl der zu extrahierenden Merkmale
Investigations for the Selection of the Features to be Extracted

Zum Abschluss der Merkmalsextraktion werden stark korrelierte Merkmale, deren Pearson-Korrelationskoeffizient über 0,95 liegt, sowie weitgehend konstante Merkmale, deren Varianz unter 0,2 liegt, aus der Merkmalsmatrix entfernt, sodass redundante und insignifikante Informationen die Laufzeit des Clusterings nicht unnötig verlängern. Im gleichen Zuge werden die übrigen Merkmale individuell gemäß (2.11) z-standardisiert, um ihre Vergleichbarkeit zu gewährleisten.

Die Merkmalsextraktion ist deshalb für das Clusteringverfahren zentral, da die Transformation in den Merkmalsraum die Vergleichbarkeit der Zeitreihendaten ermöglicht. Dies betrifft in erster Linie die individuellen Fensterbreiten je Signal und Segment. Mithilfe der Merkmalsextraktion werden unabhängig von der Fensterbreite Merkmalsvektoren gleicher Länge und somit eine vollbesetzte Merkmalsmatrix generiert. Zwar existieren auch Clusteringverfahren, die ohne eine Merkmalsextraktion zwei Signale unterschiedlicher Länge clustern können, allerdings gehen diese häufig mit komplexeren Distanzfunktionen sowie eigenen Einschränkungen und Herausforderungen einher [GHAR18]. Die Merkmalsextraktion führt darüber hinaus zu einer Abstraktion der Zeitreihendaten. In diesem Sinne wird verhindert, dass das Clustering auf konkreten Daten, also z. B. spezifischen Maschinenpositionen, basiert und das durch die Merkmale beschriebene Muster wird in den Fokus gestellt. Gleichzeitig bedingt das Vorgehen analog zur Segmentierung unterschiedliche Invarianzen. So können sich die extrahierten Merkmale eines zeitlich kontinuierlich skalierenden Musters aufgrund der abschnittsweise konstanten Fensterbreiten erheblich unterscheiden und zu unterschiedlichen Clusteringergebnissen führen. Zudem werden die Merkmale spaltenweise in einer fixierten Reihenfolge gemäß der zugrundeliegenden Signale in der Merkmalsmatrix gespeichert. Verändert sich also die Orientierung bzw. Bearbeitungsebene einer Maschinenbewegung, treten die grundsätzlich gleichbleibenden Muster in den Signalen und damit auch in den Spalten der Merkmalsmatrix vertauscht auf. Dies kann zu unterschiedlichen Clusteringergebnissen führen.

An die Merkmalsextraktion kann eine Dimensionalitätsreduktion angeschlossen werden. Durch die Einbettung der Merkmale in eine niedrigere Dimensionalität können die Daten nicht nur einfacher visualisiert, sondern auch ihre Aussagefähigkeit erhöht werden. Bei sehr hohen Dimensionalitäten ist eine Reduktion notwendig, um den Fluch der Dimensionalität zu umgehen (vgl. Kapitel 6.1). Daher werden im Zuge der vorliegenden Arbeit Vorversuche zur Dimensionalitätsreduktion mit einer Hauptkomponentenanalyse und einer einheitlichen Mannigfaltigkeitsprojektion (engl.: Uniform Manifold Approximation and Projection for Dimension Reduction; UMAP) durchgeführt [AGGA15, S. 42-44; MCIN23]. Hierbei zeigt sich, dass sich die Merkmale nicht mithilfe linearer Verfahren wie der Hauptkomponentenanalyse in eine niedrigere Dimensionalität einbetten lassen. Mit dem nicht linearen Verfahren UMAP ist dies möglich, allerdings entstehen keine stabilen Cluster mit geringen Intra-Cluster-Varianzen und hohen Inter-Cluster-Varianzen. Das abschließende Clustering der Bearbeitungsstrategien liefert daher nur wenig nachvollziehbare Ergebnisse. Zusätzlich verlängert UMAP auch die Laufzeit der Musteranalyse signifikant und erfordert die Identifikation weiterer Parameter. Da die Dimensionalität für die hier betrachteten Signale nach ihrer Bereinigung und Standardisierung in einem vertretbaren Bereich liegt, wird im Rahmen dieser Arbeit auf eine Dimensionalitätsreduktion vor dem eigentlichen Clustering verzichtet und ihr Einfluss nicht weiter untersucht. Dennoch wird dieser Schritt als Baustein im Gesamtkonzept vorgesehen, um zu einem späteren Zeitpunkt die einfache Integration eines entsprechenden Verfahrens zu ermöglichen.

6.4.3 Dichtebasiertes Clustering

Density-based Clustering

Das Clustering selbst stellt den letzten Schritt im gesamten Vorgehen dar. Auf Basis der berechneten und ggf. in ihrer Dimensionalität reduzierten Merkmalsmatrix wird in diesem Zuge eine Distanzmatrix berechnet. Hierbei wird jeder zu einem Fenster gehörende Merkmalsvektor mithilfe der euklidischen Distanz mit jedem anderen Merkmalsvektor verglichen. In der Merkmalsmatrix entspricht dies einem reziproken Vergleich aller Zeilen. Die resultierende Distanzmatrix ist symmetrisch und weist auf ihrer Hauptdiagonalen Nulleinträge auf.

Auf dieser Grundlage können im Anschluss alle Fenster, und damit letztlich die zugrundeliegenden Muster, zu Clustern aggregiert werden. Diese Aggregation findet nun im Merkmalsraum statt, der sich aufgrund seiner Dimensionalität nicht bildlich darstellen lässt. Zur vereinfachten Illustration kann eine zweidimensionale Ebene herangezogen werden, in der jeder Merkmalsvektor einen Punkt darstellt, Bild 6.13. Die Herausforderung besteht hierbei darin, dass die Anzahl der im Datensatz enthaltenen Cluster vorab nicht bekannt ist. Daher können Clusteringalgorithmen wie z. B. *k-means* nicht angewandt werden. Stattdessen wird im Rahmen dieser Arbeit das hierarchische dichtebasierte räumliche Clustering für Anwendungen mit Rauschen (engl.: Hierarchical Density-Based Spatial Clustering of Applications with Noise; HDBSCAN) verwendet, für das robuste und effiziente Implementierungen existieren und das selbstständig Ausreißer detektieren kann [CAMP13; CAMP15].

Für diesen Algorithmus sind im vorliegenden Anwendungskontext zwei Parameter zu definieren: Einerseits die Anzahl an Datenpunkten, die lokal mindestens vorliegen muss, damit die Punkte als gemeinsames Cluster angesehen werden (*min_cluster_size*), und andererseits eine Kennzahl für die Konservativität des Clusterings (*min_samples*). Die Mindestanzahl der Datenpunkte definiert die Granularität des Clusteringergebnisses. So entstehen z. B. bei niedrigen Werten viele kleinere Cluster. Die Konservativität des Clusterings legt fest, wie dicht die Datenpunkte gepackt sein müssen, um als Cluster zu gelten. Bei größeren Werten werden daher mehr Punkte als Rauschen identifiziert und keinem Cluster zugeordnet. Die Kombination der beiden Parameter muss auf Basis des Clusteringergebnisses im konkreten Anwendungsfall anhand von Kennzahlen oder durch visuelle Inspektion bestimmt werden.

6.5 Klassifizierung

Classification

Im Rahmen des beschriebenen Vorgehens zum musterbasierten Clustering wurde bislang davon ausgegangen, dass ausnahmslos alle zur Verfügung stehenden Subsequenzen eines oder mehrerer Datensätze zum Clustering herangezogen werden. Für die Strukturierung einer unveränderlichen Datengrundlage, also z. B. fünf isolierte Zerspanprozesse, ist dieses Vorgehen grundsätzlich umsetzbar. Verändert sich die Datengrundlage jedoch, bspw. indem immer neue Prozessdaten ausgewertet werden, so muss wie in Kapitel 6.4 erwähnt berücksichtigt werden, dass sich hierdurch die Clusteringergebnisse fortlaufend verändern. Für die angestrebte, unmittelbar nach Abschluss eines Zerspanprozesses durchzuführende Strukturierung von Prozessdaten ist genau dies der Fall. Gleichzeitig ist eine permanente Veränderung der entstehenden Cluster in diesem Kontext nicht erstrebenswert, da dies die Durchsuchbarkeit des Data-Lakes erschwert und die semantischen Beziehungen eine Abhängigkeit von der Zeit bzw. der Datenmenge erlangen. Vielmehr ist das Ziel der Datenstrukturierung, in den fortlaufend anfallenden Prozessdaten neue Teilprozessabschnitte zu identifizieren und diese auf Basis der in ihnen enthaltenen Muster mit den bereits bekannten Teilprozessabschnitten in Beziehung zu stellen, sie also bestehenden Clustern zuzuordnen, Bild 6.13. Auf diese Weise entstehen zeitlich stabile semantische Beziehungen.

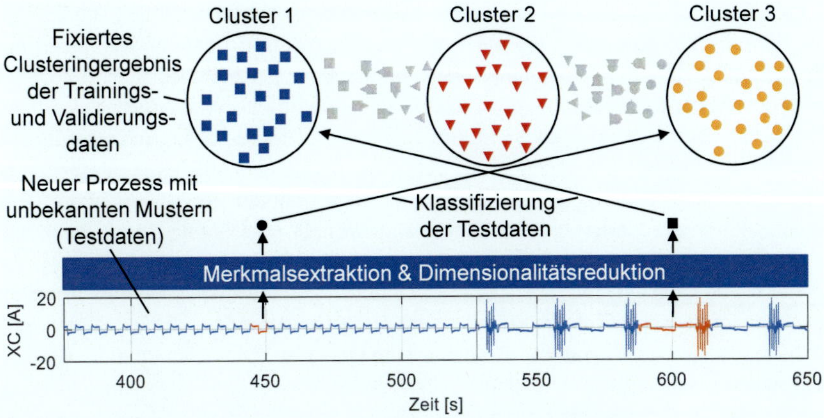

Bild 6.13: Klassifizierung unbekannter Muster in neuen Prozessdaten
Classification of Unknown Patterns in New Process Data

Die Zuordnung neuer Muster zu bereits bekannten Clustern stellt im Kern ein Klassifikationsproblem dar. Dies wird besonders dadurch deutlich, dass das Clustering abstrakt betrachtet lediglich jedem Datenpunkt ein Clusterlabel zuordnet. Die neuen Muster stellen deshalb ungelabelte Daten dar, denen ein bekanntes Label zugeordnet werden soll. Daher wird das Clusteringmodell zur Strukturierung von NC-Zerspanprozessen mit einem Klassifikationsmodell verschaltet.

Das Clusteringmodell vergleicht die Muster und stellt eine initiale musterbasierte Strukturierung her. Das Klassifikationsmodell erlernt diese Strukturierung und wendet sie auf neue Muster an. Unter Berücksichtigung dieses Aspekts ist es notwendig, nicht nur das Gesamtvorgehen, sondern auch die zur Verfügung stehende Datenmenge im Sinne eines maschinellen Lernansatzes in drei Teile zu untergliedern: Training, Validierung und Test. Die einzelnen Phasen werden in den nachstehenden Kapiteln 6.5.1 und 6.5.2 näher erläutert, während die verwendeten Klassifikationsmodelle in Kapitel 6.5.3 diskutiert werden. Teile dieses Konzepts wurden bereits durch Brecher et al. veröffentlicht [BREC23a].

6.5.1 Trainings- und Validierungsphase

Training and Validation Phase

Im Rahmen der Trainings- und Validierungsphase wird auf Basis einer abgeschlossenen Datenmenge eine initiale musterbasierte Strukturierung durch das Clustering vorgenommen und hierdurch das Klassifikationsmodell trainiert. Dazu werden die Daten wie in Bild 6.14 skizziert ausgewertet. Die Datenmenge sollte dabei möglichst repräsentativ für die enthaltenen Bearbeitungsstrategien gewählt werden. Hierbei ist es aktuell aufgrund der Heterogenität der Produktionstechnik und der Vielseitigkeit der herstellbaren Produkte bei der Zerspanung praktisch kaum möglich, ein allumfassendes Clusteringmodell zu trainieren, das alle denkbaren Bearbeitungsstrategien und Technologieparameter berücksichtigt und unternehmensübergreifend eingesetzt werden kann. Hierzu ist eine umfassende Datenbasis im Sinne eines weltweiten Labors (engl.: Worldwide Lab) notwendig, die auf einem standardisierten Datenmodell basiert und kontinuierlich unternehmensübergreifend befüllt wird. An einer solchen Architektur wird derzeit bspw. im Rahmen des Exzellenzclusters *Internet of Production* gearbeitet [SCHU20]. Dennoch kann jedes Unternehmen anhand der spezifisch vorliegenden Datenbasis ein eigenes Clusteringmodell trainieren. Die hierin enthaltenen Bearbeitungsstrategien sind dadurch limitiert, dass ein Unternehmen ein abgegrenztes Produktspektrum produziert und hierfür eine abgegrenzte Auswahl an Ressourcen, also z. B. Werkzeuge oder Personal und Software zur Prozessplanung, anwendet. Auf diese Weise kann ein maßgeschneidertes Clusteringmodell trainiert werden. Aus praktischer Sicht wird die Trainings- und Validierungsdatenmenge also so gewählt, dass NC-Zerspanprozesse typischer Produkte enthalten sind. Dies können z. B. alle Prozesse eines definierten Zeithorizonts sein. Werden hinreichende Datensätze in Bezug auf Anzahl und Varianz im Training analysiert, entsteht durch das Clustering ein realistisches Abbild der unternehmensspezifisch verwendeten Fertigungsstrategien.

Durch die Unterteilung der Daten in Training und Validierung wird das musterbasierte Strukturierungsverfahren insofern flexibilisiert, als nicht mehr notwendigerweise alle Daten in die Trainingsphase einbezogen werden müssen. In diesem Zusammenhang wird zwischen der Snippetberechnung und der Merkmalsextraktion ein zusätzlicher Schritt, das Sampling, eingeführt. Dies reduziert den Berechnungsaufwand für das Clustering. Zugleich stellt das Sampling sicher, dass Trainings- und Validierungsdatenmenge exklusiv sind, also kein Datenpunkt gleichzeitig in beiden Mengen enthalten ist. Der Auswahl der im Training zu berücksichtigenden Daten kommt eine besondere Bedeutung zu, da diese bspw. nicht einseitig ausgewählt werden dürfen, um das Übertraining (engl.: Overtraining) einzelner Muster zu vermeiden. Für das Sampling der Daten stehen unterschiedliche Ansätze zur Verfügung:

- **Snippet-Sampling:** Für das Clustering werden ausschließlich die Snippets jeweils in Form eines einzelnen Fensters betrachtet. Die Herausforderung besteht darin, die extrahierten Merkmale anwendungsgerecht zusammenzuführen, da die Snippets entlang der Signale unterschiedliche Startpunkte aufweisen. Darüber hinaus können Snippets aus zwei Instanzen desselben Musters zueinander phasenverschoben sein, was in diesem Ansatz nicht trainiert wird. Insgesamt entstehen im Rahmen dieses Ansatzes nur sehr wenige Datenpunkte je Datensatz.

- **Gleitendes Snippet-Sampling:** Um mehr Datenpunkte zu generieren und mögliche Phasenverschiebungen zu trainieren, wird im Rahmen des Clusterings ein Fenster, dessen Breite der Snippetlänge entspricht, mit der Schrittweite eins über jedes Snippet geschoben, sodass alle möglichen Startpunkte des Snippets berücksichtigt werden. Da hierbei nicht gewährleistet ist, dass sich das Muster rechts des Snippets weiterhin wiederholt und sich z. B. keine Segmentgrenze unmittelbar an das Snippet anschließt, wird das Snippet vorab dupliziert. Dennoch müssen auch in diesem Ansatz die Merkmale der unterschiedlichen Snippets noch zusammengeführt werden. Zugleich wird durch die Duplizierung des Snippets keine mögliche Variation des Snippets trainiert.
- **Zufälliges Sampling:** Je Segment werden zufällige Datenindizes gewählt, an denen jeweils ein Fenster mit der Breite des signalspezifischen Snippets zur Merkmalsextraktion genutzt wird. Die Anzahl der Datenindizes wird über einen benutzerspezifischen Parameter vorgegeben, der entweder einer festen Anzahl an Datenpunkten oder einem festen Bruchteil der Segmentlänge entspricht. Hierbei können auch individuelle Parameter je Segment vergeben werden. So wird die Varianz, also eine mögliche Veränderung des Musters mit der Zeit, des gesamten Segments abgebildet. Das zufällige Sampling ist darüber hinaus einfach umzusetzen und im Vergleich zu weiteren Sampling-Strategien performant und robust [CONR23]. Es wird daher im Rahmen der vorliegenden Arbeit weiterverfolgt.

Im Anschluss an das Sampling werden die ausgewählten Trainingsdaten geclustert. Das dabei entstehende Modell inklusive der genutzten Merkmale sowie der im Speziellen angewendeten z-Standardisierung und Dimensionalitätsreduktion werden unveränderlich persistiert. Das Clustering ist damit gemäß Bild 6.13 fixiert. Mithilfe des Clusteringmodells wird anschließend entschieden, welchen Clustern die Validierungsdaten aufgrund der Ähnlichkeit der enthaltenen Muster jeweils zuzuordnen sind, ohne das Clustering selbst zu verändern, Bild 6.14. Hierdurch kann das Clustering einerseits validiert werden. Andererseits werden auf diese Weise auch allen zur Verfügung stehenden Daten Clusterlabel zugewiesen, sodass auch alle Daten zum Training des Klassifikationsmodells genutzt werden können. Da auf Basis der Segmentierung davon ausgegangen werden kann, dass jedem Segment ein Muster und damit eine Bearbeitungsstrategie zugrunde liegt, werden je Segment alle Clusterlabel durch das mehrheitlich vorhandene Label überschrieben.

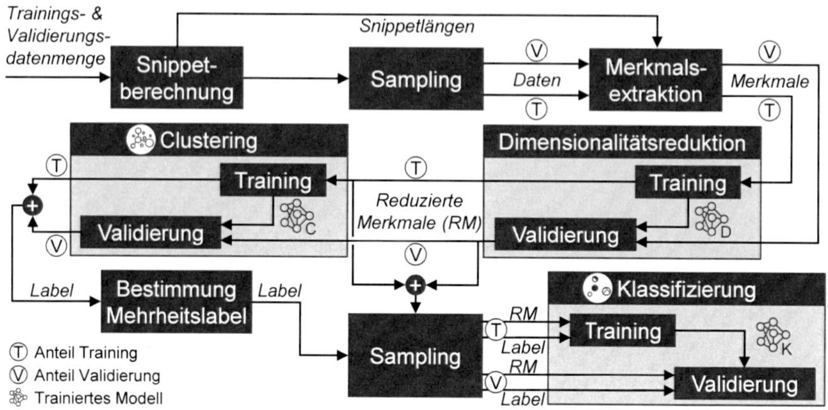

Bild 6.14: Ablauf der Trainings- und Validierungsphase

Procedure of the Training and Validation Phase

Das Clusteringmodell wird im Anschluss mit einem Klassifikationsmodell verschaltet, für das abermals ein Sampling mit benutzerdefinierten Parametern durchgeführt wird, Bild 6.14. Das Klassifikationsmodell wird anhand der Trainingsdaten so trainiert, dass auf Basis eines unbekannten reduzierten Merkmalsvektors auf ein Clusterlabel zurückgeschlossen werden kann. Die Modellauswahl wird in Kapitel 6.5.3 diskutiert. Anhand der Validierungsdaten lässt sich prüfen, ob innerhalb der Trainings- und Validierungsdatenmenge sinnvolle Cluster identifiziert und prädiziert werden können. Abschließend werden alle trainierten Modelle für die Anwendung in der Testphase gespeichert.

Durch die unmittelbare Verschaltung von Clustering und Klassifizierung sind auch die im Rahmen der Klassifizierung zugeordneten Label abhängig von der Trainingsdatenmenge und somit nicht allgemeingültig. Gleichzeitig handelt es sich bei diesen Labeln im Gegensatz zu den wissensbasierten Klassifizierungen aus Kapitel 5 auch nicht um für den Menschen verständliche Begriffe, wie z. B. „Stillstand“ oder „Eingriff“, sondern um abstrakte Integer-Werte. Diese Tatsache ist deshalb vorteilhaft, da allgemeingültige, objektive Begrifflichkeiten für Maschinenbewegungen wie in Kapitel 2.1 erläutert aufgrund der Beliebigkeit von Werkstückgeometrien, der Vielzahl an Bearbeitungsstrategien sowie deren endloser Kombinationsmöglichkeiten gar nicht existieren oder derart spezifisch sind, dass sie in der unternehmerischen Praxis kaum verwendet werden. Dies zeigt sich nicht zuletzt daran, dass bspw. CAM-System-Anbieter für identische Frässtrategien unterschiedliche Bezeichnungen benutzen (z. B. *EXAPT*: Mäanderförmig vs. *Siemens NX*: Zick-Zack). Zwar ist es wie in Kapitel 2.1 beschrieben bspw. über das STEP-NC-Format möglich, die im CAM-System erkannten Bauteilmerkmale mit den verwendeten Bearbeitungsstrategien zu verknüpfen und im NC-Programm zu hinterlegen, allerdings wird das grundsätzlich Problem, wie detailliert und eindeutig die Bezeichnungen sein müssen, hierdurch nicht behoben. Selbst wenn Label in dieser Form in der Praxis zur Anwendung kommen, müssen sie individuell einer hinreichenden Menge an Trainingsdaten unter hohem manuellem Aufwand zugeordnet werden.

Mithilfe eines nach dem vorgestellten Vorgehen generierten Clusteringmodells können diese Herausforderungen umgegangen werden. Die automatisierte Vergabe der Label hat jedoch Implikationen für die Durchsuchbarkeit der Daten. Die Suche nach Begriffen ist nicht möglich. Stattdessen müssen konkrete Daten bzw. Muster unmittelbar an das trainierte Klassifikationsmodell übergeben werden, das ihnen ähnliche Daten und somit die Suchergebnisse zuordnet. Dies geschieht in der Testphase (Kapitel 6.5.2).

6.5.2 Testphase

Test Phase

In der Testphase werden neue, unbekannte Daten anhand des trainierten Klassifikationsmodells mit dem Ziel ausgewertet, ihnen ein während der Trainings- und Validierungsphase generiertes Label zuzuordnen. In diesem Sinne bleibt sowohl das Clustering- als auch das Klassifikationsmodell unverändert. Die Daten stammen in der praktischen Anwendung also nicht aus dem abgeschlossenen Datensatz eines definierten Zeithorizonts, sondern aus den stetig generierten Prozessdaten der laufenden Produktion. Ebenso wie die Validierungsdaten werden die Testdaten nicht für das Training der Modelle genutzt. Allerdings werden die Testdaten im Gegensatz zu den Validierungsdaten nicht aus denselben Datensätzen entnommen wie die Trainingsdaten.

Der Ablauf der Testphase ist in Bild 6.15 illustriert. Die Testdaten werden analog zu den Trainingsdaten gemäß der in den vorherigen Kapiteln vorgestellten Algorithmen partitioniert, komprimiert und segmentiert, bevor die Snippets jedes Segments bestimmt werden. Anschließend erfolgt das zufällige Sampling in Analogie zur Trainings- und Validierungsphase, durch das die nachfolgend zu berücksichtigende Testdatenmenge ausgewählt wird. Hierbei können auch Daten verworfen werden. Je geringer die gesampelte Testdatenmenge, desto schneller, aber unter Umständen auch fehleranfälliger erfolgen die nachfolgenden Schritte zur Klassifizierung. Die Testdaten werden durch die Anwendung der Merkmalsextraktion und Dimensionalitätsreduktion in dieselbe Repräsentation überführt wie die Trainingsdaten. Durch das trainierte Klassifikationsmodell werden diese unbekannten Daten dann dem ähnlichsten existierenden Cluster innerhalb der Trainingsdaten zugeordnet, also mit einem bekannten Label versehen. In diesem Zuge wird innerhalb des Modells eine Zugehörigkeitswahrscheinlichkeit berechnet, die im Rahmen der späteren Nutzung der strukturierten Daten als Maß für die Übertragbarkeit von KI-Modellen angesehen werden kann. Werden auf Grundlage des Samplings mehrere Label je Segment prädiziert, so kann z. B. aus deren Mehrheit abschließend das alleinige Segment-Label bestimmt werden. Die Label und Zugehörigkeitswahrscheinlichkeiten werden in der Datenbank als Klassifikationsergebnis gespeichert.

Neben der Zuordnung stetig generierter Prozessdaten der laufenden Produktion zu bestehenden Clustern kann das Vorgehen der Testphase auch zur Durchsuchung des Data-Lakes genutzt werden. In diesem Fall wird z. B. ein spezifischer Datenbereich oder ein Snippet durch den Nutzer ausgewählt und entsprechend verarbeitet. Das Klassifikationsmodell ordnet die Daten dann wie beschrieben einem bestehenden

Cluster zu. Anhand des zugeordneten Labels kann der Nutzer anschließend alle ähnlichen, bereits verarbeiteten Muster bzw. Teilprozessabschnitte unmittelbar in der Datenbank finden (vgl. Kapitel 7.2 und 8.4.1).

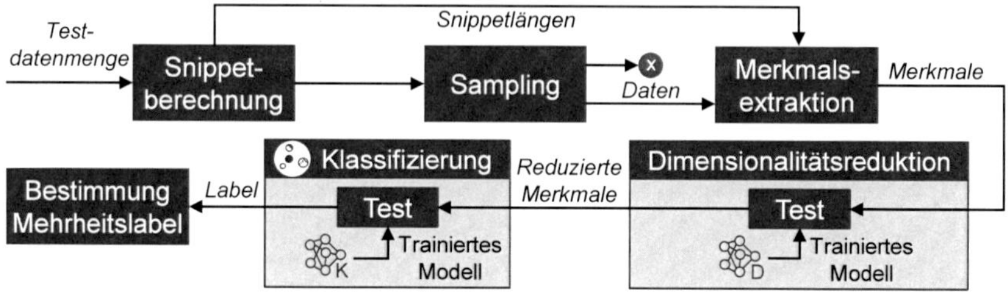

Bild 6.15: Ablauf der Testphase
Procedure of the Test Phase

Insgesamt besteht die musterbasierte Klassifizierung eines Segments damit aus zwei Anteilen: den Snippets sowie der modellprädizierten Clusterzugehörigkeit in Form eines Labels. Diese Daten werden als Strukturierungsergebnis gespeichert.

6.5.3 Klassifikationsmodelle
Classification Models

Dem Klassifikationsmodell kommt eine zentrale Bedeutung zu, da es die durch das Clustering erzeugte Strukturierung erlernt (Training) und auf neue Daten anwendet (Test). Die Art des Modells und die Komplexität seiner Architektur entscheiden darüber, inwiefern das Modell von den Trainingsdaten abstrahieren kann. Das trainierte Modell prädiziert also Label für zunächst unbekannte Muster und wird daher als Prädiktor bezeichnet. Im Rahmen der vorliegenden Arbeit werden drei unterschiedliche Prädiktoren untersucht.

Der nächstliegende Prädiktor ist das Clusteringmodell selbst. HDBSCAN ermöglicht die recheneffiziente Klassifizierung unbekannter Daten, indem das Modell die während des Trainings intern erzeugten Clusteringstrukturen erneut durchläuft und identifiziert, zu welchem bestehenden Cluster die unbekannten Daten zugeordnet werden würden [MCIN17]. Im Ergebnis werden die Label dieser Cluster mit einer Zugehörigkeitswahrscheinlichkeit zurückgegeben. Der Vorteil gegenüber den anderen Prädiktoren liegt darin, dass nach Abschluss des Clusterings kein dediziertes Training für die Klassifizierung durchgeführt und keine neuen Parameter gesetzt werden müssen.

Darüber hinaus wird auch ein künstliches neuronales Netz als Klassifikationsmodell verwendet, das auf zwei verdeckten Schichten ohne Rückkopplungen (engl.: Feedforward) zurückgreift [BISH06, S. 227-231]. Die Form der Eingabeschicht entspricht der Anzahl an generierten Merkmalen. Die verdeckten Schichten bestehen aus 64 bzw. 32 Neuronen und nutzen die *ReLU*-Funktion [MUEL17, S. 101] zur Aktivierung. In der Ausgabeschicht wird die *Softmax*-Funktion [BISH06, S. 196-198] angewandt, um für die neuen Daten eine Zugehörigkeitswahrscheinlichkeit zu jedem Cluster zu erhalten.

Die Form der Ausgabeschicht entspricht der Anzahl an unterschiedlichen Labeln. Als Optimierungsfunktion wird das stochastische Gradientenverfahren [BISH06, S. 240 f.] mit einer Lernrate von 0,01 in Kombination mit der Kreuzentropie-Fehlerfunktion [BISH06, S. 205 f.] genutzt.

Der dritte Prädiktor ist ein Random-Forest, der sich auch bei größeren Datenmengen durch seine Effizienz in Training und Test auszeichnet [BREI01]. Der hier genutzte Random-Forest basiert auf 20 Entscheidungsbäumen. Die Größe der Entscheidungsbäume wird nicht limitiert oder beschnitten. Bei jeder Verzweigung des Baumes werden die Merkmale permutiert, sodass sich die einzelnen Bäume zufällig unterscheiden. Die Verzweigungen werden mithilfe des Gini-Koeffizienten [YUAN21] bewertet und sind nur dann zulässig, wenn noch mindestens zehn Merkmale vorhanden sind. Anhand der Mehrzahl der durch die Entscheidungsbäume individuell getroffenen Entscheidungen wird die abschließende Prädiktion abgeleitet.

Ein Vergleich der unterschiedlichen Klassifikationsmodelle im konkreten Anwendungskontext erfolgt in Kapitel 8.3.7.

7 Bereitstellung der Daten und Strukturierungsergebnisse

Provision of Data and Structuring Results

In den vorangegangenen Kapiteln wurden auf Grundlage des in Kapitel 4.3 vorgestellten Konzepts verschiedene Verfahren dargelegt, um Prozessdaten anhand von Expertenwissen (Kapitel 5) oder der im Datensatz enthaltenen Muster (Kapitel 6) zu strukturieren, Teilprozessabschnitte zu identifizieren und semantische Beziehungen zwischen diesen herzustellen. Vor der Anwendung im industriellen Kontext müssen noch einerseits die Prozessdaten als Eingangsgröße automatisiert abgegriffen (Kapitel 7.1) und andererseits die Analyseergebnisse zentral zur Verfügung gestellt werden (Kapitel 7.2). Beide Funktionalitäten werden über eine relationale Datenbank realisiert (vgl. Kapitel 4.2). Abschließend wird ein Lösungsansatz zur Übertragung der Analyseergebnisse auf identische Fertigungsprozesse präsentiert (Kapitel 7.3).

7.1 Abfrage von Zeitreihendaten

Retrieval of Time Series Data

Die zielgerichtete Abfrage von Zeitreihendaten ist eine Herausforderung, da das Strukturierungsvorgehen ein Batch-Processing von Zeitreihendaten darstellt und in diesem Zuge immer auf eine abgeschlossene Datenmenge zugreift. Insofern muss sichergestellt werden, dass die im konkreten Fall betrachtete Datenmenge einerseits einen hinreichenden Umfang besitzt, sodass überhaupt sinnvolle Strukturierungen möglich sind, und andererseits möglichst klein ist, um die Ergebnisse effizient und möglichst zeitnah zum Fertigungsprozess generieren zu können. Zudem muss auch die gleichzeitige Datenerfassung auf mehreren Maschinen ermöglicht werden.

Die Abfrage der Zeitreihendaten aus der Datenbank erfolgt mithilfe der aufgezeichneten Event-Daten. Mithilfe dieser Events können diskrete Zeitpunkte eines Zerspanprozesses identifiziert werden, zu denen bekannte Fertigungsrandbedingungen vorliegen. Im einfachsten Fall handelt es sich hierbei um NC-Start und -Stopp oder Werkzeugwechsel. Anhand der Event-Zeitpunkte kann dann eine zur Strukturierung geeignete Datenmenge aus der Datenbanktabelle der Zeitreihendaten extrahiert werden.

Innerhalb der Datenbankstruktur wird eine individuelle Zeitreihendatentabelle je Maschine geführt, in der der Zeitstempel *TS* als Primärschlüssel für die effiziente Datenspeicherung und -abfrage dient, Bild 7.1 c. Die Zuordnung der Zeitreihendaten zu einem Fertigungsprozess (*machine_trace*) erfolgt über dessen Start- und Endzeitpunkt sowie die *machine_id*, Bild 7.1 b. Jede Instanz eines Fertigungsprozesses weist mit der *serial_id* eine eindeutige Kennung auf, mit der die in einer separaten Datenbanktabelle vorliegenden Event-Daten verknüpft sind, Bild 7.1 a. Die Abfrage der zwischen den Event-Zeitpunkten liegenden Zeitreihendaten erfordert daher gemäß des in Bild 7.1 illustrierten Schemas einen mehrstufigen Datenbankzugriff.

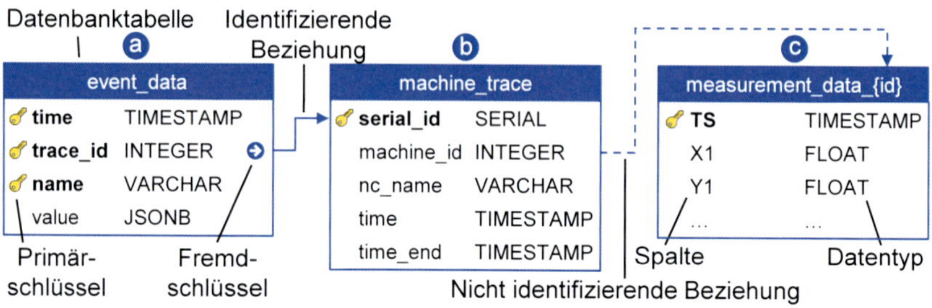

Bild 7.1: Datenbankschema der Eventdaten (a), des Fertigungsprozesses (b) und der Zeitreihendaten (c)

Entity-Relationship-Diagram of the Event Data (a), the Manufacturing Process (b) and the Time Series Data (c)

Zur Automatisierung der Datenabfrage wird die Event-Daten-Tabelle mit einem Trigger ausgestattet, der bei der Aufzeichnung eines neuen Events eine Benachrichtigung auslöst. Diese Benachrichtigung wird von einem auf der Data-Mining Recheneinheit aktiven Service abgefangen, der die in Bild 7.2 illustrierten Threads umfasst.

Der Main-Thread erzeugt den Event- und die Pipeline-Threads und überwacht kontinuierlich eine nach dem First-In-First-Out-Prinzip arbeitende Event-Warteschlange im Hinblick auf neue Events. Diese Warteschlange wird durch den Event-Thread gefüllt, der die von der Event-Daten-Tabelle emittierten Benachrichtigungen empfängt und validiert. Liegt ein Event vor, so wird ein Pipeline-Thread erzeugt, der aus der Datenbank zunächst den Vorgänger des ihm zugeordneten Events abfragt. Somit liegen Start- und Endzeitpunkt einer zur Strukturierung geeigneten Datenmenge vor, sodass diese aus der Zeitreihendaten-Tabelle extrahiert werden kann. Die Daten werden im Anschluss an die aus parallelisierten Algorithmen bestehende Pipeline (vgl. Kapitel 8.1) übergeben. Um die gleichzeitige Datenabfrage zu ermöglichen, verfügt jeder Pipeline-Thread über eine individuelle Datenbankverbindung aus einem Verbindungspool. Darüber hinaus ist die Anzahl der parallelen Pipeline-Threads zur Sicherung des Ablaufs begrenzt, sodass neue Threads erst dann erzeugt werden können, wenn bestehende Threads fertiggestellt und die mit ihnen assoziierte Datenbankverbindung freigegeben werden.

Für die Parametrierung, das Testen und insbesondere auch das Training der vorgestellten Algorithmen ist vielmehr die Auswertung bereits abgeschlossener Fertigungsprozesse aus der Datenbank von Interesse (offline) als das Abgreifen der Prozessdaten während der laufenden Produktion (online). In diesem Fall ändert sich wie in Bild 7.2 visualisiert lediglich das Auslesen der Events. Hierzu wird eine Konfigurationsdatei erzeugt, in der bspw. der Produktionszeitraum sowie die NC-Programmnamen der zu analysierenden Prozesse spezifiziert werden. Der Event-Thread sucht anschließend in der Datenbank nach entsprechenden Events und übergibt diese an die Event-Warteschlange. Analog wird auch die Analyse lokaler Datensätze, die nicht in einer Datenbank abliegen, ermöglicht.

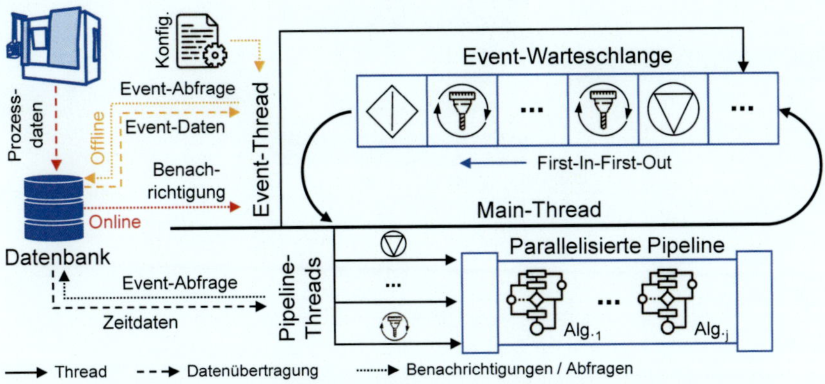

Bild 7.2: Automatisierter Service zur Datenabfrage und zum Starten der Strukturierung
Automated Service for Data Retrieval and Starting Structuring

Mithilfe des vorgestellten Konzepts können beliebige weitere Events zur Abgrenzung der zu analysierenden Datenmenge in Abhängigkeit des Anwendungsfalls spezifiziert werden. Über NC-Start, -Stopp und Werkzeugwechsel hinaus eignen sich z. B. Spindeldrehzahländerungen oder im NC-Programm gesetzte Parameter.

7.2 Speicherung und Durchsuchung der Strukturierungsergebnisse

Storing and Querying the Structuring Results

Nach der Generierung der Strukturierungsergebnisse müssen diese nicht nur effizient, sondern auch mit einem eindeutigen Bezug zu den analysierten Rohdaten gespeichert werden, um eine anschließende Durchsuchbarkeit des Data-Lakes zu gewährleisten. Da alle vorgestellten Algorithmen so ausgelegt werden, dass sie Startzeitpunkt, Endzeitpunkt und ein Array repräsentativer Werte zum Ergebnis haben, eignet sich die Verwendung einer relationalen Datenbank. Insofern können die Strukturierungsergebnisse in der bereits am WZL existierenden *PostgreSQL*-Datenbank auf Grundlage des in Bild 7.3 visualisierten Datenbankschemas abgelegt werden (vgl. Kapitel 4.2).

In der *algorithm*-Tabelle werden alle Strukturierungsalgorithmen sowie die Datentypen ihrer Ergebnisse gespeichert. Letztere dienen zur dynamischen Ausgestaltung der Datenabfrage-Plattform (vgl. Kapitel 8.1). Jeder Teilprozessabschnitt eines spezifischen Fertigungsprozesses ist einerseits durch die *algorithm_id* mit dem ihn generierenden Algorithmus sowie andererseits durch die *trace_id* mit den zugrundliegenden Zeitreihendaten, auf die mittels Start- und Endzeitpunkt zugegriffen werden kann, assoziiert. Auf diese Weise werden die Strukturierungsergebnisse generalisiert gespeichert, sodass eine zukünftige Erweiterung um weitere Strukturierungsalgorithmen möglich ist.

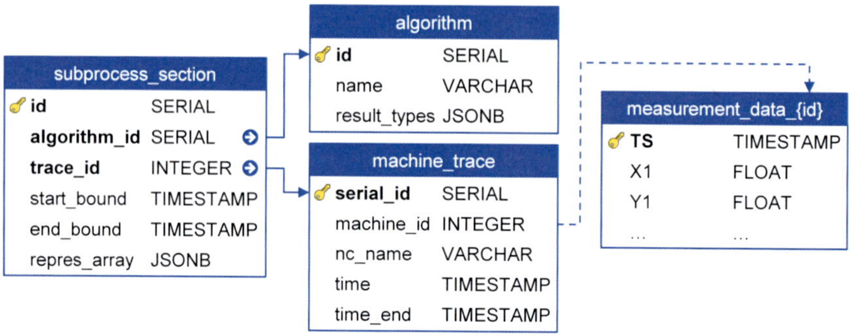

Bild 7.3: Datenbankschema zur Speicherung der Strukturierungsergebnisse
Database Schema for Storing the Structuring Results

Im Rahmen der Durchsuchung des Data-Lakes können gemäß des Ebenenmodells aus Bild 4.5 mehrere Strukturierungsergebnisse anhand ihres Arrays repräsentativer Werte miteinander kombiniert werden. So können bspw. das Label einer Maschinenbewegung sowie der Werkzeugeingriffszustand spezifiziert werden, um zutreffende Daten aus der Datenbank zu extrahieren. Im Anschluss an die Spezifikation durch den Nutzer wird hierzu eine SQL-Abfrage automatisiert generiert, Tabelle 7.1.

Tabelle 7.1: Beispiel einer automatisierten SQL-Abfrage
Example of an Automated SQL Query

SQL Query		
Parameter		**Spezifikation der Suche**
Rückgabe	**trace_id, algorithm_id, start_bound, end_bound**	**Zutreffende Teilprozessabschnitte**

```
SELECT trace_id, algorithm_id, start_bound, end_bound
FROM analytics.subprocess_section
WHERE
        (algorithm_id = 4 AND result ->> 'label' = '4') OR
        (algorithm_id = 2 AND result ->> 'is_engagement' = 'True')
ORDER BY start_bound
```

Eine solche Abfrage gibt die Vereinigungsdatenmenge der individuell zutreffenden Bedingungen eines Strukturierungsergebnisses zurück. Für die Suche ist allerdings die Schnittdatenmenge von Interesse, die aufgrund des Datenbankschemas nicht unmittelbar mithilfe einer *AND*-Abfrage generiert werden kann. Daher wird ein separater Algorithmus nachgeschaltet, der überlappende Zeitbereiche anhand der zurückgegebenen Start- und Endzeitpunkte identifiziert. Die resultierenden Start- und Endzeitpunkte können danach für eine SQL-Abfrage der Rohdaten genutzt werden, die abschließend an den Nutzer oder ein nachgelagertes Modell übergeben werden.

7.3 Synchronisierung von NC-Prozess-Datensätzen

Synchronization of NC Process Data Sets

Im Rahmen des vorgestellten Ansatzes werden, wie in Kapitel 4.3 erläutert, keine neuen Zeitreihendaten generiert, sondern spezifische Zeitbereiche bereits bestehender Zeitreihen annotiert. Die dazu notwendigen Datenauswertungen können zeitaufwendig sein. Dieser Aufwand ist insbesondere dann vermeidbar, wenn ein Datensatz analysiert werden soll, der auf demselben NC-Programm basiert wie ein bereits strukturierter Prozess. In diesem Fall ist eine Übertragbarkeit der bereits vorhandenen Ergebnisse erstrebenswert.

Aufgrund der Heterogenität der Produktionsumgebung besteht eine generelle Herausforderung darin, vergleichbare Datensätze zu generieren, um eine Übertragbarkeit zu gewährleisten. Dies ist bspw. für die Reibungskompensation bei der Prozesskraftberechnung notwendig [NEUS15]. Im Falle der hier behandelten Strukturierungsergebnisse müssen die Datensätze dabei insbesondere synchronisiert werden, damit die Zuordnung spezifischer Zeitpunkte wie z. B. Start und Ende eines Werkzeugeingriffs möglich ist.

In realen Produktionsumgebungen sind Datensätze trotz desselben zugrundeliegenden NC-Programms nur selten synchron. Störgrößen mit Einfluss auf den zeitlichen Ablauf des Prozesses sind u. a.:

- manuelle Vorschubanpassungen bis hin zum Maschinenstillstand durch den Bediener
- unterschiedliche Maschinenpositionen zum Zeitpunkt des Prozessstarts
- unterschiedliche Dauern von Werkzeugwechseln
- veränderte Verarbeitung des NC-Programms durch die NC-Steuerung aufgrund von Fehlern oder Alarmen

Zur Übertragung der Strukturierungsergebnisse bedarf es deshalb eines Algorithmus, der multivariate Zeitreihen unterschiedlicher Länge synchronisiert. Die Synchronisierung muss dabei insbesondere lokale, also zeitlich beschränkt auftretende Veränderungen des Prozesses adaptiv abfangen. Die reine Korrektur eines zeitlichen Versatzes, die bspw. über eine Kreuzkorrelation zu erreichen ist, ist nicht ausreichend. Teile des nachfolgend beschriebenen Vorgehens wurden bereits durch OCHEL ET AL. veröffentlicht [OCHE23].

Um die Übertragbarkeit der Strukturierungsergebnisse zu ermöglichen, wird ein vierstufiger Synchronisierungsansatz entwickelt. In einem ersten Schritt werden alle Prozessdaten anhand der jeweils aktiven NC-Zeilennummer wie in Bild 7.4 a gezeigt in Blöcke eingeteilt. Blockgrenzen werden also für alle Signale immer dann gesetzt, wenn ein Event zur Änderung der NC-Zeilennummer aufgezeichnet wird. Die Größe der Blöcke kann dabei beliebig variieren: Im CAM-System generierte NC-Programme weisen typischerweise viele nur kurzzeitig aktive NC-Sätze und somit Datenblöcke auf, während bei der werkstattorientierten Programmierung durch die Verwendung von Zyklen auch sehr große Datenblöcke möglich sind. Die Unterteilung ist notwendig, da während eines aktiven NC-Satzes keinerlei Informationen bezüglich der Synchronität zweier Datensätze vorliegen. Zum Zeitpunkt des Satzwechsels ist jedoch eine Maschinenbewegung abgeschlossen, sodass die Prozesse und Daten an dieser Stelle synchron sein müssen. Die Synchronisation eines gesamten Datensatzes zerfällt also in viele kleinere Synchronisationsaufgaben, wodurch sich das Verfahren hinsichtlich Robustheit sowie Recheneffizienz und Parallelisierbarkeit verbessert. Die Gesamtberechnungsdauer ist in erster Linie von der Anzahl der Datenpunkte des größten Blocks abhängig. Alternativ sind auch andere Unterteilungen der Daten, bspw. nach Werkzeugwechseln, möglich.

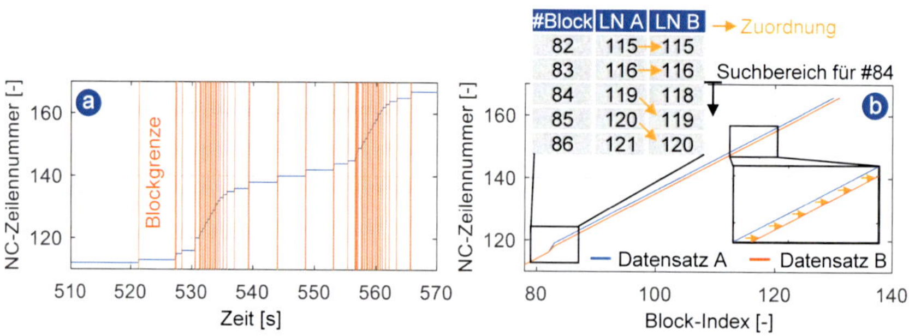

Bild 7.4: Unterteilung und reziproke Zuordnung von NC-Satz-Blöcken
Division and Reciprocal Assignment of NC Line Blocks

Im Anschluss müssen die NC-Zeilennummern der beiden zu synchronisierenden Datensätze einander zugeordnet werden, Bild 7.4 b. Hierbei wird ausgenutzt, dass das NC-Programm grundsätzlich sequenziell bzw. zeilenweise abgearbeitet wird und die NC-Zeilennummer daher in aufsteigender Reihenfolge aufgezeichnet werden. Ausnahmen hiervon können bspw. durch Unterprogramme, Zyklen oder Schleifen entstehen, die zum wiederholten, nicht zusammenhängenden Auftreten einer Zeilennummer führen und daher erkannt und zunächst ausgeschlossen werden. Die Zuordnung der übrigen Zeilennummern wird anhand einer dünnbesetzten Differenzenmatrix nach dem in Tabelle 7.2 vorgestellten Algorithmus vorgenommen, bei dem der Suchbereich von Zuordnung zu Zuordnung immer weiter eingeschränkt wird.

Die Differenzenmatrix weist immer dort Nulleinträge auf, wo eine exakte Zuordnung der NC-Sätze gefunden wird. Für die zuvor ausgeschlossenen Ausnahmefälle würden in der Differenzenmatrix mehrere Nulleinträge existieren. Die korrekte Zuordnung dieser NC-Sätze wird daher mithilfe der jeweils unmittelbaren Vorgänger- und Nachfolger-NC-Zeilennummern mit exakter Zuordnung identifiziert, zwischen denen die korrekte Zuordnung aufgrund des zeilenweise ablaufenden NC-Programms liegen muss. Sind bestimmte NC-Zeilennummern des einen Datensatzes bspw. aufgrund der Zufälligkeit der diskreten Abtastzeitpunkte im Lagereglertakt im anderen Datensatz nicht vorhanden, so werden diese ihrem Vorgänger zugeordnet.

Tabelle 7.2: Berechnung der Differenzenmatrix zur Zuordnung der NC-Sätze

Calculation of the Difference Matrix for the Assignment of the NC Lines

NC-Satz-Zuordnung (ln_a, ln_b)		
Parameter	ln_a, ln_b	Liste aller NC-Zeilennummern der zu synchronisierenden Datensätze A und B aus den jeweiligen NC-Satzwechsel-Events
Rückgabe	diff_mat	Dünnbesetzte Differenzenmatrix

```
diff_mat = inf(length(ln_a), length(ln_b))
match_idx = 0
for each line_idx, line in ln_a
        diff_vec = line - ln_b[match_idx:]
        diff_mat[line_idx, match_idx:] = diff_vec
        match_idx = where(diff_vec == 0)
return diff_mat
```

Im dritten Schritt werden die mit den nun einander zugeordneten NC-Sätze verknüpften Daten synchronisiert. Sie beschreiben jetzt die gleiche Maschinenbewegung, können aber aufgrund lokaler Prozessveränderungen weiterhin asynchron sein.

Die Synchronisierung der einander zugeordneten Daten erfolgt auf Basis des TCP-Pfads, der im Gegensatz zu den zeitbasierten Daten in beiden Datensätze je NC-Satz identisch ist. Hierbei ist es nicht möglich, die einzelnen Achspositionen einzeln zu synchronisieren, da im Ergebnis mehrere inkonsistente Synchronisierungen entstehen können. Ebenso wenig kann die zurückgelegte Gesamtdistanz des TCP genutzt werden, da diese sich zwischen zwei Datensätzen schon durch abweichende Maschinenpositionen zum NC-Programmstart unterscheiden kann. Vielmehr müssen im Rahmen der Synchronisierung alle linearen und rotatorischen Achspositionen gleichzeitig synchronisiert werden und so zu einem gemeinsamen Ergebnis führen.

Eine solche multivariate Synchronisation kann in kurzer Zeit mithilfe bestehender, parallelisierter und speicheroptimierter Implementierungen des DTW-Algorithmus realisiert werden [TRAL20]. Im Ergebnis gibt der Algorithmus zum einen die DTW-Distanz als Maß für die erfolgte Synchronisierung, zum anderen die Zuordnung aller Datenpunkte mithilfe des Warping-Path zurück. Zur Illustration ist in Bild 7.5 c exemplarisch die Bewegung der X-Achse während eines Fräszyklus, also während eines einzigen aktiven NC-Satzes, dargestellt. Die beiden Datensätze sind anfänglich synchron, divergieren dann aber aufgrund eines manuellen Eingriffs. Der DTW-Algorithmus ist in der Lage, hierauf adaptiv zu reagieren und die Datensätze zu synchronisieren.

Das funktioniert allerdings nur dann zufriedenstellend, wenn sich mindestens eine Achse bewegt. Wenn alle Achsen stehen, z. B. bei einem Werkzeugwechsel, sind alle Positionssignale bis auf das Grundrauschen konstant. Der DTW-Algorithmus sucht dann innerhalb dieses Rauschens nach einer optimalen Synchronisierung, die folglich vom Zufall abhängt. Da die Positionssignale konstant sind, ist die zufällige Zuordnung für sie irrelevant. Allerdings existieren weitere Signale, die innerhalb der Stillstandsbereiche nicht konstant sein müssen und somit nicht akkurat synchronisiert werden. In Bild 7.5 d ist hierfür exemplarisch der Antriebsstrom der Hauptspindel visualisiert, der während eines Maschinenstillstands wegen einer Drehzahlanpassung Peaks aufweist.

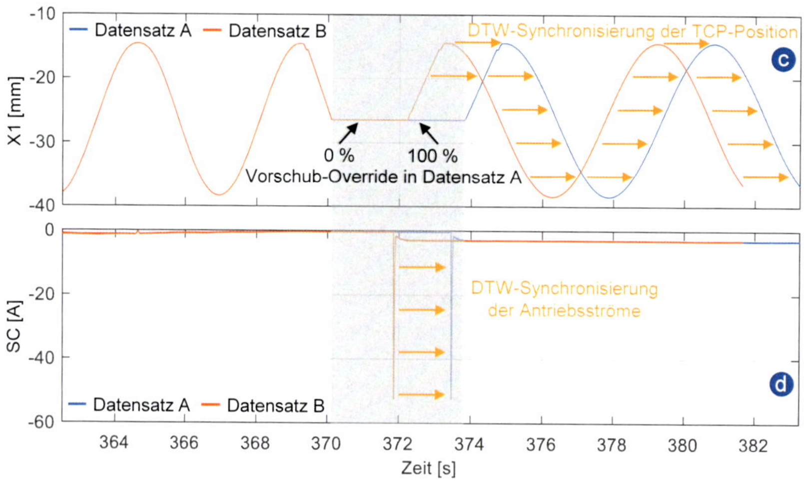

Bild 7.5: Synchronisierung der Achspositionen und Antriebsströme
Synchronization of Axis Positions and Drive Currents

Daher wird im vierten Schritt eine Nachsynchronisierung innerhalb der Stillstandsbereiche angewendet, Bild 7.5 grau. Diese werden mithilfe eines einstellbaren Schwellwerts der Vorschubgeschwindigkeit, der standardmäßig bei 0,002 m/s liegt, identifiziert. Hier wird der DTW-Algorithmus erneut, diesmal jedoch gleichzeitig auf die Antriebsströme aller Achsen sowie der Spindel angewendet. Die gefundenen Synchronisierungen ersetzen abschnittsweise die auf Basis der TCP-Positionen ermittelte Zuordnung der Datenpunkte. Die initiale Anwendung des DTW-Algorithmus auf die Antriebsströme anstelle der TCP-Positionen ist nicht zielführend, da die Antriebsströme je nach Belastung im Materialschnitt und damit bspw. in Abhängigkeit vom Werkzeugzustand variieren können. Dies ist innerhalb der Stillstandsbereiche ausgeschlossen.

Insgesamt lassen sich durch dieses Vorgehen zwei Datensätze, die auf demselben NC-Programm basieren, zuverlässig synchronisieren, was die Übertragbarkeit von Strukturierungsergebnissen und somit die Einsparung von Rechenzeit ermöglicht. Allerdings gilt es hierbei zu beachten, dass nicht immer eine vollständige Übertragbarkeit der Strukturierungsergebnisse gewährleistet ist. Die dauerhafte Reduktion des Vorschuboverrides führt z. B. zu einer Veränderung der enthaltenen Muster und damit der Snippets. In solchen Fällen können die Grenzen der Teilprozessabschnitte übertragen werden, die Snippets müssen jedoch neu berechnet werden. In diesem Sinne sind die Datensätze zwar synchronisiert, jedoch nicht identisch.

8 Implementierung und Validierung

Implementation and Validation

Nachdem das Gesamtkonzept zur Strukturierung von NC-Zerspanprozessen in den vorangegangenen Kapiteln erarbeitet wurde, wird dessen Realisierung in Form prototypischer Softwarebausteine beschrieben (Kapitel 8.1). Auf Grundlage der Implementierung wird die vorgestellte Lösung anhand weiterer Datensätze validiert (Kapitel 8.2 und 8.3), bevor die praktische Anwendung illustriert wird (Kapitel 8.4).

8.1 Prototypische Implementierung

Prototype Implementation

Die Softwarebausteine werden in der Programmiersprache *Python 3.8* mithilfe der Entwicklungsumgebung *PyCharm 2021* implementiert. Hierdurch wird in erster Linie die praktische Anwendung der individuellen Lösungen ermöglicht. In diesem Zuge spielt die Verschaltung der Individualkomponenten eine zentrale Rolle, da diese gezielt aufeinander aufbauen und entsprechende Abhängigkeiten softwareseitig abgebildet werden müssen. Mithilfe der prototypischen Softwarebausteine wird zum einen das automatisierte Data-Mining mitsamt der Datenbankanbindung nach Kapitel 7 demonstratorisch umgesetzt. Zum anderen wird aber auch die manuelle Interaktion mit den Algorithmen auf Basis einer intuitiven grafischen Benutzeroberfläche ermöglicht. Diese dient einerseits der Parametrierung und Testung individueller Lösungen sowie im Besonderen dem Training der lernenden Modelle, andererseits aber auch als Plattform zur Abfrage der Strukturierungsergebnisse. In beiden Fällen ist die Ergebnisvisualisierung für die manuelle Interaktion essenziell. Aus diesem Grund ist die Implementierung wie in Bild 8.1 illustriert zweigeteilt. Beide Varianten greifen allerdings auf eine gemeinsame Basis an Softwaremodulen zurück. Diese spiegeln die Algorithmen der Kapitel 5 und 6 wider und sind in Backend (Strukturierung) und Frontend (Visualisierung) aufgeteilt. Diese Kapselung ermöglicht die individuelle Wiederverwendung einzelner Module, eine einfache Wartbarkeit des zugrundeliegenden Codes sowie den vollständigen Austausch der grafischen Benutzeroberfläche.

Auf der einen Seite werden eine Analysepipeline und ein Analysedashboard realisiert, deren Aufgabe die Strukturierung eines einzelnen Datensatzes darstellt und die vollständig offline, d. h. zu einem beliebigen Zeitpunkt unabhängig vom Fertigungsbetrieb, arbeiten, Bild 8.1 unten. Dementsprechend ist keine musterbasierte Klassifizierung bzw. Testphase vorgesehen. Eine Anbindung an die Datenbank ist nicht vorhanden, sodass sowohl die Rohdaten als auch die Ergebnisse lokal vorliegen.

Für die Analysepipeline dient eine Konfigurationsdatei der Spezifikation des zu analysierenden Datensatzes sowie der Verschaltung und Parametrierung der Algorithmen. Ausgangspunkt der Pipeline ist die Spindeldrehzahlpartitionierung. Generell wird für jeden Algorithmus eine größtmögliche Parallelisierung angestrebt, sodass zunächst mehrere Partitionen und darauf aufbauend mehrere Segmente, aber auch unabhängige Algorithmen wie die Werkzeugeingriffsdetektion gleichzeitig bearbeitet werden.

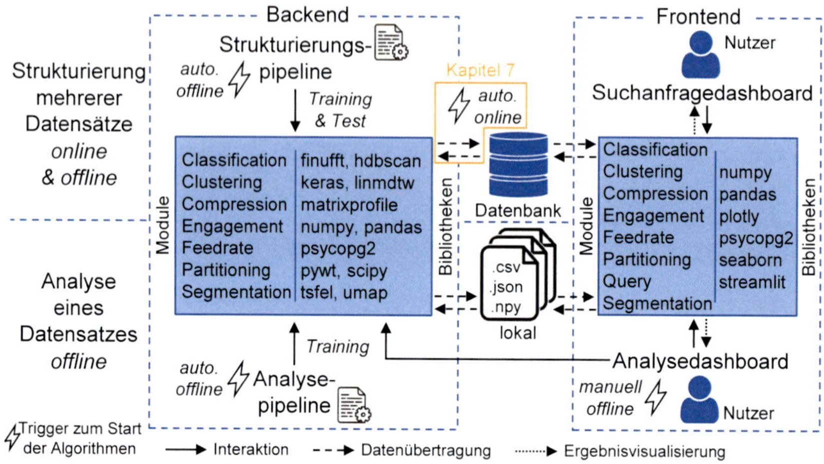

Bild 8.1: Zweigeteilte prototypische Implementierung
Two-part Prototype Implementation

Das Analysedashboard basiert auf der frei verfügbaren *Streamlit*-Bibliothek und kann lokal auf einem Rechner oder zentral auf Unternehmensservern ausgeführt werden [SNOW23]. Entsprechend der Strukturierungsalgorithmen sind individuelle Seiten angelegt, zwischen denen in der Seitenleiste gewechselt werden kann, Bild 8.2. Die Seite *Resources* dient der Handhabung sowie statistischen Analyse des Datensatzes, die Seite *Data Visualization* der einfachen Visualisierung einzelner Signale. In der Seitenleiste können alle benötigten Parameter über Widgets eingestellt sowie der jeweilige Algorithmus gestartet werden. Im rechten Bereich des Dashboards werden die Strukturierungsergebnisse mithilfe interaktiver Plots visualisiert. Alle Dashboardeinstellungen und Widgetzustände können als Dashboard-Instanz gespeichert werden. Insgesamt eignet sich das Analysedashboard als Experten-Tool zur Parametrierung und zum Test der Algorithmen, da diese separat manuell ausgeführt werden können und ihre Ergebnisse unmittelbar visualisiert werden.

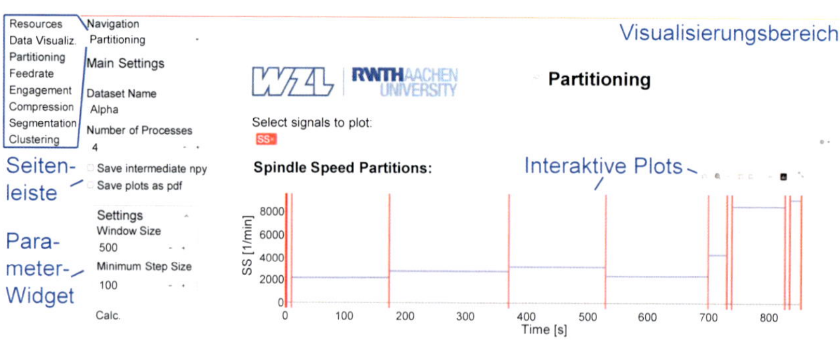

Bild 8.2: Benutzeroberfläche des Analysedashboards
User Interface of the Analytics Dashboard

Auf der anderen Seite werden eine Strukturierungspipeline und ein Suchanfragedashboard implementiert. Diese dienen zur online und offline Strukturierung mehrerer Datensätze. Hierfür ist eine Datenbankanbindung gemäß der Beschreibung in Kapitel 7 vorgesehen, sodass sowohl die Rohdaten automatisiert aus der Datenbank ausgelesen als auch die Ergebnisse in der Datenbank gespeichert werden.

Im Unterschied zur Analysepipeline kann die Strukturierungspipeline selbst, wie in Bild 7.2 illustriert, in mehrfachen Instanzen parallel ausgeführt werden. Zugleich kann sie sowohl für das Training als auch für den Test der lernenden Modelle eingesetzt werden und eignet sich daher im Gegensatz zur Analysepipeline für den Dauerbetrieb im Fertigungsumfeld. Ansonsten sind die beiden Pipelines, insbesondere bezüglich der beschriebenen Parallelisierung, identisch.

Das Suchanfragedashboard ist hinsichtlich seiner Architektur identisch zum Analysedashboard. Es können jedoch keine Algorithmen ausgeführt und keine Zwischenergebnisse visualisiert werden. Vielmehr dient es der Abfrage und Darstellung der Strukturierungsergebnisse über größere Zeiträume hinweg, weshalb ausschließlich die Seite *Query* existiert, Bild 8.3. Im Unterschied zum Analysedashboard können Strukturierungsergebnisse auch kombiniert werden. Die Widgets in der Seitenleiste des Dashboards werden auf Basis der in der Datenbank gespeicherten Datentypen der Strukturierungsergebnisse (vgl. Kapitel 7.2) dynamisch erzeugt. Werden bspw. Strings für Label persistiert, wird automatisch ein Texteingabe-Widget generiert. Somit muss die Implementierung des Dashboards auch bei der Anwendung weiterer Strukturierungsalgorithmen nicht angepasst werden. Auf Basis der Widgets werden die notwendigen SQL-Abfragen gebildet (vgl. Kapitel 7.2), sodass der Anwender hierüber die Suche nach maßgeschneiderten Daten spezifizieren kann. Im Visualisierungsbereich werden als Ergebnis der Suche die Rohdaten dargestellt, die die Spezifikation erfüllen, Bild 8.3. Die Visualisierung dient als Beispiel für die Übergabe der Suchergebnisse an nachgelagerte Modelle. Insgesamt eignet sich das Suchanfragedashboard als Anwender-Tool zur manuellen Durchsuchung des Data-Lakes, da es kein Expertenwissen voraussetzt und ausschließlich der Darstellung der Strukturierungsergebnisse dient.

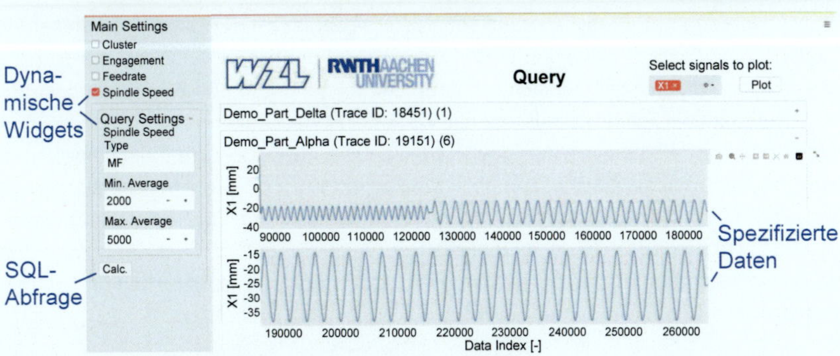

Bild 8.3: Benutzeroberfläche des Suchanfragedashboards

User Interface of the Query Dashboard

Der Quellcode wurde initial mit dem Ziel einer möglichst hohen Recheneffizienz ausgelegt. Alle Module und Funktionen sind vollständig innerhalb einer HTML-Dokumentation beschrieben, die im Stile einer Webseite durchsucht werden kann. Hierüber wird die Nachvollziehbarkeit für weitere Forschungsarbeiten und Optimierungen gewährleistet. Die durchgehend verwendete Sprache ist Englisch.

8.2 Validierungsdatensätze

Validation Data Sets

Zusätzlich zum bislang vorgestellten Demonstratorbauteil *Alpha* sind weitere Datensätze zur Validierung des Gesamtkonzepts notwendig. Dies gilt insbesondere für Clustering und Klassifizierung, da hier zwischen Trainings-, Validierungs- und Testdatenmenge unterschieden wird und somit mehr als ein Datensatz zur Verfügung stehen muss. Daher werden drei weitere prismatische Bauteile mit den Bezeichnungen *Beta*, *Gamma* und *Delta* zur Validierung herangezogen. Die Bauteile weisen analog zu *Alpha* typische Bauteilmerkmale aus der 3-Achs-Bearbeitung, wie z. B. Flanken, Taschen und Bohrungen, auf und werden aus dem gleichen Rohmaterial mit derselben Maschine wie *Alpha* gefertigt (vgl. Bild 4.1). Die Bauteile sind in Bild 8.4 dargestellt. Die Fertigungszeiten betragen ca. 13, 10 und 11 Minuten. Weitere Details wie z. B. die Teilprozesse und gewählten Technologieparameter sind in Anhang 11.1 zu finden.

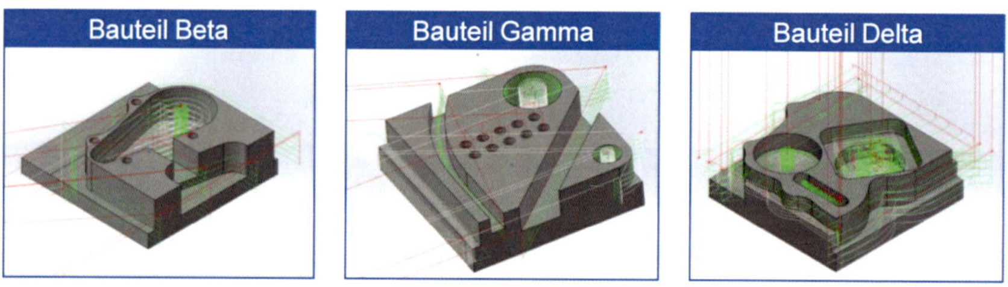

Bild 8.4: Zur Validierung genutzte Bauteile
Parts Used for Validation

Damit Clustering und Klassifizierung sinnvolle Ergebnisse liefern können, müssen die Bearbeitungsprozesse artverwandt und hinreichend ähnlich sein. Unterscheiden sich die vier Prozesse gänzlich hinsichtlich ihrer Bauteilmerkmale und Bearbeitungsstrategien, so enthält die Trainingsdatenmenge keinerlei Ähnlichkeiten zur Testdatenmenge. In der Folge sind keine zuverlässigen Prädiktionen zu erwarten. Im Falle einer laufenden Produktion mit abgeschlossenem Produktspektrum ist diese Ähnlichkeitsanforderung allein aufgrund der viel größeren Gesamtdatenmenge mit hoher Wahrscheinlichkeit erfüllt. Da wie in Kapitel 6 erwähnt mehrere Algorithmen nicht invariant gegenüber zeitlich skalierenden Mustern sind, wird auf die Verwendung entsprechender Bearbeitungsstrategien im Rahmen der Prozessplanung explizit verzichtet.

8.3 Experimentelle Validierung

Experimental Validation

In diesem Kapitel werden die individuellen Algorithmen, die zur Strukturierung benötigt werden, auf die vorgestellten Validierungsdatensätze angewandt und nach Möglichkeit anhand von Kennzahlen ausgewertet sowie auf Basis einer menschlichen Analyse diskutiert. Zentrale Kennzahlen sind:

$$\text{Precision} = \frac{\text{True Positives}}{\text{True Positives} + \text{False Positives}} \tag{8.1}$$

$$\text{Recall} = \frac{\text{True Positives}}{\text{True Positives} + \text{False Negatives}} \tag{8.2}$$

$$\text{F-Score} = 2 \cdot \frac{\text{Precision} \cdot \text{Recall}}{\text{Precision} + \text{Recall}} \tag{8.3}$$

Alle Algorithmen werden auf einem Notebook mit einem Prozessor des Typs *Intel Core i7-8550U* bei 1,80 GHz und mit 16 GB Arbeitsspeicher ausgeführt. Programmseitig wird die Anzahl der parallelisierten Threads in der Pipeline auf vier begrenzt.

8.3.1 Partitionierung der Spindeldrehzahl

Partitioning of the Spindle Speed

Die Partitionierung wird mit den Standardparametern, also 500 Datenpunkten bzw. 1 Sekunde als Fensterbreite und 100 1/min als notwendige Drehzahldifferenz, ausgeführt. Im Vergleich der algorithmisch identifizierten Partitionen mit den tatsächlichen Partitionen der Fertigungsprozesse zeigt die Konfusionsmatrix, dass das vorgestellte Verfahren in annähernd allen Fällen sicher und gut funktioniert, Bild 8.5 B. Vertauschte Klassifikationen treten nicht auf, sodass Abweichungen ausschließlich auf durch den Algorithmus nicht erkannte Partitionen zurückzuführen sind. Diese betreffen die Datensätze *Alpha* und *Gamma* und werden nachfolgend eingeordnet. Die individuellen Ergebnisdarstellungen der Datensätze sind in Anhang 11.2 zu finden.

Kleinere Plateaus während einer Drehzahländerung oder unerwartete Peaks im Signal werden nicht als eigene Partitionen identifiziert, Bild 8.5 c. 68 der insgesamt 80 gefundenen Partitionsgrenzen, also 85 %, werden präzise, d. h. mit einer maximalen Abweichung von 4 ms von der durch den Menschen gesetzten Grenze, detektiert, Bild 8.5 b. Diese Präzision wird bei größeren Drehzahlunterschieden und damit zeitlich längeren Beschleunigungspartitionen nicht erreicht. Die Beschleunigungsrampe flacht in diesen Fällen ab. In der Konsequenz wird die Grenze an der abflachenden Seite einer Partition um einige hundertstel Sekunden zu früh bzw. zu spät gesetzt, Bild 8.5 d. Eine Korrektur dieses Verhaltens ist möglich, indem die Fensterbreite erhöht wird. Allerdings besteht dann auch die Gefahr, dass das Fenster mehr als nur eine vollständige Partition überdeckt und folglich die dazwischenliegenden Partitionsgrenzen nicht mehr gefunden werden.

Ein solcher Fall ist zu Beginn des Datensatzes *Alpha* zu beobachten. Hier wird die erste Beschleunigungspartition gemeinsam mit der nachfolgenden Bearbeitungspartition als eine Bearbeitungspartition klassifiziert, Bild 8.5 a. Bei einer kleineren Fensterbreite von z. B. 100 Datenpunkten wird die fehlende Grenze zuverlässig detektiert. Allerdings führt eine Reduktion der Fensterbreite auch dazu, dass die Partitionsgrenzen bei großen Drehzahlunterschieden noch früher identifiziert werden.

Im Datensatz *Gamma* wird eine Beschleunigungspartition nicht erkannt, weshalb zwei Bearbeitungspartitionen nicht getrennt werden, Bild 8.5 C. Dies ist darauf zurückzuführen, dass der Drehzahlunterschied zwischen den beiden Partitionen bei 98 1/min liegt und damit die notwendige Drehzahldifferenz von 100 1/min unterschreitet. Wird letztere auf z. B. 96 1/min reduziert, so werden die Partitionen korrekt erkannt und klassifiziert. Eine Variation des Parameters für die notwendige Drehzahldifferenz zeigt, dass sich das Partitionierungsergebnis auf allen Datensätzen auch bei sehr kleinen Werten von bspw. 5 1/min nicht verändert. Insofern kann dieser Parameter frei danach gewählt werden, welche Drehzahlunterschiede zu eigenständigen Partitionen führen sollen.

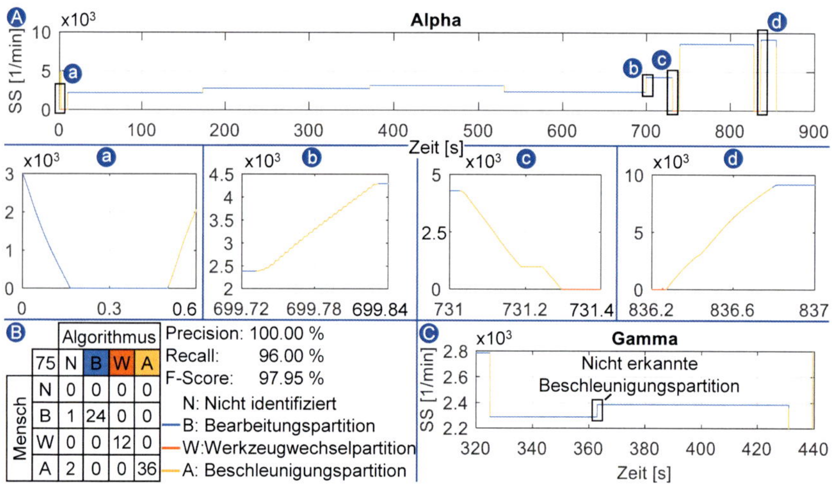

Bild 8.5: Auswertung der Partitionierung aller Datensätze mithilfe einer Konfusionsmatrix (B) sowie ausgewählten Beispielen der Datensätze *Alpha* (A) und *Gamma* (C)

Evaluation of the Partitioning of All Data Sets Using a Confusion Matrix (B) as well as Selected Examples of the Data Sets Alpha (A) and Gamma (C)

Insgesamt ist der Algorithmus zur Partitionierung ein sehr zuverlässiges und präzises Verfahren, das als Grundlage für die weiteren Algorithmen dient und eine sichere Parallelisierung ermöglicht. Gleichzeitig benötigt die Verarbeitung der Validierungsdatensätze im Durchschnitt lediglich 31,7 ms, sodass die Ergebnisse in kürzester Zeit vorliegen. Die Spindeldrehzahldaten werden dabei auf durchschnittlich 0,015 % komprimiert.

8.3.2 Strukturierung der Vorschubgeschwindigkeit

Structuring of the Feed Rate

Die Strukturierung der Vorschubgeschwindigkeit wird mit den in Kapitel 5.2 genannten Standardparametern ausgeführt. Zur Visualisierung der Ergebnisse dient der Datensatz *Gamma*. Die individuellen Ergebnisdarstellungen der Datensätze sind in Anhang 11.3 zu finden.

Bei Betrachtung der Ergebnisse mit Fokus auf den gesamten Datensatz zeigt sich über alle Validierungsdatensätze hinweg, dass die Klassifizierung *Eilgang global* in Abhängigkeit des jeweiligen Vorschubgeschwindigkeitsprofils plausibel erfolgt, Bild 8.6 oben. Die teilweise unscharfe Grenze zum *Inkonstantvorschub* entsteht durch Klassifikationsabweichungen von einem Datenpunkt und wird im Plot durch die großen Steigungen des Profils überzeichnet. Die wenigen Stillstände während des Fertigungsprozesses werden zuverlässig erkannt. Kurzzeitige, annähernd zum Stillstand führende Vorschubabfälle aufgrund von Richtungsänderungen werden dabei in keinem beobachteten Fall als *Stillstand*, sondern als *Inkonstantvorschub* klassifiziert. Die Identifikation von Teilprozessabschnitten mit konstantem Vorschub funktioniert trotz teilweise stärkeren Rauschens, vereinzelten Peaks oder häufigen Unterbrechungen präzise und zuverlässig. Fehlerhafte Klassifizierungen als *Inkonstantvorschub* sind immer dann erkennbar, wenn die Konstantbereiche sehr kurz ausfallen und die abschließend gesetzte Filterbreite unterschritten wird, Bild 8.6 a. Umgekehrt gilt das nicht: Auch sehr kurze inkonstante Segmente werden nicht als *Konstantvorschub* identifiziert. Dies ist darauf zurückzuführen, dass mithilfe des Histogramms nach Konstantbereichen gesucht wird und alle übrigen Datenpunkte, also insbesondere auch singuläre bzw. sehr kurze Abweichungen, der Klasse *Inkonstantvorschub* zugeordnet werden. Weiterhin werden in wenigen Fällen die Teilprozessabschnitte *Stillstand* als *Inkonstantvorschub* identifiziert, Bild 8.6 b. Dies ist auf Rauschen und einzelne Ausreißer während eines Stillstands zurückzuführen, durch die der lokale Durchschnitt der Vorschubgeschwindigkeit oberhalb des gesetzten Stillstandsgrenzwerts von 0,002 m/s liegt. Ein robusteres Vorgehen kann an dieser Stelle bspw. durch eine stärkere Filterung oder die Ermittlung des Medians erzielt werden.

In der Analyse mit Fokus auf jeweils eine Partition werden die Segmente *Eilgang global*, *Konstantvorschub* und *Stillstand* analog erkannt, Bild 8.6 unten. Der *Eilgang lokal* wird zuverlässig oberhalb des größten konstanten Vorschubs und unterhalb des globalen Eilgangs detektiert. Für den Geringvorschub gilt dies analog oberhalb des Stillstands und unterhalb des niedrigsten konstanten Vorschubs. Durch die größere Anzahl an Klassifikationen beim Fokus auf eine Partition und die damit verbundene feinere Untergliederung der Vorschubgeschwindigkeit werden durch die Klassifizierung *Inkonstantvorschub* nun ausschließlich Übergangsbereiche zwischen anderen Teilprozessabschnitten beschrieben. Wiederkehrende fehlerhafte Klassifizierungen sind in kürzeren Partitionen erkennbar, die überwiegend Stillstands- und Eilgangsbereiche und gleichzeitig nur kurze Konstantbereiche aufweisen, Bild 8.6 c. In den betrachteten

Datensätzen handelt es sich hierbei um Bohrungsbewegungen. In diesen Fällen werden die Stillstandsbereiche gleichzeitig als Segmente mit dem maximalen konstanten Vorschub erkannt. Daher wird die Klassifizierung *Eilgang lokal* den Datenpunkten unmittelbar oberhalb des Stillstands bis hin zum *Eilgang global* zugewiesen, obwohl erkennbare Segmente der Klassifizierungen *Konstantvorschub*, *Inkonstantvorschub* und *Geringvorschub* existieren.

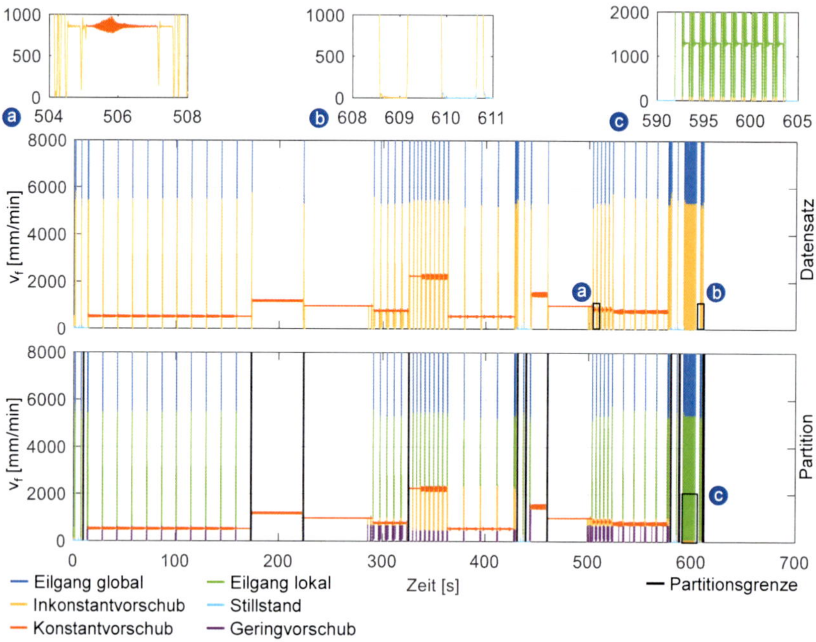

Bild 8.6: Auswertung der Vorschubgeschwindigkeitsstrukturierung am Beispiel des Datensatzes *Gamma*

Evaluation of the Feed Rate Structuring Using the Example of Data Set Gamma

Insgesamt liefert das vorgestellte Vorgehen zur Strukturierung der Vorschubgeschwindigkeit über alle Datensätze hinweg robuste und trennscharfe Ergebnisse. Dies trifft im Besonderen auf längere Partitionen zu. Der Algorithmus verarbeitet durchschnittlich ca. 74 000 Datenpunkte pro Sekunde und benötigt somit durchschnittlich 4,93 Sekunden pro Datensatz. Die Verarbeitungsgeschwindigkeit liegt damit bei nur einem Bruchteil der Fertigungsprozessdauer von durchschnittlich 731,71 Sekunden. Abweichungen von der durch einen Menschen vorgenommenen Strukturierung ergeben sich nur dann, wenn die grundsätzlich getroffenen Annahmen hinsichtlich des Vorschubgeschwindigkeitsprofils verletzt werden. Dies ist bspw. der Fall, wenn nur sehr kurze Bereiche konstanten Vorschubs existieren. Die zur Klassifizierung genutzten Kriterien können perspektivisch je nach Anwendungsfall ausgetauscht oder verfeinert werden.

8.3.3 Werkzeugeingriffsdetektion

Tool Engagement Detection

Die Werkzeugeingriffsdetektion wird wie in Kapitel 5.3 erläutert ausgeführt. Dabei werden w_{SC} auf 0,7, θ auf 0,9 und der Grenzwert zur Binärumwandlung auf 0,4 gesetzt. Zur Visualisierung der Ergebnisse dient der Datensatz *Alpha*. Die individuellen Ergebnisdarstellungen der Datensätze sind in Anhang 11.4 zu finden.

In Bild 8.7 sind die für das jeweilige Kriterium herangezogenen Daten gemäß der individuell berechneten Eingriffswahrscheinlichkeiten eingefärbt. Die Gesamteingriffswahrscheinlichkeit ist auf dem *SC*-Signal visualisiert. Die sichtbaren Lücken sind auf die Entfernung der ausgeschlossenen Partitionen zurückzuführen. Die Ergebnisse zeigen, dass der Algorithmus Werkzeugeingriffe rein datenbasiert identifizieren kann. Bei erhöhtem Spindelstrom werden Eingriffswahrscheinlichkeiten von 50 bis 100 % ausgegeben. Die Ergebnisse des Ruckkriteriums decken sich hiermit über den gesamten Datensatz hinweg.

Eine rein auf dem Spindelstrom- (w_{SC} = 1) oder rein auf dem Ruckkriterium (w_{SC} = 0) basierende Eingriffserkennung liefert wenig überzeugende Ergebnisse. Die Verwendung beider Eingriffskriterien lässt sich darüber hinaus durch zwei Beobachtungen rechtfertigen: Erstens weist das Spindelstromkriterium eindeutigen Eingriffen immer dann nur geringe Wahrscheinlichkeiten zu, wenn die gesamte Partition ausschließlich aus einem einzigen Eingriff besteht oder wenn eine Partition mehrere Eingriffe unterschiedlicher Eingriffsbedingungen umfasst, die zu unterschiedlichen Spindelstromniveaus führen, z. B. beim Schlichten der Kreistasche zwischen Sekunde 400 und 500, Bild 8.7. In beiden Fällen sind die sortierten Spindelstromwerte so homogen verteilt, dass kein Elbow existiert. Da das Ruckkriterium hiervon nicht betroffen ist und hohe Eingriffswahrscheinlichkeiten ausweist, werden zumeist akzeptable Gesamteingriffswahrscheinlichkeiten erreicht. Zweitens werden die Bohrungen am Ende des Prozesses (Sekunde 840 bis 850) durch das Ruckkriterium kaum als Eingriff erkannt, da die Bohrungen in Richtung der Spindelachse ausgerichtet sind und somit kaum zu einem Ruck in den Positionsachsen führen. Die Gesamteingriffswahrscheinlichkeit erreicht dennoch akzeptable Werte von über 50 %, da das Spindelstromkriterium den Eingriff klar anzeigt.

Schlechte Ergebnisse sind immer dann zu erwarten, wenn die ihm zugrundeliegenden Annahmen verletzt sind. Dies kann bspw. der Fall sein, wenn eine Partition gar keinen Eingriff aufweist, da hier auch sehr geringen Spindelstromwerten hohe Wahrscheinlichkeiten zugewiesen werden. Ein anderer Fall lässt sich zwischen Sekunde 750 und 800 beobachten, Bild 8.7. Hier entspricht das zu Beginn der Partition bestimmte Basisniveau des Spindelstroms (gelb gefärbt) nicht dem wahren Nullniveau (grün gefärbt oberhalb des Basisniveaus), weshalb dem Nullniveau hohe Eingriffswahrscheinlichkeiten zugeordnet werden.

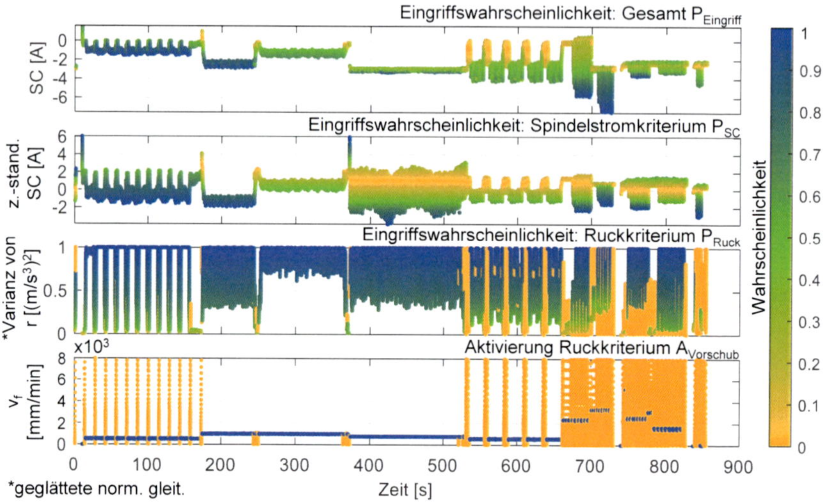

Bild 8.7: Berechnete Werkzeugeingriffswahrscheinlichkeiten am Datensatz *Alpha*
Calculated Tool Engagement Probabilities on Data Set Alpha

Um die Ergebnisse quantifizieren zu können, werden die Eingriffswahrscheinlichkeiten binär umgewandelt und punktweise mit den Eingriffsdaten einer Materialabtragssimulation verglichen, Bild 8.8. Diese berechnet den Materialabtrag virtuell auf Basis eines geometrischen Schnitts der dreidimensional abgebildeten Werkzeuge und des Werkstücks. Dabei liegen dieselben aufgezeichneten Prozessdaten zugrunde, während neben geometrischen Fehlern der Maschine auch prozesskraftinduzierte Verlagerungen des TCP modellbasiert berücksichtigt werden [KOEN18].

Für die überwiegende Zahl der Eingriffe (Bild 8.8 grün) und Nicht-Eingriffe (Bild 8.8 blau) stimmen die Ergebnisse miteinander überein. Auch die auf dem TCP dargestellten Eingriffsbereiche sind in weiten Teilen plausibel. Abweichungen entstehen zumeist zu Beginn und am Ende von tatsächlichen Eingriffsphasen. So werden bspw. die kurzen Transferbewegungen beim Planfräsen zu Beginn des Prozesses (Sekunde 15 bis 175) durch den Algorithmus fälschlicherweise als Eingriff erkannt (Bild 8.8 lila). Dies ist auch auf dem TCP erkennbar. Der umgekehrte Fall tritt z. B. im Bereich der Rechtecktasche (Sekunde 530 bis 650) auf, in dem der Algorithmus Eingriffe zu spät identifiziert (Bild 8.8 gelb). Bei der gewählten Bearbeitungsstrategie baut sich der Eingriff zunächst langsam auf, bis die Rechtecktasche unter konstanten Eingriffsbedingungen gefertigt wird. Hierfür ist der Algorithmus nicht konzipiert, da er eher von sprunghaften Eingriffsveränderungen ausgeht. Dennoch erreicht der Algorithmus für den Datensatz *Alpha* mit Werten von über 90 % für Precision und Recall insgesamt eine hohe Genauigkeit bei der Eingriffsdetektion.

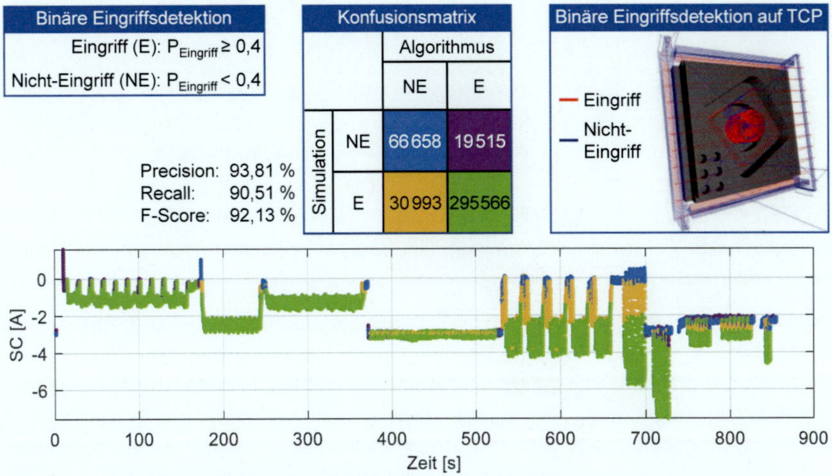

Bild 8.8: Vergleich der datenbasierten Werkzeugeingriffsdetektion mit einer Materialabtragssimulation am Datensatz *Alpha*

Comparison of the Data-based Tool Engagement Detection with a Material Removal Simulation on Data Set Alpha

Über alle Datensätze hinweg bestätigt sich die hohe Zuverlässigkeit des Algorithmus, Tabelle 8.1. Der Recall fällt dabei mit 79 % hinter der Precision mit 94 % zurück. Dies lässt darauf schließen, dass der Algorithmus eher konservativ ausgelegt ist, also tendenziell zu wenige Datenpunkte als Eingriff identifiziert. Mithilfe einer spezifischen Anpassung der Parameter je Datensatz können die Ergebnisse demnach weiter optimiert werden. Insgesamt ermöglicht der Algorithmus eine zuverlässige und präzise datenbasierte Eingriffsdetektion. Aufgrund seiner kurzen Rechenlaufzeit von ca. 0,06 Sekunden je Datensatz ermöglicht er nicht nur die prozessparallele Verarbeitung eines Fertigungsprozesses, sondern auch die nachgelagerte Analyse größerer Datenmengen.

Tabelle 8.1: Konfusionsmatrix der Werkzeugeingriffsdetektion für alle Datensätze

Confusion Matrix of the Tool Engagement Detection for all Data Sets.

		Algorithmus	
		Nicht-Eingriff	Eingriff
Simulation	Nicht-Eingriff	312 539	51 365
	Eingriff	215 785	824 870

Precision: 94,14 %

Recall: 79,26 %

F-Score: 86,06 %

8.3.4 Segmentierung

Segmentation

Vor Beginn der Segmentierung werden die Datensätze gemäß Kapitel 6.2 mit einer Kompressionsrate von 6,25 % komprimiert. Anschließend erfolgt die Segmentierung nach Kapitel 6.3 auf Basis der standardmäßig vorgegebenen Fensterbreiten sowie je Datensatz individuell gewählter Prominenzen. Die Beschleunigungs- und Werkzeugwechselpartitionen sind folglich bereits aus dem Datensatz entfernt. Exemplarisch sind die Datensätze *Beta* und *Delta* gezeigt. Die Segmentierungsergebnisse aller Datensätze sind in Anhang 11.5 zu finden.

Über alle Datensätze hinweg zeigen die Ergebnisse, dass der vorgestellte Algorithmus in der Lage ist, die Daten anhand der enthaltenen mehrdimensionalen Muster nachvollziehbar und zuverlässig zu segmentieren. Die Segmentgrenzen sind dabei überwiegend präzise getroffen, wenngleich einige Grenzen aufgrund der stochastischen Natur des Vorgehens auch versetzt zur zugrundeliegenden Musteränderung identifiziert werden. Dass Segmentgrenzen gar nicht identifiziert werden, tritt selten auf. Zumeist geschieht dies in der Nähe der Partitionsgrenzen, da die *KSK* und *ZKSK* hier zunächst geringe Werte aufweisen und daher numerisch instabil sind. Singularitäten in den Signalen, wie z. B. einzelne Peaks, werden durch den Algorithmus ignoriert, da sie kein zusammenhängendes Muster beschreiben und folglich kein Segment darstellen können.

Am Beispiel des Datensatzes *Beta* wird ersichtlich, dass die Musteränderungen mit klar erkennbaren Minima der *GSK* einhergehen, Bild 8.9. Die Segmentgrenze am Index 5 372 unterstreicht dabei die variable Auswahl der zur Segmentierung genutzten Dimensionalität: An dieser Stelle ändern sich die in den einzelnen Signalen enthaltenen Muster zu verschiedenen Zeitpunkten. Das prominenteste Minimum der *GSK* wird jedoch erst beim Einsetzen der spätesten Musteränderung identifiziert. Auch kurze Segmente, wie z. B. im Bereich der Bohrungen zwischen den Indizes 23 370 und 23 550, werden zuverlässig erkannt. Darüber hinaus ist die *GSK* in Partitionen, in denen nur ein einziges Muster enthalten ist, weniger ausdrucksstark. Das entstehende Minimum in der ersten Partition des Datensatzes *Beta* lässt sich auf kleinste Änderungen der Muster zurückführen, die eine gleichmäßige Verteilung der Kanten innerhalb der Partition verhindern. Das Minimum wird jedoch aufgrund seiner geringen Prominenz nicht als Segmentgrenze identifiziert. Solche Änderungen fallen aufgrund der Abhängigkeit vom betrachteten Datenkontext weniger ins Gewicht, wenn die Partition mehrere eindeutige Musterveränderungen aufweist. Der Segmentierungsalgorithmus ist in diesen Fällen robuster. Dennoch ist die Abhängigkeit vom Datenkontext für die Segmentierung essenziell, da vorab nicht bekannt ist, wie stark sich die in einer Partition enthaltenen Muster voneinander unterscheiden. Für die Segmentierung einer Partition mit ausschließlich ähnlichen Mustern ist es somit notwendig, dass der Algorithmus auch kleinste Musterveränderungen erkennen kann.

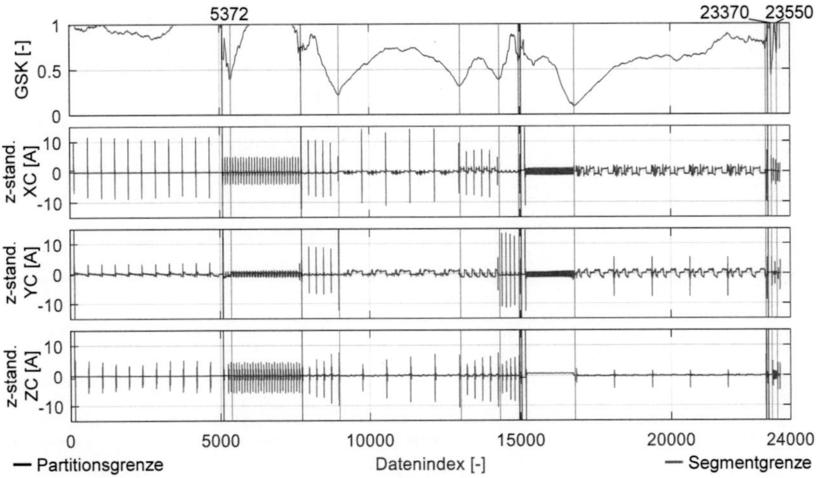

Bild 8.9: Segmentierungsergebnisse des Datensatzes *Beta*; Prominenz 2
Segmentation Results of Data Set Beta; Prominence 2

Der Datensatz *Delta* weist zu Beginn eine lange Partition mit vielen Segmentgrenzen auf. Auch hieran lässt sich die Relativität des Ansatzes in Bezug auf den Datenkontext innerhalb einer Partition erkennen: Die *GSK* Ist deutlich flacher als im restlichen Datensatz und weist mehrere für die Segmentierung relevante Minima auf, Bild 8.10. Diese können mithilfe der einstellbaren Prominenz als Segmentgrenzen identifiziert werden. Dennoch kann auch über die Prominenz nicht gleichzeitig verhindert werden, dass eine Grenze am Index 2 859 fälschlicherweise identifiziert wird, während am Index 5 500 eine Grenze fehlt. An den Indizes 10 312 und 10 946 sind weniger prominente Minima der *GSK* erkennbar, die durch Unterbrechungen der Muster in allen Signalen hervorgerufen werden. Durch den Algorithmus wird an dieser Stelle festgelegt, dass hierdurch keine Segmentgrenzen entstehen sollen. Im vorliegenden Fall ist dies plausibel. Dennoch muss aus anwendungstechnischer Sicht entschieden werden, ob diese Granularität der entstehenden Segmente zielführend ist. Weiterhin werden an den Indizes 16 883 und 18 565 deutliche Minima und somit Segmentgrenzen detektiert, die sich nur auf mikroskopische Veränderungen der ansonsten homogenen Muster zurückführen lassen. Diese können insbesondere in horizontalen Signalabschnitten auftreten, da hier die fensterbezogene z-Standardisierung zu einer starken Überhöhung des Grundrauschens führt und die Identifikation der ähnlichsten Subsequenz somit vom Zufall abhängt.

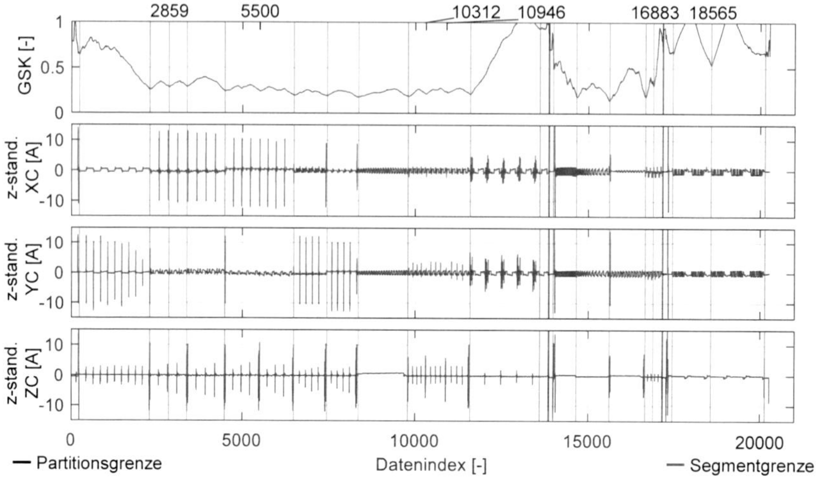

Bild 8.10: Segmentierungsergebnisse des Datensatzes *Delta*; Prominenz 1,75
Segmentation Results of Data Set Delta; Prominence 1.75

Zusammenfassend ermöglicht der Segmentierungsalgorithmus eine zuverlässige und präzise lokale Differenzierung homogener Prozessabschnitte auf Basis mehrdimensionaler Muster. Die Granularität der Ergebnisse lässt sich durch die gewählte Prominenz einstellen, wird aber hauptsächlich durch den Datenkontext innerhalb einer Partition beeinflusst. Vereinzelt werden zu feingranulare Segmentgrenzen bspw. auf Basis makroskopischer Musterveränderungen detektiert. Dies ist jedoch als Vorteil zu betrachten, da die Segmente in nachgelagerten Schritten, wie z. B. dem Clustering, zusammengefasst werden können. Zu grobe Segmente können hingegen nur durch eine erneute Segmentierung aufgeteilt werden. Ein Nachteil des vorgestellten Algorithmus ist seine trotz Datenkompression und Partitionierung auftretende lange Laufzeit, die durch die Vielzahl an notwendigen reziproken Ähnlichkeitsanalysen über mehrere Fenstergrößen hinweg bedingt wird. Die Laufzeit beträgt für den Datensatz *Alpha* 385 Sekunden, für *Beta* 488 Sekunden, für *Gamma* 261 Sekunden und für *Delta* 615 Sekunden. Die Laufzeit skaliert dabei nicht linear mit der Datensatzgröße, sondern wird durch die jeweils größte Partition eines Datensatzes dominiert, da die notwendigen reziproken Vergleiche quadratisch zur Anzahl der hierin enthaltenen Datenpunkte zunehmen. Auch wenn die notwendige Voraussetzung, dass der Algorithmus schneller als der Fertigungsprozess fertiggestellt wird, für die Validierungsdatensätze erfüllt ist, bedarf es hier zukünftig weiterer Effizienzoptimierungen.

8.3.5 Identifikation von Snippets

Identification of Snippets

Die Evaluierung der Snippetidentifikation ist nur unter Berücksichtigung der Segmentierungsergebnisse möglich. Dies ist auf die Annahme zurückzuführen, dass ein Segment genau ein sich wiederholendes Muster abdeckt. Bei fehlerhaften oder sogar fehlenden Segmentgrenzen ist diese Annahme verletzt, wodurch folglich unpräzise Snippets berechnet werden. Um die Identifikation der Snippets unabhängig von den Segmentierungsergebnissen bewerten zu können, werden die Segmentgrenzen der Validierungsdatensätze im Folgenden durch einen Experten manuell gewählt.

Für die Evaluierung der Snippets sind grundsätzlich zwei Eigenschaften von Interesse: die Lage und die Länge eines Snippets. Die Lage eines Snippets ist bereits durch IMANI ET AL. untersucht [IMAN18]. Gleichzeitig ist unter den hier getroffenen Annahmen vielmehr die Länge eines Snippets als Basis für die Merkmalsextraktion relevant. Zur Evaluierung werden die algorithmisch bestimmten Snippets daher mit den durch einen Experten manuell gewählten Snippets hinsichtlich ihrer Länge verglichen. Exemplarisch soll hierfür der Datensatz *Beta* dienen. Die Detailergebnisse sowie die manuell gewählten Segmentgrenzen und Snippets aller Validierungsdatensätze sind in Anhang 11.6 zu finden.

Die Ergebnisse zeigen, dass die Snippets hinsichtlich ihrer Länge durch den Algorithmus überwiegend präzise bestimmt werden, Bild 8.11. Über alle Signale hinweg deckt das Snippet hierbei eine Wiederholung des zugrundeliegenden Musters ab. Dies funktioniert insbesondere dann zuverlässig, wenn das Muster sehr regelmäßig und häufig innerhalb eines Segments vertreten ist, da hier der gewählte NUFFT-Ansatz robust funktioniert. Allerdings sind auch einige Snippets vorhanden, die erkennbar zu lang bzw. zu kurz ausfallen, z. B. in allen Signalen um den Datenindex 20 000 herum, Bild 8.11. Dennoch sind die Snippets auch in diesen Fällen nicht zufällig bestimmt. Das zugrundeliegende Muster besteht hier aus mehrfach im Segment vorhandenen Submustern. Im Frequenzspektrum entstehen so mehrere Peaks, die bei der Bestimmung der Snippetlänge unberücksichtigt bleiben. Hierfür spielt einzig der größte Peak eine Rolle, der letztlich die gewählte Snippetlänge definiert. Über ein robusteres Auswahlkriterium kann hier eine zuverlässigere Detektion einer einzigen Wiederholung des gesamten Musters sichergestellt werden.

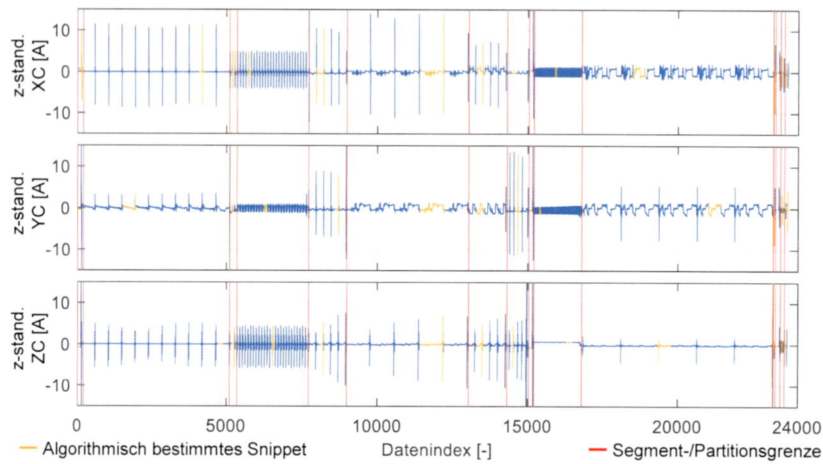

Bild 8.11: Algorithmisch generierte Snippets des Datensatzes *Beta*
Algorithmically Generated Snippets on Data Set Beta

Der Vergleich aller algorithmisch bestimmten Snippets mit den durch einen Experten manuell bestimmten Snippets unterstreicht diese Ergebnisse über alle Datensätze hinweg, Bild 8.12. Demnach sind 144 von 213 Snippetlängen (68 %) präzise bestimmt. Hierbei gilt eine Snippetlänge als präzise, wenn ihre Abweichung unter 5 % liegt. Die schlechtesten Ergebnisse liefert der Datensatz *Delta*, der eine Vielzahl zu kurzer Snippets aufweist.

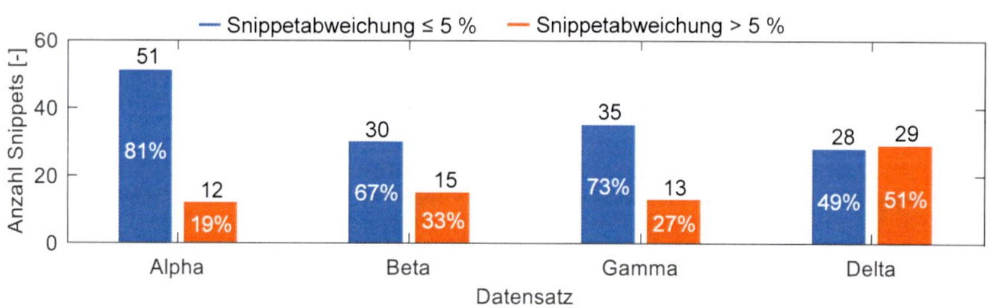

Bild 8.12: Anzahl der signifikanten Abweichungen zwischen algorithmisch und manuell generierten Snippets je Datensatz
Number of Significant Deviations between Algorithmically and Manually Generated Snippets per Data Set

Werden darüber hinaus die signalspezifischen Längenabweichungen derjenigen Snippets betrachtet, die nicht exakt der manuell gewählten Länge entsprechen, so wird ersichtlich, dass der Algorithmus nur wenige Snippetlängen zu groß bestimmt, Bild 8.13. Über alle Datensätze und Signale hinweg liegt die relative Längenabweichung oftmals bei ca. 50 %, was die Identifikation eines Submusters nahelegt. Nur wenige

Snippets zeigen eine Abweichung von mehr als 10 %. Gleichzeitig treten Längenabweichungen im Signal *ZC* am beständigsten auf. Dies ist darauf zurückzuführen, dass die Z-Achse der Maschine im 3-Achs-Bereich und somit auch bei den Validierungsdatensätzen weniger als die anderen Achsen bewegt wird. Die überwiegenden Anfahr-, Rückzugs- und Haltebewegungen resultieren in ausdrucksschwachen Mustern mit vielen Konstantbereichen im *ZC*-Signal. Hierin ist auch durch den Experten kaum ein Muster erkennbar, das sich vom Grundrauschen unterscheidet.

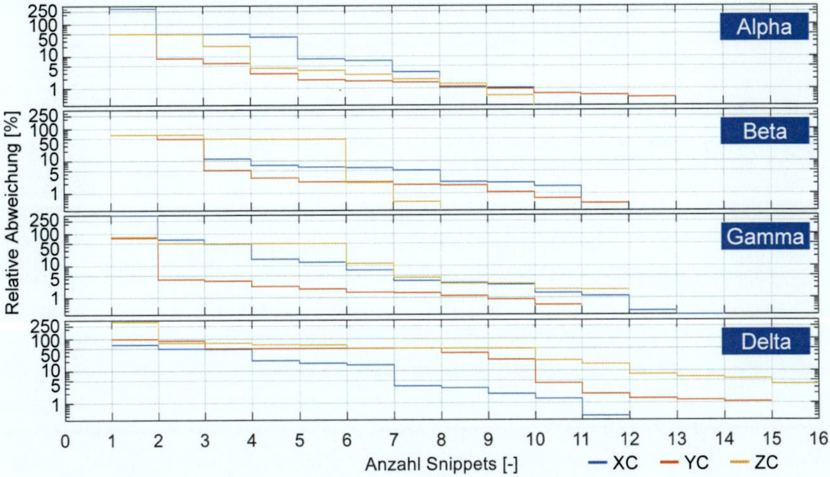

Bild 8.13: Relative Abweichung der abweichenden Snippets je Signal und Datensatz
Relative Deviation of the Deviating Snippets per Signal and Data Set

Insgesamt ist die Identifikation der Snippets ein überwiegend zuverlässiges und schnelles Verfahren. Die Bestimmung der Snippetlängen als Voraussetzung für die weiteren Algorithmen bedarf durchschnittlich 0,157 Sekunden je Datensatz. Durch die Beschreibung der Snippets mit Start- und Endzeitpunkt wird der Verlauf eines Signals eines gesamten Datensatzes auf durchschnittlich 0,01 % komprimiert.

Die präzise Bestimmung der Snippetlänge ist eine notwendige Voraussetzung dafür, dass die sich anschließende Merkmalsextraktion in einer für das Clustering hinreichenden Qualität erfolgen kann. In Bild 8.14 sind exemplarisch zwei verschiedene Merkmale eines Signals mit homogenem Muster für unterschiedliche Fensterbreiten dargestellt. Es wird ersichtlich, dass die angestrebte Konstanz der Merkmale nur dann erreicht wird, wenn die Fensterbreite einem ganzzahligen Vielfachen der wahren Snippetlänge entspricht. Anderenfalls zeigen die Merkmale ein oszillierendes Verhalten, da immer unterschiedliche Abschnitte des zugrundeliegenden Musters analysiert werden.

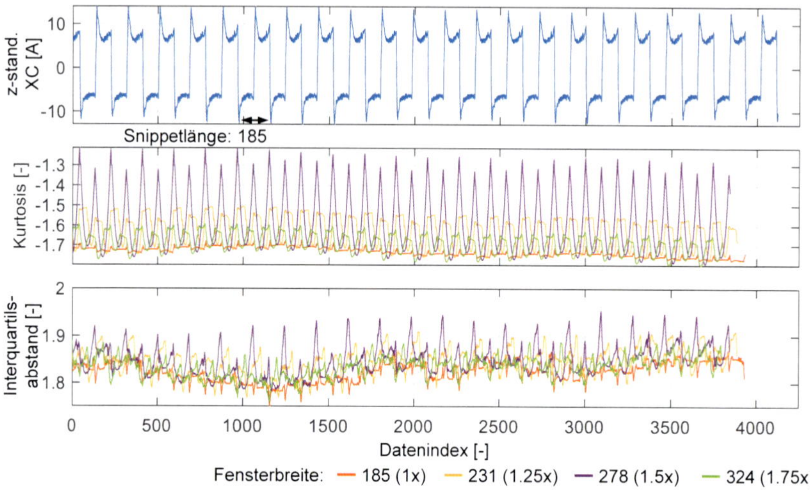

Bild 8.14: Effekt von Snippetabweichungen auf die extrahierten Merkmale
Effect of Snippet Deviations on the Extracted Features

Daher muss davon ausgegangen werden, dass die vorhandenen Abweichungen der algorithmisch bestimmten Snippets von den manuell bestimmten Snippets starke Auswirkungen auf die Clusteringergebnisse haben. Dies bestätigen auch bestehende wissenschaftliche Analysen [HU16]. Um die nachfolgenden Algorithmen losgelöst von den Ergebnissen der Snippetidentifikation bewerten zu können, wird fortan auf die manuell bestimmten Snippets der Validierungsdatensätze zurückgegriffen.

8.3.6 Clustering

Clustering

Für die Validierung des Clusterings werden unterschiedliche Modelle mithilfe der Datensätze *Alpha* und *Beta* ausgewertet und verglichen. Bei der Bewertung des Clusterings ist zu berücksichtigen, dass keine allgemeingültigen und vor allem keine „richtigen" Clusterlabel existieren, mit denen die generierten Cluster verglichen werden können, da diese immer von der anwendungsspezifisch gewünschten Granularität abhängen. Somit sind Evaluierungskennwerte wie z. B. der *Adjusted Rand Index* [HUBE85] nicht einsetzbar. Die Bewertung der erzielten Ergebnisse erfolgt daher anhand von drei Kriterien:

- **Expertenprüfung:** Manuelle Analyse der Cluster und Vergleich mit dem NC-Programm bzw. Fertigungsprozess zur Bewertung ihrer Korrektheit.
- **Einheitlichkeit:** Berechnung der relativen Häufigkeit, mit der ein identifiziertes Clusterlabel dem Mehrheitslabel des jeweiligen Segments entspricht. Ein höherer Wert bestätigt die Zuverlässigkeit und Robustheit, jedoch nicht unbedingt die Korrektheit des Clusterings.

- **DBCV-Index:** Der dichtebasierte Clusteringvalidierungsindex (engl.: Density-Based Clustering Validation; DBCV) ist ein relatives Maß für die Bewertung von Clustern hinsichtlich ihrer Dichte und ihrer Distanz zu anderen Clustern beliebiger Form. Der DBCV-Index nimmt Werte von -1 bis 1 an, wobei höhere Werte bessere, jedoch nicht unbedingt korrekte Ergebnisse anzeigen.

In allen Modellen werden je Segment 20 % aller Datenpunkte als Trainingsdaten verwendet, um Overfitting zu vermeiden. Die restlichen 80 % dienen der Validierung. Die Granularität des Clusterings wird über den Parameter *min_cluster_size* anwendungsspezifisch eingestellt, während *min_samples* standardmäßig auf den Wert 1 gesetzt wird, um Rauschen möglichst zu unterdrücken (vgl. Kapitel 6.4.3). Insgesamt werden die nachfolgend beschriebenen Clusteringmodelle unterschieden:

- **Spezialisiertes Clusteringmodell:** Feingranulare Abstufung der unterschiedlichen Cluster auf Basis der manuell gewählten Segmente und Snippets (*min_cluster_size* = 250).
- **Automatisches spezialisiertes Clusteringmodell:** Analoges Modell, jedoch auf Basis der automatisch generierten Segmente und Snippets.
- **Generalisiertes Clusteringmodell:** Verstärkte Generalisierung der unterschiedlichen Cluster auf Basis der manuell gewählten Segmente und Snippets (*min_cluster_size* = 650).
- **DBCV-Clusteringmodell:** Auswahl von *min_cluster_size* und *min_samples* anhand des größten DBCV-Index auf Basis der manuell gewählten Segmente und Snippets. Der größte DBCV-Index wird durch eine automatisierte Auswertung mehrerer Modelle unter Variation beider Parameter bestimmt.
- **Automatisches DBCV-Clusteringmodell:** Analoges Modell, jedoch auf Basis der automatisch generierten Segmente und Snippets.

Die Merkmalsextraktion für beide Datensätze dauert durchschnittlich 245 Sekunden. Da dies einem nicht unerheblichen Bruchteil der Prozesslaufzeit entspricht, bedarf es hier zukünftig weiterer Effizienzoptimierungen. Im Ergebnis werden im manuellen Fall 8 343 Merkmalsvektoren für das Training und 33 447 Merkmalsvektoren für die Validierung des Clusteringmodells mit jeweils 27 Merkmalen zur Verfügung gestellt. Im automatischen Fall werden 8 459 bzw. 33 913 Merkmalsvektoren mit je 29 Merkmalen übergeben.

Die Ergebnisse aller Modelle sind überblicksartig in Tabelle 8.2 dargestellt. Zur detaillierten Analyse werden die ermittelten Clusterlabel des spezialisierten (Bild 8.15, Bild 8.16) und des generalisierten Modells (Bild 8.17, Bild 8.18) auf den Zeitreihendaten eingefärbt. Zeitbereiche, für die keine Merkmale extrahiert werden oder die als Rauschen identifiziert werden, werden durch die Farbe schwarz und das Label -1 repräsentiert. Entsprechende Darstellungen aller Clusteringmodelle sind in Anhang 11.7 zu finden.

Das spezialisierte Clusteringmodell weist hohe Werte für DBCV-Index und Einheitlichkeit auf, was auf gut separierbare Cluster hoher individueller Dichte schließen lässt. Das Modell weist gleichartigen Bewegungen über beide Datensätze hinweg identische Label zu. So wird bspw. das *Planfräsen* beider Prozesse einem gemeinsamen Cluster zugeordnet. Gleiches gilt für die *Flanke rechts* und *links* (*Alpha*) mit der *Vollnut* (*Beta*) sowie der *Flanke unten* (*Alpha*) und dem *Säumen hinten* (*Beta*), die auf jeweils ähnlichen Bewegungsabfolgen basieren. Das *Säumen diagonal* sowie die *Bohrungen* werden als Rauschen identifiziert, da über beide Datensätze hinweg zu wenige Daten zur Verfügung stehen. Bei einem niedrigen Wert für *min_cluster_size* werden auch diese Muster als Cluster identifiziert. Allerdings führt das Herabsetzen des Parameters zu einer sehr feinen Granularität der Cluster, was die Interpretierbarkeit der Ergebnisse erschwert. Alle anderen Maschinenbewegungen werden als individuelle Cluster erkannt. Dies gilt insbesondere auch für die Kreistaschen, die sich lediglich in ihrem Durchmesser unterscheiden. Hieraus lässt sich ableiten, dass die Länge eines Musters und somit die Größe eines Bauteilmerkmals sowie der gewählte Vorschub im spezialisierten Modell trotz der Bestrebungen zur Erzielung einer in dieser Hinsicht hohen Vergleichbarkeit der Muster eine Rolle im Clusteringprozess spielen. Dass die *Flanken* in *Alpha* nicht alle demselben Cluster zugeordnet werden, ist auf die orthogonal zueinanderstehende Orientierung der Maschinenbewegungen zurückzuführen, gegen die der Ansatz, wie bereits in Kapitel 6.4.2 diskutiert, nicht invariant ist.

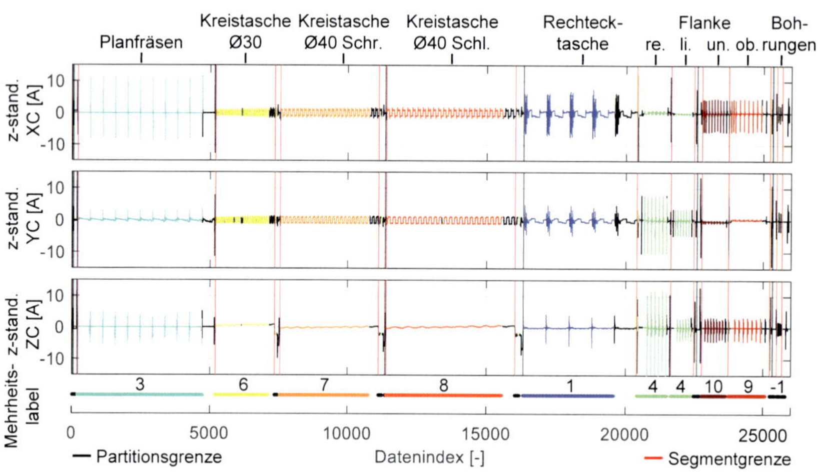

Bild 8.15: Ergebnisse des spezialisierten Clusteringmodells für Datensatz *Alpha*
Results of the Specialized Clustering Model for Data Set Alpha

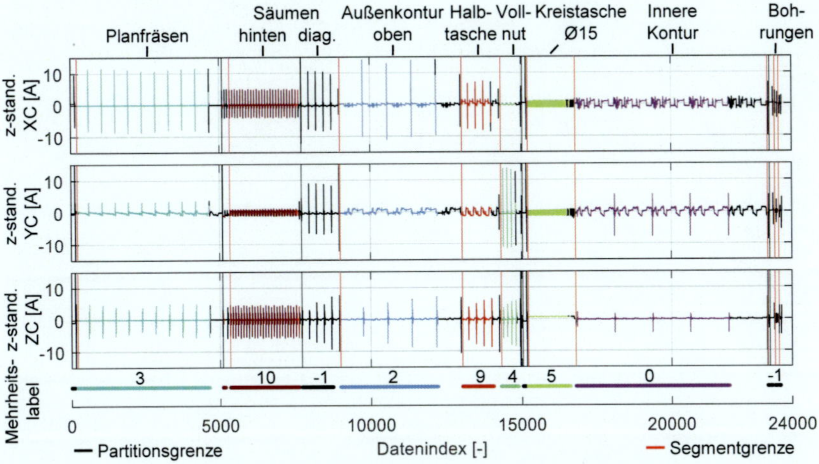

Bild 8.16: Ergebnisse des spezialisierten Clusteringmodells für Datensatz *Beta*
Results of the Specialized Clustering Model for Data Set Beta

Das generalisierte Clusteringmodell erzielt ähnliche Einheitlichkeitswerte. Die Granularität der Cluster ist deutlich gröber, sodass insgesamt weniger Cluster detektiert werden. Dies führt dazu, dass nicht nur alle Außenbearbeitungen (Label 4) unabhängig von ihrer Orientierung, sondern auch alle *Kreistaschen* unabhängig von ihrer Größe ein gemeinsames Label erhalten. Zugleich bleiben eindeutig unterschiedliche Maschinenbewegungen bzw. Muster, wie z. B. die *Rechtecketasche* oder das *Planfräsen*, als individuelle Cluster erhalten. Das *Säumen diagonal* wird durch die stärkere Generalisierung nun einem größeren Cluster zugewiesen und daher nicht mehr als Rauschen identifiziert. Im Gegenzug wird die *Außenkontur oben* in *Beta* aus nicht nachvollziehbaren Gründen dem Rauschen zugeordnet. Das generalisierte Clusteringmodell weist im Vergleich zum spezialisierten Modell einen signifikant niedrigeren DBCV-Index auf. Hieraus lässt sich ableiten, dass das generalisierte Modell individuelle und gut separierbare Cluster hoher Dichte zu größeren, übergreifenden Clustern aggregiert, deren Dichte folglich geringer ausfällt. So stellen bspw. die *Kreistaschen* im generalisierten Modell unabhängig von ihrer Größe ein gemeinsames Cluster dar, in dem die einzelnen *Kreistaschen* gemäß ihrer Größe als individuelle Subcluster ausgeprägt sind. Diese Subcluster sind im spezialisierten Modell erkennbar. Insofern kann über den Parameter *min_cluster_size*, durch den sich die beiden Modelle unterscheiden, je nach Anwendungsfall eingestellt werden, bis zu welcher Granularität eine Aggregation der Cluster stattfinden soll.

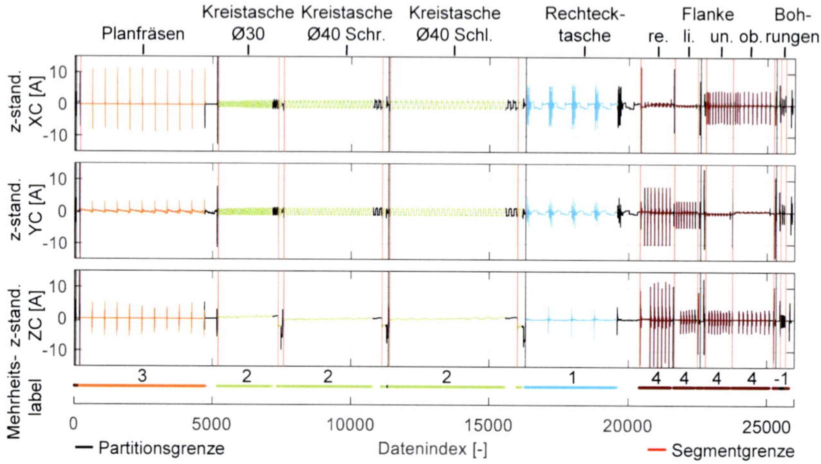

Bild 8.17: Ergebnisse des generalisierten Clusteringmodells für Datensatz *Alpha*
Results of the Generalized Clustering Model for Data Set Alpha

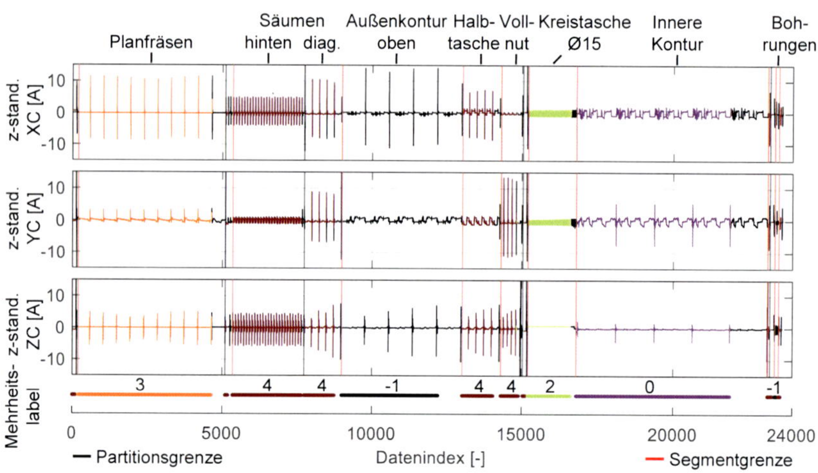

Bild 8.18: Ergebnisse des generalisierten Clusteringmodells für Datensatz *Beta*
Results of the Generalized Clustering Model for Data Set Beta

In Bild 8.19 ist der DBCV-Index für unterschiedliche Kombinationen der Parameter *min_cluster_size* und *min_samples* jeweils für die manuell oder automatisch bestimmten Segmente und Snippets dargestellt. Im manuellen Fall führen *min_cluster_size* = 350 und *min_samples* = 25 zum größten DBCV-Index von 0,58. Diese Werte werden für das DBCV-Clusteringmodell gewählt, das eine hohe Einheitlichkeit erreicht. Sowohl die gewählten Parameter als auch die in Anhang 11.7 dargestellten Ergebnisse zeigen, dass das DBCV-Modell eine Granularität zwischen dem spezialisierten und dem generalisierten Modell erzielt. So werden bspw. die *Kreistaschen* einem gemeinsamen Label zugewiesen, während die Außenbearbeitungen analog zum spezialisierten Modell als individuelles Cluster identifiziert werden.

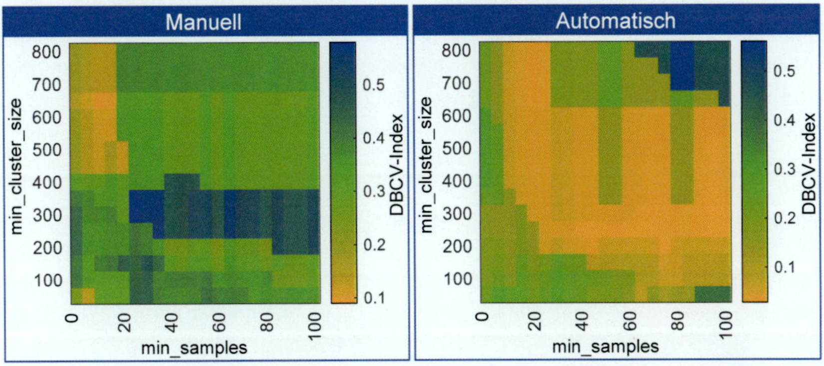

Bild 8.19: Heatmap des DBCV-Index für manuell und automatisch bestimmte Segmente und Snippets

Heatmap of the DBCV-Index for Manually and Automatically Determined Segments and Snippets

Die automatischen Modelle weisen erwartungsgemäß deutlich geringere Einheitlichkeitswerte auf. Dies ist in der teils unpräzisen Wahl der Snippets begründet, weshalb Teilbereiche eines Musters individuell geclustert werden. Insofern lässt sich hieran die Abhängigkeit der Ergebnisse von den vorgeschalteten Algorithmen erkennen. Trotz der verringerten Zuverlässigkeit werden auch mit den automatischen Modellen nachvollziehbare Clusteringergebnisse erzielt, wie der DBCV-Index und die Visualisierungen in Anhang 11.7 belegen. Dies unterstreicht die grundsätzliche Anwendbarkeit des Gesamtansatzes. Das automatische DBCV-Modell weist vergleichbare Ergebnisse mit dem generalisierten Clusteringmodell auf. Durch die angepasste Wahl der Clusteringparameter können demnach einige aus der Vorverarbeitung resultierende Ungenauigkeiten abgefangen werden. Allerdings werden wegen der hohen Werte für *min_cluster_size* = 700 und *min_samples* = 80 mehr Segmente als Rauschen identifiziert.

Tabelle 8.2: Vergleich der verschiedenen Clusteringmodelle

Comparison of the Different Clustering Models

Clusteringmodell	Einheitlichkeit	DBCV-Index
Spezialisiert	96,63 %	0,43
Automatisch spezialisiert	79,90 %	0,16
Generalisiert	**98,55 %**	0,16
DBCV	96,60 %	**0,58**
Automatisch DBCV	80,70 %	0,56

Insgesamt ist der vorgestellte Clusteringansatz in der Lage, die Ähnlichkeit unterschiedlicher Maschinenbewegungen anhand der ihnen zugrundeliegenden Muster zu bewerten. Hierbei sind gemäß des unüberwachten Verfahrens keine richtigen oder falschen Cluster erkennbar. Vielmehr kann die Granularität der Ergebnisse durch eine geeignete Parameterauswahl anwendungsspezifisch eingestellt werden. Über alle untersuchten Modelle hinweg sind die Clusteringergebnisse unter Berücksichtigung der gewählten Granularität anhand der realen Fertigungsprozesse nachvollziehbar. Die in Kapitel 6 diskutierten Invarianzen und Einflüsse auf das Clusteringergebnis bestätigen sich. Demnach wird das Clustering weder durch unterschiedliche Werkzeuge noch durch verschiedene Schnittbedingungen, wie z. B. die Drehzahl, die Schnitttiefe und -breite oder die Bearbeitungsart (Gleichlauf, Gegenlauf), beeinflusst. Vielmehr wirken sich die gewählte Vorschubgeschwindigkeit und die geometrischen Abmaße der Bearbeitung trotz aller vorbeugenden Maßnahmen auf die entstehenden Cluster aus. Durch die Verwendung eines generalisierenden Clusteringmodells kann diese Abhängigkeit ebenso wie die Abhängigkeit von der geometrischen Orientierung der Bearbeitungsstrategie in Teilen reduziert werden. Eine hinreichende Datenmenge je individueller Maschinenbewegung ist notwendige Voraussetzung für deren Identifikation als eigenständiges Cluster. Die für Training und Validierung benötigte Zeit beträgt durchschnittlich 2 Sekunden und ist daher im Vergleich zu der für die Merkmalsextraktion benötigten Zeit vernachlässigbar. Durch das Clustering wird eine sehr gute Datenkompression erreicht, da die beiden Datensätze je nach Modell durch fünf bis elf Cluster beschrieben werden können.

8.3.7 Klassifizierung

Classification

Im Rahmen der Klassifizierung werden die Ergebnisse der drei in Kapitel 6.5.3 vorgestellten Prädiktoren ausgewertet und verglichen. Hierbei dienen die Datensätze *Alpha* und *Beta* zum Training und die Datensätze *Gamma* und *Delta* zum Test. *Gamma* weist eine grundsätzlich höhere Ähnlichkeit hinsichtlich der Bauteilmerkmale und Bearbeitungsstrategien zu *Alpha* und *Beta* auf als *Delta*. Für das Training werden erneut 20 % der Datenpunkte herangezogen, während im Rahmen des Tests für jeden Datenpunkt ein Label prädiziert wird. Die als Rauschen identifizierten Clusterlabel werden weder trainiert noch vorhergesagt, was insbesondere sehr kurze Segmente betrifft. Weiterhin wird nach den in Kapitel 8.3.6 vorgestellten nicht automatisierten Clusteringmodellen differenziert.

Die Bewertung der Klassifizierung erfolgt neben der Expertenprüfung anhand von Einheitlichkeit, Precision, Recall und F-Score. Hierzu werden aus den prädizierten Labeln gemäß Bild 6.15 zunächst die Mehrheitslabel je Segment bestimmt und diese mit den wahren Labeln der Segmente verglichen. Letztere werden manuell auf Grundlage der individuellen Clusteringmodelle sowie der jeweils ähnlichsten Bauteilmerkmale und Bearbeitungsstrategien aus den Trainingsdatensätzen zugewiesen. Kein eindeutiges Pendant zu den Trainingsdatensätzen besitzen die *Vollnut diagonal*, der *Außenradius oben* und *unten* in *Gamma* sowie das *Langloch* und die *Gravur* in *Delta*. In diesen

Fällen wird bei der Zuweisung der wahren Label zusätzlich manuell das jeweils ähnlichste Muster berücksichtigt. Die *Bohrungen* werden vollständig von der Prädiktion ausgeschlossen, da diesen aufgrund ihrer geringen Datenmenge während des Clusterings kein Label zugewiesen wird und gleichzeitig keine ähnliche Bearbeitungsstrategie bzw. kein ähnliches Muster existiert.

Das Training des Random-Forests dauert durchschnittlich 0,47 Sekunden, das des neuronalen Netzes 6 Sekunden. Die Merkmalsextraktion für die Datensätze *Gamma* und *Delta* benötigt durchschnittlich 180 Sekunden, während die Prädiktion ihrer Label für alle untersuchten Prädiktoren im Bereich von unter 2 Sekunden liegt. Analog zum Clustering sind die Laufzeiten von Training und Test des Prädiktors damit im Vergleich zur Merkmalsextraktion vernachlässigbar. Die Prädiktion erfolgt auf Basis von 14 474 Merkmalsvektoren für *Gamma* und 15 991 Merkmalsvektoren für Datensatz *Delta* mit jeweils 27 Merkmalen.

Die Ergebnisse aller untersuchten Modelle sind überblicksartig in Tabelle 8.3 dargestellt. Zur Diskussion der Ergebnisse werden nur die Ergebnisse der spezialisierten Modelle auf den Zeitreihendaten visualisiert. Die Detailergebnisse aller Klassifikationsmodelle sind in Anhang 11.8 zu finden.

Der HDBSCAN-Prädiktor weist in allen evaluierten Kennzahlen die niedrigsten Werte auf. Die niedrigen Werte für die Einheitlichkeit lassen sich auch anhand der Vielzahl an Farbwerten innerhalb eines Segments am Beispiel des Datensatzes *Gamma* erkennen, Bild 8.20. Dies ist auf die für jedes Label individuell prädizierten Wahrscheinlichkeiten zurückzuführen, deren Maximalwerte einen Median von ca. 13 % aufweisen. Die Wahrscheinlichkeiten sind also niedrig und liegen überwiegend dicht beieinander, weshalb das prädizierte Label je Datenpunkt auch bei den zu den Trainingsdaten sehr ähnlichen Bearbeitungsstrategien häufig wechselt. In der Folge sind auch die Mehrheitslabel fehlerbehaftet und es kommt zu einer Vielzahl von falschen Klassifizierungen, die sich in den restlichen Kennzahlen niederschlagen. Da sich dieses Verhalten wie in Tabelle 8.3 dargestellt über alle untersuchten Modellvariationen hinweg bestätigt, ist der HDBSCAN-Prädiktor für die Klassifizierung ungeeignet. Die verantwortlichen Gründe liegen in der Implementierung der zur Verfügung gestellten Prädiktionsfunktion und werden nicht weiter untersucht.

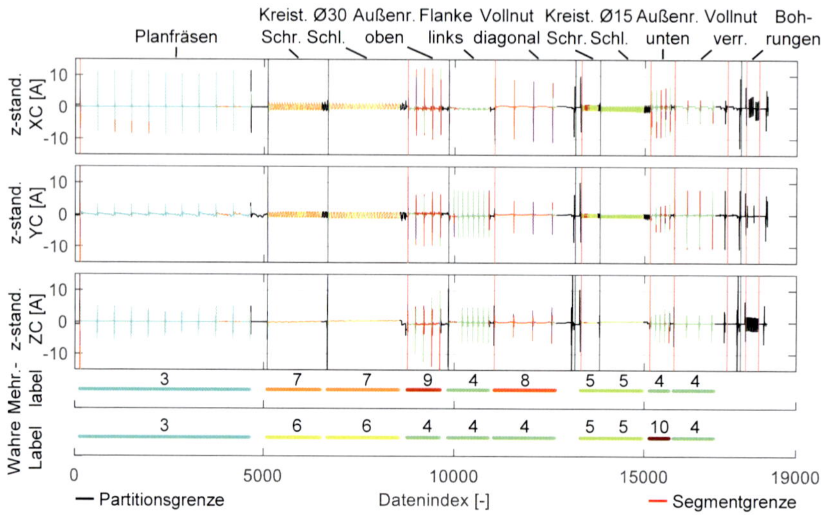

Bild 8.20: Klassifikationsergebnisse des spezialisierten HDBSCAN-Modells für Datensatz *Gamma*

Classification Results of the Specialized HDBSCAN Model for Data Set Gamma

Die in den meisten Szenarien besten Ergebnisse liefert das neuronale Netz. Zur Veranschaulichung sind die Ergebnisse des spezialisierten Modells für die Datensätze *Gamma* und *Delta* visualisiert, Bild 8.21 und Bild 8.22. Der F-Score erreicht hier Werte von bis zu ca. 90 %, die Einheitlichkeit sogar annähernd 100 %. Diese hohen Werte unterstreichen, dass das schlechtere Abschneiden des HDBSCAN-Prädiktors nicht auf die generelle Herangehensweise bei der Klassifizierung, sondern auf das konkrete Modell zurückzuführen ist.

Für den Datensatz *Gamma* prädiziert das spezialisierte Modell fast ausschließlich die wahren Label, nimmt also korrekte und vor allem eindeutige Klassifizierungen vor, Bild 8.21. Dies gilt nicht nur für die in den Trainingsdaten enthaltenen Bearbeitungsstrategien bzw. Muster, sondern insbesondere auch für dem Modell unbekannte Fälle, wie z. B. die *Außenradien* und die *Vollnut verrundet*. Die einzige Ausnahme bildet die *Vollnut diagonal*, die fälschlicherweise dem *Planfräsen* statt bspw. einer *Flanke* zugeordnet wird. F-Score und Einheitlichkeit fallen mit 87,3 % bzw. 97,5 % entsprechend hoch aus.

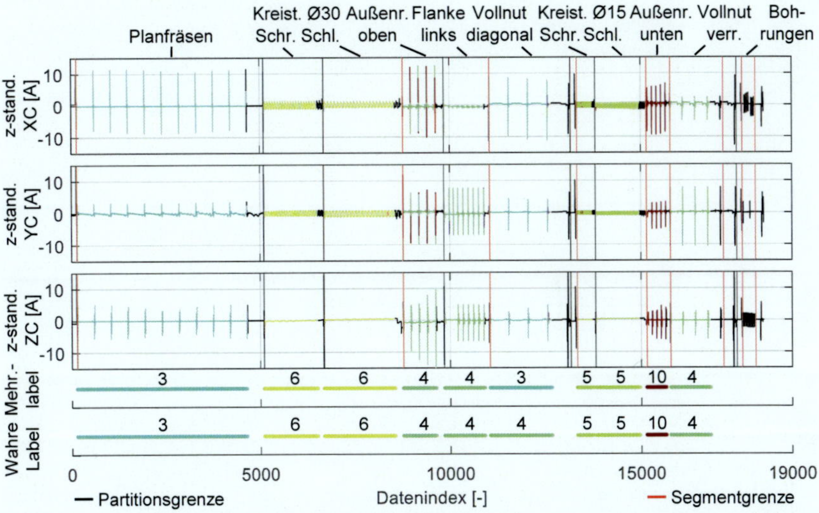

Bild 8.21: Klassifikationsergebnisse des spezialisierten neuronalen Netzes für Datensatz *Gamma*

Classification Results of the Specialized Neural Network for Data Set Gamma

Die Klassifikationsergebnisse des spezialisierten Modells fallen für den Datensatz *Delta* erwartungsgemäß ab, Bild 8.22. Während die Einheitlichkeit mit 83,6 % noch hoch ausfällt, das Model also weiterhin robust die Klassifizierung vornimmt, sinkt der F-Score auf 49,3 %. Dies ist auf die geringere Ähnlichkeit von *Delta* zu den Datensätzen *Alpha* und *Beta* zurückzuführen. So wird bspw. das *Planfräsen* hier im Gegensatz zu den anderen Datensätzen nicht Zick-Zack-, sondern mäanderförmig ausgeführt, was das Modell dann fälschlicherweise einer Flankenbearbeitung zuweist. Analog führt auch die veränderte Bearbeitungsstrategie der *Kreistasche* zu einer inkorrekten Klassifizierung. Über die Bearbeitungsstrategien hinaus beinhaltet der Datensatz *Delta* aber auch unbekannte geometrische Bauteilmerkmale wie die *Gravur* oder die *Außenkonturen*. Diesen werden überwiegend korrekt die jeweils ähnlichsten, wenn auch weiterhin deutlich verschiedenen Label einer *Kreistasche* bzw. *Flanke* zugewiesen. Insofern kann dem Klassifikationsmodell die Fähigkeit zur Abstraktion bzw. Übertragbarkeit auf unbekannte Muster attestiert werden. Die überwiegende Anzahl der prädizierten Label entspricht darüber hinaus den wahren Labeln.

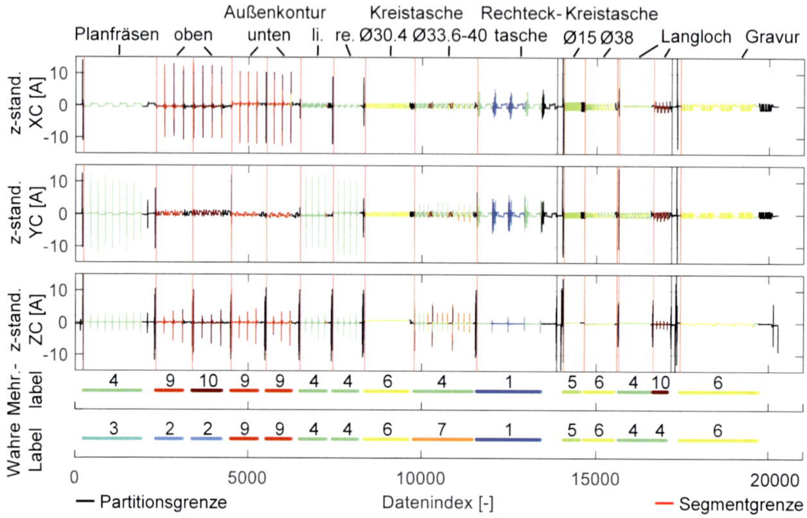

Bild 8.22: Klassifikationsergebnisse des spezialisierten neuronalen Netzes für Datensatz *Delta*

Classification Results of the Specialized Neural Network for Data Set Delta

Beim Einsatz des Random-Forests werden bezüglich der Kennzahlen sowie der Labelzuweisung aus Anwendersicht vergleichbare Werte wie beim neuronalen Netz erzielt. Über alle Modelle hinweg fallen die Ergebnisse des neuronalen Netzes jedoch insgesamt besser aus. Dennoch ist auch der Random-Forest ein zuverlässiger Prädiktor mit geringen Laufzeiten bei Training und Test, was bei großen Datenmengen einen Vorteil darstellt. Aufgrund der großen Ähnlichkeit der Ergebnisse werden diese nicht weiter diskutiert, sind aber in Anhang 11.8 zu finden.

Im generalisierten Szenario werden für die beiden Datensätze *Gamma* und *Delta* über alle Modelle hinweg ähnliche Einheitlichkeitswerte wie bei den spezialisierten Modellen erzielt, während die F-Scores vor allem für *Delta* signifikant höher ausfallen. Dies ist auf die stärkere Generalisierung bzw. gröbere Granularität der Clusterlabel zurückzuführen. So stehen insgesamt weniger Clusterlabel bei der Klassifizierung zur Auswahl, wodurch die Trainingsdatenmenge je Label zunimmt. Dadurch steigt die Zuverlässigkeit und Präzision der Prädiktion. Die Ergebnisse der DBCV-Modelle bestätigen diese Analyse. Ihre Granularität hinsichtlich des Clusterings liegt zwischen den spezialisierten und den generalisierten Modellen. Dementsprechend liegt auch der F-Score im Rahmen der Klassifizierung erwartungsgemäß oberhalb der Werte für die spezialisierten Modelle und unterhalb der Werte für die generalisierten Modelle. Weder für das generalisierte noch für das DBCV-Modell verändern sich die tendenziell falsch bzw. wechselnd klassifizierten Segmente. Analog zum spezialisierten Modell sind im Datensatz *Gamma* die *Vollnut diagonal* und im Datensatz *Delta* das *Planfräsen*, die *Außenkonturen*, die *Kreistasche* und das *Langloch* von falschen Klassifizierungen betroffen, während die anderen Bearbeitungsstrategien zuverlässig prädiziert werden.

Tabelle 8.3: Vergleich der verschiedenen Klassifikationsmodelle
Comparison of the Different Classification Models

	S: Spezifisch D: DBCV G: Generalisiert	HDBSCAN				Neuronales Netz				Random-Forest			
		Einheitlichkeit [%]	Precision [%]	Recall [%]	F-Score [%]	Einheitlichkeit [%]	Precision [%]	Recall [%]	F-Score [%]	Einheitlichkeit [%]	Precision [%]	Recall [%]	F-Score [%]
Gamma	S	83,6	89,9	59,2	68,2	**97,5**	**90,4**	**87,5**	**87,3**	95,8	90,1	85,6	85,9
	D	86,2	69,6	59,9	60,7	97,9	91,0	87,7	87,6	**98,5**	**91,7**	**88,6**	**88,4**
	G	84,8	54,6	54,9	54,1	94,1	**92,3**	**91,3**	**91,3**	**99,1**	91,9	89,3	89,2
Delta	S	68,7	40,9	18,4	18,3	83,6	50,4	**53,7**	**49,3**	**90,2**	**53,5**	35,1	29,1
	D	69,4	57,1	36,7	40,5	**90,8**	**57,3**	**57,5**	**55,9**	87,8	53,9	55,2	51,7
	G	81,1	64,6	36,9	29,9	86,7	**68,8**	**67,4**	64,2	**90,1**	66,0	67,3	**64,4**

Insgesamt bestätigen die Ergebnisse die Anwendbarkeit des entwickelten Klassifikationskonzepts zur Zuweisung von bekannten Clusterlabeln zu unbekannten Daten. Hierbei beweisen sich sowohl das neuronale Netz als auch der Random-Forest hinsichtlich Zuverlässigkeit und Präzision als ähnlich gute Prädiktoren mit nur punktuellen Unterschieden. Das HDBSCAN-Modell ist für eine Prädiktion im hiesigen Kontext hingegen unbrauchbar. Grundsätzlich sind die Modelle in der Lage, von den Trainingsdaten zu abstrahieren und eine nachvollziehbare Übertragbarkeit zwischen Bearbeitungsstrategien herzustellen. Entscheidend hierfür ist jedoch die Menge und Varianz der Trainingsdaten, was die Vergleiche zwischen den Datensätzen *Gamma* und *Delta* sowie zwischen den spezialisierten, generalisierten und DBCV-Modellen zeigen. Die unmittelbare Verschaltung von Clustering- und Klassifikationsmodell hat zur Folge, dass die für das Clustering identifizierten anwendungsspezifischen Einflüsse, wie z. B. die geometrischen Maße und die Orientierung der Bauteilmerkmale (vgl. Kapitel 8.3.6), in gleicher Weise für das Klassifikationsmodell gelten. Dies gilt auch für die einstellbare Granularität der Ergebnisse. Insofern können die Strukturierungsergebnisse maßgeblich über das Clustering beeinflusst werden, während das Klassifikationsmodell die hieraus resultierenden Label lediglich erlernt und anwendet. Dies bedeutet im Umkehrschluss jedoch auch, dass das Klassifikationsmodell etwaige Fehler im Clusteringmodell erlernt und eine Veränderung des Clusteringmodells oder seiner Parametrierung auch immer eine Anpassung bzw. ein erneutes Training des Klassifikationsmodells nach sich zieht.

8.4 Anwendung des Gesamtkonzepts

Application of the Overall Concept

Insgesamt zeigt sich, dass die vorgestellten individuellen Algorithmen grundsätzlich zuverlässig und performant ausgelegt sind und zur Strukturierung von Prozessdaten beitragen. Lediglich die Snippetidentifikation muss für eine breit angelegte und vollständig automatisierte Datenstrukturierung robuster gestaltet werden, um die nachgelagerten Ergebnisse nicht nachteilig zu beeinträchtigen. Eine Laufzeitoptimierung der Segmentierung und Merkmalsextraktion ist darüber hinaus anzustreben. Insbesondere im Bereich des Clusterings und der Klassifizierung zeigt sich, dass die Parametrierung der Datenstrukturierung immer in Bezug auf den konkreten Anwendungsfall und Datenkontext erfolgen muss, um bspw. die gewünschte Granularität der Ergebnisse zu erzielen.

Über die Validierung der einzelnen Algorithmen hinaus soll im Folgenden auch exemplarisch der praktische Nutzen der Strukturierungsergebnisse dargestellt werden. In Anlehnung an die zweigeteilte Implementierung (vgl. Kapitel 8.1) werden hierzu zwei Szenarien betrachtet: die Durchsuchung mehrerer Datensätze anhand der generierten Strukturierungsergebnisse (Kapitel 8.4.1) sowie die Produktivitätsanalyse eines einzelnen Prozesses (Kapitel 8.4.2). In beiden Fällen werden die gespeicherten Strukturierungsergebnisse hinsichtlich unterschiedlicher Kriterien durchsucht und dem Nutzer in maßgeschneiderter Form zurückgegeben. Von entscheidender Bedeutung ist hierbei, dass die Generierung der Strukturierungsergebnisse zeitlich und inhaltlich völlig unabhängig von der konkreten Datenabfrage ist, die wiederum ebenso unabhängig von der abschließenden Weiterverarbeitung der Ergebnisse ist. Im hier gezeigten Fall werden die Daten visualisiert, stehen aber auch beliebigen anderen Anwendungen zur Verfügung. Somit können sowohl die Algorithmen zur Datenstrukturierung als auch die Algorithmen zur Datenabfrage und zur Weiterverarbeitung modularisiert entwickelt, unternehmensübergreifend ausgetauscht oder sogar verkauft werden. So lässt sich das in den Algorithmen enthaltene Know-how perspektivisch monetarisieren.

8.4.1 Durchsuchung strukturierter Prozessdatensätze

Querying Structured Process Data Sets

Insbesondere hinsichtlich der musterbasierten Strukturierungsalgorithmen entspricht die Durchsuchung der Prozessdatensätze konzeptionell der in Kapitel 6.5.2 beschriebenen Testphase. Hierzu müssen die Datentypen, die durch die Algorithmen als repräsentative Werte gespeichert werden, mit konkreten Suchwerten belegt werden. Dies ist für z. B. die Spindeldrehzahl durch Vorgabe eines konkreten Werts trivial, der mit den bereits gespeicherten Werten abgeglichen wird. Für die musterbasierte Suche stehen unterschiedliche Möglichkeiten, wie bspw. die Definition eines Datenbereichs oder Snippets, zur Verfügung. Je nach Auswahl werden diese Daten dann mit unterschiedlichen Einstiegspunkten durch die Pipeline analysiert und letztlich durch das Klassifikationsmodell mit dem Label des ähnlichsten gespeicherten Musters versehen. Alle Daten mit identischem Label sind folglich die Suchergebnisse. Die überlappenden

Zeitbereiche aller spezifizierten Suchkriterien inklusive der ihnen zugehörigen Rohdaten stellen gemäß des vorgestellten Ebenenmodells die Rückgabe der Suche dar.

Zur Demonstration werden die Validierungsdatensätze auf Basis der mit dem generalisierten neuronalen Netz erzeugten Strukturierungsergebnisse durchsucht. Ein erster Anwendungsfall besteht darin, alle Daten zu finden, die zur Fertigung einer Kreistasche gehören. Diese Daten sind notwendig, um ein lernendes Modell zu trainieren, das die erzielte Qualität von Rundheiten auf Basis der aufgezeichneten Rohdaten eines Fräsprozesses prädizieren kann [BREC19; BREC20b]. Die entsprechende Suche ist durch die Kombination der detektierten Werkzeugeingriffe und des einer Kreistasche zugehörigen Musters möglich. Die beiden Suchkriterien werden über die Widgets des Suchanfragedashboards vorgegeben, wodurch im Hintergrund eine automatische SQL-Abfrage initiiert wird, Bild 8.23. Zur Vereinfachung des Vorgehens wird das gesuchte Muster einer Kreistasche direkt durch den numerischen Wert des zugehörigen Labels spezifiziert.

Insgesamt werden über alle Validierungsdatensätze hinweg 70 Teilprozessabschnitte mit einer Gesamtdauer von 489 Sekunden gefunden, die unmittelbar zur Weiterverarbeitung zur Verfügung stehen. Ein Auszug der im Dashboard visualisierten Ergebnisse ist in Bild 8.23 dargestellt.

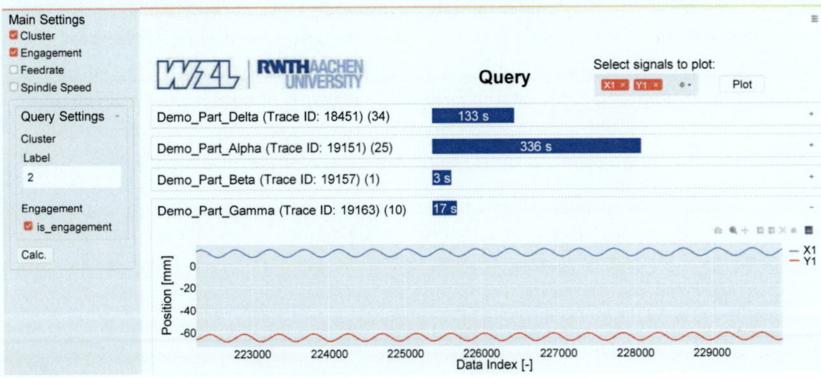

Bild 8.23: Suche nach Kreistaschen mit Werkzeugeingriff
Query for Circular Pockets with Tool Engagement

Die Strukturierungsergebnisse können auch genutzt werden, um Statistiken über mehrere Prozesse oder Zeiträume hinweg zu generieren. Werden bspw. alle Bearbeitungspartitionen der Spindeldrehzahl sowie alle Bereiche konstanten Vorschubs gesucht und diese mit den Werkzeugwechseln aus den Event-Daten verknüpft, so lässt sich der Werkzeugeinsatz überblicksartig darstellen. Für die Validierungsdatensätze ergeben sich die in Bild 8.24 gezeigten Werte. Im Gegensatz zu vereinzelt vorliegenden CAM- oder NC-Programm-Datensätzen handelt es sich hierbei um die tatsächlich im Prozess verwendeten Technologieparameter und die Analyse ist rückwirkend ohne großen Aufwand für eine Vielzahl von Prozessen möglich.

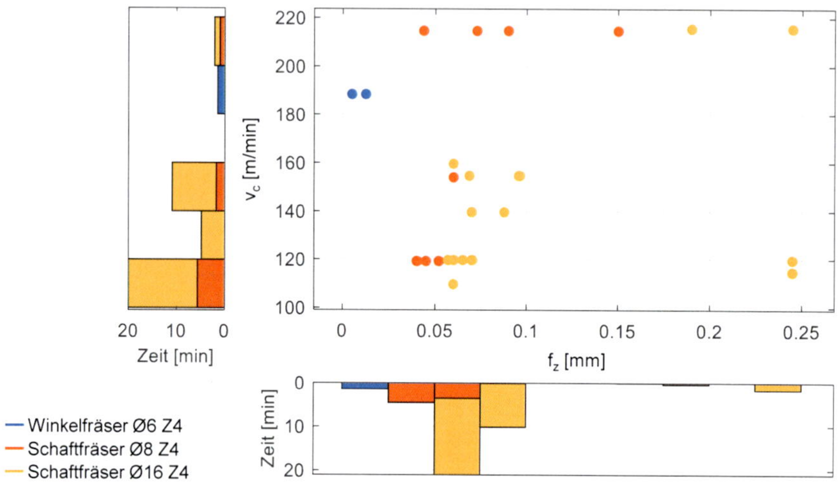

Bild 8.24: Statistik zur Werkzeugverwendung

Tool Usage Statistics

Durch einen manuellen Abgleich kann die Vollständigkeit und Validität der Suchergebnisse innerhalb der zur Verfügung stehenden Datensätze für beide Anwendungsfälle bestätigt werden. Die Durchsuchung der gesamten Datenmenge ist mit einer Laufzeit im Bereich von wenigen hundertstel Sekunden effizient ausgelegt. Hieran zeigt sich der große Vorteil des vorgestellten Datenstrukturierungskonzepts, durch das die Datenanalyse hinreichend weit vor dem Zeitpunkt der Datenabfrage stattfindet.

Insgesamt zeigen die beiden Anwendungsfälle, dass der vorgestellte Ansatz zur Datenstrukturierung die kurzfristige Extraktion spezifischer Daten aus einem Data-Lake ermöglicht. Der große Vorteil des Ansatzes besteht darin, dass ein Experte die Daten auf Basis der erfolgten Strukturierung flexibel und maßgeschneidert zusammenstellen kann. Dies gilt insbesondere dann, wenn eine Vielzahl an unterschiedlichen Strukturierungsalgorithmen zur Anwendung kommt. Die vorgestellte Infrastruktur ist für eine solche Skalierung bereits ausgelegt. So können perspektivisch z. B. Daten spezifiziert werden, die im Kontext definierter Eingriffsbedingungen generiert wurden. Für mehrere solcher Datensilos können dann jeweils individuelle KI-Modelle trainiert und fallspezifisch kombiniert werden, sodass eine präzise Bestimmung des Werkzeugverschleißes möglich wird [BREC22a]. Das Klassifikationsmodell bewertet hierbei die Ähnlichkeit von unbekannten zu bekannten Teilprozessabschnitten und generiert so im konkreten Fall eine quantifizierbare Aussage hinsichtlich der Übertragbarkeit des trainierten Modells. Ein Experte kann so über eine geeignete Parametrierung festlegen, wie spezifisch der Datenkontext sein muss, um ein bereits trainiertes Modell anwenden zu können.

8.4.2 Produktivitätsanalyse

Productivity Analysis

Die datengetriebene Produktivitätsanalyse eines Fertigungsprozesses fällt trotz vorhandener Softwareunterstützung durch z. B. *Analyse MyWorkpiece /Toolpath* [SIEM23a] weiterhin in den Verantwortungsbereich eines Experten, der die Daten interpretiert und einordnet. Die zugehörigen Optimierungsansätze, bspw. die Erhöhungen des Vorschubs oder der Schnittwerte, sind weitgehend bekannt. Die Herausforderung für eine Produktivitätssteigerung liegt daher vielmehr in der Erkennung, wo bzw. wann entsprechende Optimierungen angewendet werden können. Der Brute-Force-Ansatz, alle Prozessabschnitte auf alle Optimierungsmöglichkeiten hin zu überprüfen, ist aufgrund der kombinatorischen Vielfalt unwirtschaftlich. Die Strukturierungsergebnisse können dabei unterstützen, die Prozessdaten in geeigneter Weise für die menschliche Analyse und Optimierung aufzubereiten sowie Teilprozessabschnitte mit Optimierungspotenzial hervorzuheben und zu priorisieren.

Hierzu steht in erster Linie das entwickelte Analysedashboard zur Verfügung. Für die strukturierte Darstellung der individuellen Teilprozessabschnitte stehen u. a. Zeitreihendaten- und Sunburst-Plots sowie Tabellen zur Verfügung. Hierdurch werden die absoluten und relativen Zeitanteile eines Abschnitts am Gesamtprozess unmittelbar sichtbar. Gleichzeitig lassen sich die Teilprozesse mithilfe der Tabellen nach unterschiedlichen Gesichtspunkten sortieren und auf beliebigen Signalen farblich visualisieren. So können bspw. auf der *Feedrate*-Seite des Analysedashboards die Spindeldrehzahlpartitionen nach dem größten relativen Zeitanteil inkonstanter Vorschubbereiche aufgeschlüsselt werden, Bild 8.25. In den Partitionen mit einem hohen Anteil wird der programmierte Vorschub nur selten erreicht, sodass dessen Erhöhung einen nur geringen Beitrag zur Produktivitätssteigerung leistet. Stattdessen ist hier eine Pfadoptimierung durch z. B. Eckenverrundung sinnvoll, um die Zykluszeit zu verkürzen. Bei hohen Anteilen der inkonstanten Vorschubbereiche gilt die Optimierungslogik genau umgekehrt.

Die sortierte Betrachtung der Zeitanteile bietet darüber hinaus den Vorteil, dass die Produktivitätsanalyse nach dem Pareto-Prinzip erfolgen kann. Demnach müssen lediglich die 20 % längsten Teilprozessabschnitte hinsichtlich eines Optimierungskriteriums untersucht werden, um bereits 80 % der maximal möglichen Produktivitätssteigerung zu erzielen. Die Länge eines Teilprozessabschnitts ist zwar nicht notwendigerweise ein Hinweis auf das enthaltene Optimierungspotenzial, allerdings haben auch kleinere Optimierungen bei langen Segmenten aufgrund der Hebelwirkung einen größeren Effekt auf die gesamte Zykluszeit. Daher sollten lange Segmente bevorzugt analysiert werden. Die Strukturierung der Daten liefert also einen entscheidenden Hinweis darauf, wo Optimierungen angewendet werden sollten und steigert somit die Wirtschaftlichkeit der datengetriebenen Produktivitätsanalyse.

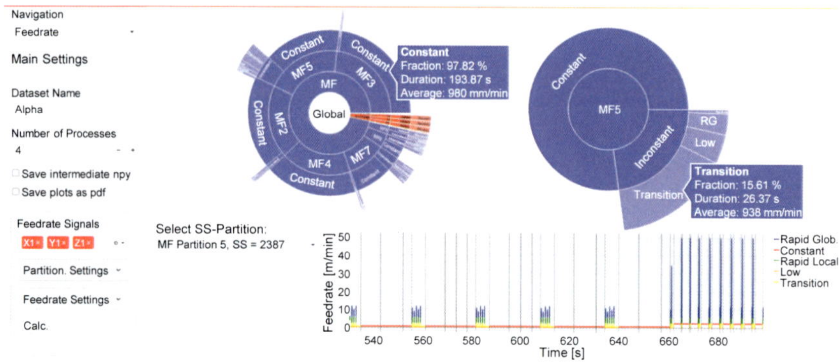

Bild 8.25: Evaluation des Optimierungspotenzials mithilfe des Analysedashboards
Evaluation of the Optimization Potential Using the Analytics Dashboard

Darüber hinaus können mehrere Auswertungen des Analysedashboards durch spezifische Datenabfragen kombiniert werden. So lassen sich bspw. unproduktive Bearbeitungszeiten durch eine Abfrage von Teilprozessabschnitten mit konstanter Vorschubgeschwindigkeit und ohne Werkzeugeingriff identifizieren, Bild 8.26. Für die Validierungsdatensätze werden insgesamt 448 Teilprozessabschnitte mit einer Gesamtdauer von 633 Sekunden gefunden, in denen der Eilgang aktiviert werden sollte. Liegt hingegen ein Werkzeugeingriff bei konstanter Vorschubgeschwindigkeit vor, so ist die Erhöhung des programmierten Vorschubs für eine Reduktion der Zykluszeit zielführend.

Solche Optimierungsmöglichkeiten können mithilfe der Datenabfrage auch über mehrere Prozesse hinweg automatisiert identifiziert und nach ihrer zeitlichen Dauer sortiert ausgegeben werden. Auf diese Weise lässt sich das Potenzial eines Optimierungsansatzes mit minimalem Aufwand für ganze Produktionsbereiche abschätzen.

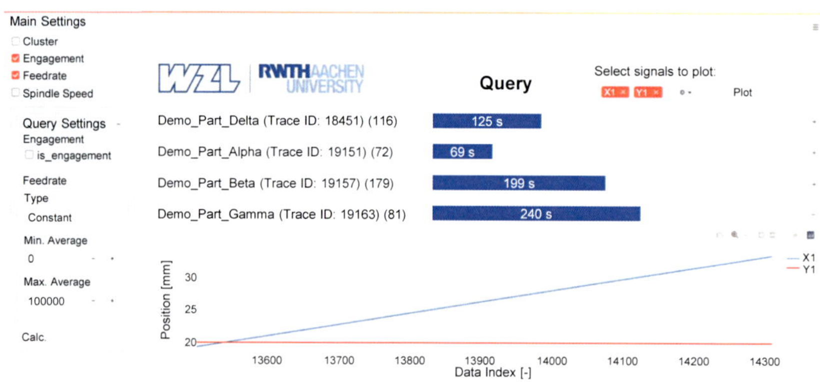

Bild 8.26: Suche nach unproduktiven Teilprozessabschnitten mit konstanter Vorschubgeschwindigkeit und ohne Werkzeugeingriff
Query for Unproductive Subprocess Sections with Constant Feed Rate and Without Tool Engagement

Insgesamt zeigen die vorgestellten Beispiele den Nutzen der Datenstrukturierung für die Produktivitätsanalyse von Fertigungsprozessen auf. Wiederkehrende Optimierungspotenziale können dabei in Form einer regelbasierten Abfrage kombinierter Strukturierungsergebnisse auch auf mehrere Prozesse gleichzeitig bzw. automatisch in Form eines Datenbank-Services angewandt werden und einem Experten im Anschluss einen Hinweis auf die Möglichkeit zur Produktivitätssteigerung geben. Unter Voraussetzung einer hinreichenden Anzahl an kontinuierlich angewandten Strukturierungsalgorithmen und spezifischer Abfragen können Fertigungsprozesse auf diesem Wege perspektivisch automatisiert auf Produktivitätssteigerungspotenziale hin untersucht werden.

9 Zusammenfassung und Ausblick

Summary and Outlook

An dieser Stelle werden die erzielten Forschungsergebnisse der vorliegenden Arbeit zusammengefasst (Kapitel 9.1) und der weitere Forschungsbedarf in Form eines Ausblicks dargelegt (Kapitel 9.2).

9.1 Zusammenfassung

Summary

Im Zuge der vorliegenden Dissertationsschrift wurde eine Methodik zur automatisierten Strukturierung von Zeitreihendaten aus NC-Zerspanprozessen erforscht und entwickelt. Das Konzept kombiniert im Sinne eines hybriden Datenanalysewerkzeugs menschliches Expertenwissen mit datengetriebenen Algorithmen. Es umfasst vielseitige Data-Mining-Ansätze und maschinelle Lernverfahren, deren Beitrag zur zielgerichteten Datenstrukturierung anhand von realen Fräsprozessen mithilfe einer prototypisch implementierten Analysepipeline sowie zwei unterschiedlichen Dashboards validiert wurde.

Ein Fertigungsprozess wird im Zuge des Konzepts auf mehreren Ebenen in diversifizierte Teilprozessabschnitte unterteilt, wodurch eine flexible und effiziente Durchsuchbarkeit größerer Datenmengen ermöglicht wird. Die Praxistauglichkeit des Ansatzes wurde mithilfe von Anwendungsbeispielen zur Durchsuchung verschiedener Fertigungsprozesse sowie zur Produktivitätssteigerung eines einzelnen Prozesses belegt. Die Methodik sowie die vorgestellte Implementierung sind modular erweiterbar, sodass durch das Hinzufügen weiterer Strukturierungsalgorithmen Prozessdaten noch individueller lokal differenziert werden können.

Die automatisierte Datenstrukturierung ist abhängig vom spezifischen Datenkontext. Daher können die entwickelten Modelle nicht als global gültig angesehen werden, sondern müssen im konkreten Anwendungsfall auf Basis hinreichender Datenmengen trainiert und feinabgestimmt werden. Dies betrifft im Besonderen die einstellbare Granularität der Clustering- und Klassifikationsergebnisse.

Für eine vollständig automatisierte und breit angelegte Datenstrukturierung im Produktionsumfeld ist insbesondere das Verfahren zur Snippetidentifikation noch nicht ausreichend robust. Im Rahmen der Validierung konnte gezeigt werden, dass die nachfolgenden Strukturierungsergebnisse hiervon beeinträchtigt werden, da die zugehörigen Modelle im Sinne der Datenanalysepipeline unmittelbar aufeinander aufbauen.

Das Ziel, die Laufzeit der Datenstrukturierung kleiner als die Bearbeitungszeit des Fertigungsprozesses zu halten, wurde weitgehend erreicht. Ausschließlich die Effizienz der Algorithmen zur Segmentierung und Merkmalsextraktion bedarf diesbezüglich einer Optimierung, während die Ergebnisse aller anderen Algorithmen in wenigen Sekunden vorliegen.

9.2 Ausblick

Outlook

Weiterführende Entwicklungsmöglichkeiten des im Rahmen der vorliegenden Arbeit vorgestellten Ansatzes bestehen hinsichtlich der technischen Umsetzung und Implementierung. Ausgehend vom prototypischen Aufbau der benötigten Infrastruktur ist die Anwendung auf ganze Werkstattebenen und Unternehmen zu skalieren. In diesem Kontext spielt die Eliminierung der dem Ansatz immanenten Varianzen eine zentrale Rolle. So sollte zukünftig im Rahmen der musterbasierten Strukturierung insbesondere auch die Identifikation zeitlich skalierender Muster bspw. durch den Einbezug komplexerer Distanzmaße wie DTW ermöglicht werden [ALAE20a]. Für die aufschlussreiche Analyse größerer Datenmengen muss gleichzeitig die Effizienz der Datenpipeline z. B. durch den Einbezug von Grafikprozessoren punktuell gesteigert werden. Hierzu kann auch die Adaption der zugrundeliegenden Algorithmen, die wie z. B. das Matrix-Profil fortlaufend optimiert werden [ZHU18], beitragen.

Die bestehenden Data-Mining-Algorithmen können darüber hinaus unter Berücksichtigung der beschriebenen Anforderungen beliebig erweitert werden, um die Durchsuchbarkeit produktionstechnischer Daten weiter zu erhöhen und zu flexibilisieren. Aufgrund der abstrakten Betrachtungsweise der Daten können dabei insbesondere weitere Signale von z. B. externer Sensorik zur Auswertung herangezogen werden. Dies ist insbesondere dann vielversprechend, wenn keine Rohdaten strukturiert werden, sondern übertragbare Kennwerte wie z. B. Lagerlasten oder spezifische Schnittkräfte. Zur Berechnung dieser Kennwerte ist allerdings die kontinuierliche Auswertung von prozessparallelen Datenveredelungsmodellen eine notwendige Voraussetzung. Denkbar ist zudem die Übertragung auf weitere Fertigungstechnologien.

Außerdem ist die Erforschung von Strategien zur Aktualisierung der lernenden Modelle notwendig, die sich fortwährend an die Gegebenheiten des Produktionsumfelds anpassen müssen. Über einen längeren Zeitraum hinweg verändern sich bspw. das Produktspektrum und die eingesetzten Bearbeitungsstrategien, was sich für eine valide Datenstrukturierung in den Modellen widerspiegeln muss. In diesem Zuge eröffnen sich völlig neue Forschungsmöglichkeiten hinsichtlich der zeitlichen Veränderungen der identifizierten Cluster und deren Implikationen für die reale Produktion, also z. B. bezüglich des Verschleißes von Werkzeugen.

Nicht zuletzt ist neben der technischen Entwicklung auch die organisatorische Verankerung des Konzepts in der unternehmerischen Praxis von zentraler Bedeutung. Perspektivisch können die auf Basis der strukturierten Prozessdaten gewonnen Erkenntnisse in die Prozessplanung zurückgespielt werden und somit unmittelbar zur Optimierung des Planungsvorgangs beitragen. Die Operationalisierung von Data-Mining- und insbesondere KI-Modellen unter Einbezug des Menschen stellt einen eigenen Forschungsbereich dar, der mit dem Ansatz dieser Arbeit verknüpft werden muss, um übergreifende Effizienzsteigerungen im Rahmen der Produktionstechnik zu erzielen [KREU23; SHAN23].

Summary and Outlook

This chapter summarizes the research results achieved in the course of the given thesis and outlines the need for further research in the form of an outlook.

Summary

In the course of this dissertation, a methodology for the automated structuring of time series data from NC machining processes was researched and developed. The concept combines human expert knowledge with data-driven algorithms in the sense of a hybrid data analysis tool. It comprises versatile data mining approaches and machine learning methods, whose contribution to target-oriented data structuring was validated on the basis of real milling processes with the help of a prototypically implemented analysis pipeline and two different dashboards.

Against the background of the concept, a manufacturing process is subdivided into diversified subprocess sections on several levels, which enables a flexible and efficient searchability of larger amounts of data. The practical suitability of the approach was demonstrated with the help of application examples for querying different manufacturing processes as well as for increasing the productivity of a single process. The methodology as well as the presented implementation can be extended modularly, so that process data can be even more individually differentiated by adding further structuring algorithms.

The automated data structuring depends on the specific data context. Therefore, the developed models cannot be regarded as globally valid, but have to be trained and fine-tuned in the concrete application scenario on the basis of sufficiently large data sets. This concerns in particular the adjustable granularity of the clustering and classification results.

The snippet identification procedure, in particular, is not yet sufficiently robust for a fully automated and large-scale data structuring in the production environment. During validation, it was shown that the subsequent structuring results are affected by this, since the associated models build directly on each other in the sense of the data analysis pipeline.

The goal of keeping the runtime of data structuring smaller than the machining time of the manufacturing process was largely achieved. Only the efficiency of the algorithms for segmentation and feature extraction require optimization in this respect, while the results of all other algorithms are available within a few seconds.

Outlook

The approach presented in this paper can be further developed regarding the technical deployment and implementation. Starting from the demonstrative setup of the required infrastructure, the application should be scaled to entire shop floors and companies. In this context, the elimination of the inherent variances of the approach plays a central role. Thus, in the future, the identification of temporally scaling patterns, for example by including more complex distance measures such as DTW, should be made possible within the framework of pattern-based structuring [ALAE20a]. For the insightful analysis of large amounts of data, the efficiency of the data pipeline must be increased at the same time, for example through the inclusion of graphics processors. The adaptation of the underlying algorithms, which are continuously optimized, such as the matrix profile [ZHU18], can also contribute to this.

Taking into account the requirements described, the existing data mining algorithms can be extended as desired in order to increase and flexibilize the searchability of production engineering data. In particular, further signals, for example from external sensors, can be used for evaluation due to the abstract way of analyzing the data. This is particularly promising if no raw data are structured, but rather transferable characteristic values such as bearing loads or specific cutting forces. However, the continuous evaluation of process-parallel data refinement models is a necessary prerequisite for calculating these characteristic values. The transfer to other manufacturing technologies is also conceivable.

Furthermore, it is necessary to research strategies for updating the learning models, which must constantly adapt to the conditions of the production environment. Over a longer period of time, for example, the product spectrum and the used manufacturing strategies change, which must be reflected in the models for valid data structuring. This opens up completely new research possibilities with regard to the temporal changes in the identified clusters and their implications for real production, for example with regard to tool wear.

Last but not least, the organizational anchoring of the concept in corporate practice is of central importance in addition to the technical development. Prospectively, the insights gained with the help of structured process data can be fed back into process planning and thus contribute directly to the optimization of the planning procedure. The operationalization of models based on data mining and, in particular, Artificial Intelligence with the inclusion of humans represents a separate research area that must be linked to the approach of this work in order to achieve overarching efficiency improvements in the context of production engineering [KREU23; SHAN23].

10 Literaturverzeichnis

References

[ABON05] Abonyi, J.; Feil, B.; Nemeth, S.; Arva, P.: Modified Gath-Geva clustering for fuzzy segmentation of multivariate time-series. In: Fuzzy Sets and Systems. 149. Jg., 2005, Nr. 1. S. 39-56

[AGGA15] Aggarwal, C. C.: Data Mining. The Textbook. Cham: Springer, 2015

[AGHA15] Aghabozorgi, S.; Seyed Shirkhorshidi, A.; Ying Wah, T.: Time-series clustering - A decade review. In: Information Systems. 53. Jg., 2015. S. 16-38

[AHMA19] Ahmad, M. I.; Yusof, Y.; Daud, M. E.: An overview of the current status on step-nc. In: Journal of Physics: Conference Series. 1150. Jg., 2019. S. 12015

[ALAE20a] Alaee, S.; Kamgar, K.; Keogh, E.: Matrix Profile XXII: Exact Discovery of Time Series Motifs Under DTW. In: 2020 IEEE International Conference on Data Mining (ICDM). Sorrent, Italien, 17.-20.11.2020. S. 900-905

[ALAE20b] Alaee, S.; Abdoli, A.; Shelton, C.; Murillo, A. C.; Gerry, A. C.; Keogh, E.: Features or Shape? Tackling the False Dichotomy of Time Series Classification. In Demeniconi, C.; Chawla, N. (Hrsg.): Proceedings of the 2020 SIAM International Conference on Data Mining. Philadelphia: Society for Industrial and Applied Mathematics, 2020. S. 442-450

[ALI21] Ali, G. Q.; Al-Libawy, H.: Time-Series Deep-Learning Classifier for Human Activity Recognition Based On Smartphone Built-in Sensors. In: Journal of Physics: Conference Series. 1973. Jg., 2021, Nr. 1. S. 12127

[ALQA21] Alqahtani, A.; Ali, M.; Xie, X.; Jones, M. W.: Deep Time-Series Clustering: A Review. In: Electronics. 10. Jg., 2021, Nr. 23. S. 3001

[ALTI16] Altintas, Y.: Virtual High Performance Machining. In: Procedia CIRP. 46. Jg., 2016. S. 372-378

[AMIN17] Aminikhanghahi, S.; Cook, D. J.: A Survey of Methods for Time Series Change Point Detection. In: Knowledge and information systems. 51. Jg., 2017, Nr. 2. S. 339-367

[AOKI16] Aoki, T.; Lin, J. F.-S.; Kulic, D.; Venture, G.: Segmentation of human upper body movement using multiple IMU sensors. In: Annual International Conference of the IEEE Engineering in Medicine and Biology Society., 2016. S. 3163-3166

[BAGN17] Bagnall, A.; Lines, J.; Bostrom, A.; Large, J.; Keogh, E.: The great time series classification bake off: a review and experimental evaluation of recent algorithmic advances. In: Data mining and knowledge discovery. 31. Jg., 2017, Nr. 3. S. 606-660

[BARA20] Barandas, M.; Folgado, D.; Fernandes, L.; Santos, S.; Abreu, M.; Bota, P.; Liu, H.; Schultz, T.; Gamboa, H.: TSFEL: Time Series Feature Extraction Library. In: SoftwareX. 11. Jg., 2020. S. 100456

[BATI14] Batista, G. E. A. P. A.; Keogh, E. J.; Tataw, O. M.; Souza, V. M. A. de: CID: an efficient complexity-invariant distance for time series. In: Data mining and knowledge discovery. 28. Jg., 2014, Nr. 3. S. 634-669

[BEIL20] Beil, D.; Theissler, A.: Cluster-clean-label. In: Proceedings of the 13th International Symposium on Visual Information Communication and Interaction. Eindhoven, Niederlande, 08.-10.12.2020. S. 1-8

[BELL59] Bellman, R.; Kalaba, R.: On adaptive control processes. In: IRE Transactions on Automatic Control. 4. Jg., 1959, Nr. 2. S. 1-9

[BELL61] Bellman, R. E.: Adaptive Control Processes: A Guided Tour. Princeton, N.J: Princeton University Press, 1961

[BENA03] Benardos, P. G.; Vosniakos, G.-C.: Predicting surface roughness in machining: a review. In: International Journal of Machine Tools and Manufacture. 43. Jg., 2003, Nr. 8. S. 833-844

[BERG21] Bergs, T.; Brecher, C.; Schmitt, R.; Schuh, G. (Hrsg.): Internet of Production - Turning Data into Sustainability: AWK Aachener Werkzeugmaschinen-Kolloquium 2021. Aachen: Apprimus, 2021

[BEYE99] Beyer, K.; Goldstein, J.; Ramakrishnan, R.; Shaft, U.: When Is "Nearest Neighbor" Meaningful? In Goos, G.; Hartmanis, J.; van Leeuwen, J.; Beeri, C.; Buneman, P. (Hrsg.): Database Theory - ICDT'99. (Reihe: Lecture Notes in Computer Science). Berlin, Heidelberg: Springer, 1999. S. 217-235

[BISH06] Bishop, C. M.: Pattern recognition and machine learning. New York: Springer, 2006

[BISS09] Bissantz, N.; Hagedorn, J.: Data Mining (Datenmustererkennung). In: Wirtschaftsinformatik. 51. Jg., 2009, Nr. 1. S. 139-144

[BLAC58] Blackman, R. B.; Tukey, J. W.: The Measurement of Power Spectra from the Point of View of Communications Engineering - Part II. In: Bell System Technical Journal. 37. Jg., 1958, Nr. 2. S. 485-569

[BREC17a] Brecher, C.; Wiesch, M.; Epple, A.: Entwicklung eines Kraftschätzmodells beim Fräsen. In: ZWF Zeitschrift für wirtschaftlichen Fabrikbetrieb. 112. Jg., 2017, Nr. 11. S. 792-796

[BREC17b] Brecher, C.; Epple, A.; Fey, M.; Königs, M.; Neus, S.; Wellmann, F. N.: Lernende Produktionssysteme. In Brecher, C.; Klocke, F.; Schmitt, R.; Schuh, G. (Hrsg.): Internet of Production für agile Unternehmen: AWK Aachener Werkzeugmaschinen-Kolloquium 2017. Aachen: Apprimus, 2017. S. 135-161

[BREC19] Brecher, C.; Ochel, J.; Lohrmann, V.; Fey, M.: Merkmalsbasierte Qualitätsprädiktion durch maschinelles Lernen. In: ZWF Zeitschrift für wirtschaftlichen Fabrikbetrieb. 114. Jg., 2019, Nr. 11. S. 784-787

[BREC20a] Brecher, C.; Biernat, B. M. H.; Fey, M.; Ochel, J.; Wiesch, M.: Analytics in der Produktion. In Bergs, T.; Brecher, C.; Schmitt, R.; Schuh, G. (Hrsg.): Internet of Production - Turning Data into Value: Statusberichte aus der Produktionstechnik. Aachen: Apprimus, 2020. S. 186-208

[BREC20b] Brecher, C.; Ochel, J.; Lohrmann, V.; Fey, M.: Maschinelles Lernen zur Prädiktion der Bauteilqualität. In: ZWF Zeitschrift für wirtschaftlichen Fabrikbetrieb. 115. Jg., 2020, Nr. 11. S. 834-837

[BREC21a] Brecher, C.; Xi, T.; Benincá, I. M.; Kehne, S.; Fey, M.: Intelligente Überwachung von Werkzeugverschleiß. In: wt Werkstattstechnik online. 111. Jg., 2021, Nr. 05. S. 309-313

[BREC21b] Brecher, C.; Steinert, A.; Spierling, R.; Neus, S.: Efficient Parameterization of Thermo-elastic Correction Models for Externally Driven Spindles. In: MM Science Journal, 2021, Nr. 1. S. 4291-4298

[BREC21c] Brecher, C.; Weck, M.: Numerische Steuerungen. In Brecher, C.; Weck, M. (Hrsg.): Werkzeugmaschinen Fertigungssysteme 3. Berlin, Heidelberg: Springer, 2021. S. 411-510

[BREC22a] Brecher, C.; Lohrmann, V.; Wiesch, M.; Fey, M.: Clustering zur Bestimmung von Werkzeugverschleiß. In: ZWF Zeitschrift für wirtschaftlichen Fabrikbetrieb. 117. Jg., 2022, Nr. 4. S. 218-223

[BREC22b] Brecher, C.; Ochel, J.; Fey, M.: Datengetriebene Werkzeugeingriffsdetektion für Fräsprozesse. In: ZWF Zeitschrift für wirtschaftlichen Fabrikbetrieb. 117. Jg., 2022, Nr. 11. S. 784-789

[BREC23a] Brecher, C.; Ochel, J.; Ahmed, M. M.; Fey, M.: Clustering of Milling Strategies Using Machine Internal Data. In: 2023 IEEE 27th International Conference on Intelligent Engineering Systems (INES). Nairobi, Kenia, 26.-28.07.2023. S. 77-82

[BREC23b] Brecher, C.; Frenkel, N.; Lohrmann, V.; Ochel, J.; Strachkov, A.; Wiesch, M.; Fey, M.: Konzept zur selektiven Modelladaption durch Clustering von Prozessdaten. In: ZWF Zeitschrift für wirtschaftlichen Fabrikbetrieb. 118. Jg., 2023, Nr. 3. S. 138-143

[BREI01] Breiman, L.: Random Forests. In: Machine Learning. 45. Jg., 2001, Nr. 1. S. 5-32

[BRUN19] Brunton, S. L.; Kutz, J. N.: Data-Driven Science and Engineering. Machine Learning, Dynamical Systems, and Control. Cambridge: Cambridge University Press, 2019

[BUSC21] Buschmann, D.; Enslin, C.; Elser, H.; Lütticke, D.; Schmitt, R. H.: Data-driven decision support for process quality improvements. In: Procedia CIRP. 99. Jg., 2021. S. 313-318

[CAMP13] Campello, R. J. G. B.; Moulavi, D.; Sander, J.: Density-Based Clustering Based on Hierarchical Density Estimates. In Hutchison, D.; Kanade, T.; Kittler, J.; Kleinberg, J. M.; Mattern, F.; Mitchell, J. C.; Naor, M.; Nierstrasz, O.; Pandu Rangan, C.; Steffen, B.; Sudan, M.; Terzopoulos, D.; Tygar, D.; Vardi, M. Y.; Weikum, G.; Pei, J.; Tseng, V. S.; Cao, L.; Motoda, H.; Xu, G. (Hrsg.): Advances in Knowledge Discovery and Data Mining. (Reihe: Lecture Notes in Computer Science). Berlin, Heidelberg: Springer, 2013. S. 160-172

[CAMP15] Campello, R. J. G. B.; Moulavi, D.; Zimek, A.; Sander, J.: Hierarchical Density Estimates for Data Clustering, Visualization, and Outlier Detection. In: ACM Transactions on Knowledge Discovery from Data. 10. Jg., 2015, Nr. 1. S. 1-51

[CAO19] Cao, Q.; Zanni-Merk, C.; Reich, C.: Ontologies for Manufacturing Process Modeling: A Survey. In Dao, D.; Howlett, R. J.; Setchi, R.; Vlacic, L. (Hrsg.): Sustainable Design and Manufacturing. (Reihe: Smart Innovation, Systems and Technologies). Cham: Springer, 2019. S. 61-70

[CARM20] Carmona-Poyato, Á.; Fernández-García, N. L.; Madrid-Cuevas, F. J.; Durán-Rosal, A. M.: A new approach for optimal time-series segmentation. In: Pattern Recognition Letters. 135. Jg., 2020. S. 153-159

[CASS16] Cassisi, C.; Prestifilippo, M.; Cannata, A.; Montalto, P.; Patanè, D.; Privitera, E.: Probabilistic Reasoning Over Seismic Time Series: Volcano Monitoring by Hidden Markov Models at Mt. Etna. In: Pure and Applied Geophysics. 173. Jg., 2016, Nr. 7. S. 2365-2386

[CERA23] Ceratizit S.A.: Volle Prozesskontrolle mit ToolScope. URL: https://cuttingtools.ceratizit.com/de/de/services/toolscope.html. [Stand: 31.03.2023]

[CGTE23] CGTech Deutschland GmbH: Vericut. URL: https://vericut.de/produkte/produktuebersicht.html. [Stand: 31.03.2023]

[CHAK17] Chakraborty, T.: EC3: Combining Clustering and Classification for Ensemble Learning. In: 2017 IEEE International Conference on Data Mining (ICDM). New Orleans, USA, 18.-21.11.2017. S. 781-786

[CHIU03] Chiu, B.; Keogh, E.; Lonardi, S.: Probabilistic discovery of time series motifs. In: Proceedings of the ninth ACM SIGKDD international conference on Knowledge discovery and data mining. Washington, D.C., USA, 24.-27.08.2003. S. 493-498

[CHOU09] Choudhary, A. K.; Harding, J. A.; Tiwari, M. K.: Data mining in manufacturing: a review based on the kind of knowledge. In: Journal of Intelligent Manufacturing. 20. Jg., 2009, Nr. 5. S. 501-521

[CHRI18] Christ, M.; Braun, N.; Neuffer, J.; Kempa-Liehr, A. W.: Time Series FeatuRe Extraction on basis of Scalable Hypothesis tests (tsfresh - A Python package). In: Neurocomputing. 307. Jg., 2018. S. 72-77

[COND13] Condat, L.: A Direct Algorithm for 1-D Total Variation Denoising. In: IEEE Signal Processing Letters. 20. Jg., 2013, Nr. 11. S. 1054-1057

[CONR23] Conrad, F.; Boos, E.; Mälzer, M.; Wiemer, H.; Ihlenfeldt, S.: Impact of Data Sampling on Performance and Robustness of Machine Learning Models in Production Engineering. In Liewald, M.; Verl, A.; Bauernhansl, T.; Möhring, H.-C. (Hrsg.): Production at the Leading Edge of Technology. (Reihe: Lecture Notes in Production Engineering). Cham: Springer, 2023. S. 463-472

[CUI20] Cui, Y.; Kara, S.; Chan, K. C.: Manufacturing big data ecosystem: A systematic literature review. In: Robotics and Computer-Integrated Manufacturing. 62. Jg., 2020. S. 101861

[DAUB92] Daubechies, I.: Ten Lectures on Wavelets. Philadelphia: Society for Industrial and Applied Mathematics, 1992

[DENG20] Deng, C.; Ji, X.; Rainey, C.; Zhang, J.; Lu, W.: Integrating Machine Learning with Human Knowledge. In: iScience. 23. Jg., 2020, Nr. 11. S. 101656

[DENK14a] Denkena, B.; Fischer, R.; Euhus, D.; Neff, T.: Simulation based Process Monitoring for Single Item Production without Machine External Sensors. In: Procedia Technology. 15. Jg., 2014. S. 341-348

[DENK14b] Denkena, B.; Biermann, D.: Cutting edge geometries. In: CIRP Annals. 63. Jg., 2014, Nr. 2. S. 631-653

[DENK22] Denkena, B.; Bergmann, B.; Becker, J.; Stiehl, T.-H.: Time Series Search and Similarity Identification for Single Item Monitoring. In Behrens, B.-A.; Brosius, A.; Drossel, W.-G.; Hintze, W.; Ihlenfeldt, S.; Nyhuis, P. (Hrsg.): Production at the Leading Edge of Technology. (Reihe: Lecture Notes in Production Engineering). Cham: Springer, 2022. S. 479-487

[DEPP15] Deppe, S.; Lohweg, V.: Shift-Invariant Feature Extraction for Time-Series Motif Discovery. In: Proceedings. 25. Workshop Computational Intelligence. Dortmund, Deutschland, 26.-27.11.2015. S. 23-45

[DER22] Der, A.; Yeh, C.-C. M.; Wu, R.; Wang, J.; Zheng, Y.; Zhuang, Z.; Wang, L.; Zhang, W.; Keogh, E.: Matrix Profile XXVII: A Novel Distance Measure for Comparing Long Time Series. In: 2022 IEEE International Conference on Knowledge Graph (ICKG). Orlando, USA, 30.11.-01.12.2022. S. 40-47

[DOGA21] Dogan, A.; Birant, D.: Machine learning and data mining in manufacturing. In: Expert Systems with Applications. 166. Jg., 2021. S. 114060

[DUAN19] Duan, X.; Peng, F.; Zhu, Z.; Jiang, G.: Cutting Edge Element Modeling-based Cutter-Workpiece Engagement Determination and Cutting Force Prediction in Five-axis Milling. In: The International Journal of Advanced Manufacturing Technology. 102. Jg., 2019, Nr. 1-4. S. 421-430

[DUES06] Düsing, R.: Knowledge Discovery in Databases. In Chamoni, P.; Gluchowski, P. (Hrsg.): Analytische Informationssysteme. 3. Aufl. Berlin, Heidelberg: Springer Berlin Heidelberg, 2006. S. 241-262

[DUN21] Dun, Y.; Zhu, L.; Yan, B.; Wang, S.: A chatter detection method in milling of thin-walled TC4 alloy workpiece based on auto-encoding and hybrid clustering. In: Mechanical Systems and Signal Processing. 158. Jg., 2021. S. 107755

[DUNN14] Dunning, T.: Time Series Databases: New Ways to Store and Access Data: O'Reilly Media, 2014

[ECHI18] Echihabi, K.; Zoumpatianos, K.; Palpanas, T.; Benbrahim, H.: The lernaean hydra of data series similarity search. In: Proceedings of the VLDB Endowment. 12. Jg., 2018, Nr. 2. S. 112-127

[ESLI12] Esling, P.; Agon, C.: Time-series data mining. In: ACM Computing Surveys. 45. Jg., 2012, Nr. 1. S. 1-34

[ESTI02] Estivill-Castro, V.: Why so many clustering algorithms. In: ACM SIGKDD Explorations Newsletter. 4. Jg., 2002, Nr. 1. S. 65-75

[EZUG05] Ezugwu, E. O.; Fadare, D. A.; Bonney, J.; Da Silva, R. B.; Sales, W. F.: Modelling the correlation between cutting and process parameters in high-speed machining of Inconel 718 alloy using an artificial neural network. In: International Journal of Machine Tools and Manufacture. 45. Jg., 2005, Nr. 12-13. S. 1375-1385

[EZUG21] Ezugwu, A. E.; Shukla, A. K.; Agbaje, M. B.; Oyelade, O. N.; José-García, A.; Agushaka, J. O.: Automatic clustering algorithms: a systematic review and bibliometric analysis of relevant literature.

In: Neural Computing and Applications. 33. Jg., 2021, Nr. 11. S. 6247-6306

[FAER10] Färber, I.; Günnemann, S.; Kriegel, H.-P.; Kröger, P.; Müller, E. A.; Schubert, E.; Seidl, T.; Zimek, A.: On Using Class-Labels in Evaluation of Clusterings. In: MultiClust: 1st International Workshop on Discovering, Summarizing and Using Multiple Clusterings - held in conjunction with the 16th ACM SIGKDD International Conference on Knowledge Discovery and Data Mining (KDD). Washington, D.C., USA, 25.-28.07.2010

[FAHL21] Fahle, S.; Kneißler, A.; Glaser, T.; Kuhlenkötter, B.: Research on Preprocessing Methods for Time Series Classification Using Machine Learning Models in the Domain of Radial-Axial Ring Rolling. In Behrens, B.-A.; Brosius, A.; Hintze, W.; Ihlenfeldt, S.; Wulfsberg, J. P. (Hrsg.): Production at the leading edge of technology. (Reihe: Lecture Notes in Production Engineering). Berlin, Heidelberg: Springer, 2021. S. 487-496

[FAYY96] Fayyad, U. M.; Piatetsky-Shapiro, G.; Smyth, P.: From Data Mining to Knowledge Discovery: An Overview. In Fayyad, U. M.; Piatetsky-Shapiro, G.; Smyth, P.; Uthurusamy, R. (Hrsg.): Advances in Knowledge Discovery and Data Mining. Menlo Park: AAAI Press, 1996. S. 1-34

[FERG18] Ferguson, M.; Bhinge, R.; Park, J.; Lee, Y. T.; Law, K. H.: A Data Processing Pipeline for Prediction of Milling Machine Tool Condition from Raw Sensor Data. In: Smart and sustainable manufacturing systems. 2. Jg., 2018

[FERT22a] Fertig, A.; Kohn, O.; Brockhaus, B.; Weigold, M.: Consistent Contextualisation of Process and Quality Information for Machining Processes. In Behrens, B.-A.; Brosius, A.; Drossel, W.-G.; Hintze, W.; Ihlenfeldt, S.; Nyhuis, P. (Hrsg.): Production at the Leading Edge of Technology. (Reihe: Lecture Notes in Production Engineering). Cham: Springer, 2022. S. 195-202

[FERT22b] Fertig, A.; Weigold, M.; Chen, Y.: Machine Learning based quality prediction for milling processes using internal machine tool data. In: Advances in Industrial and Manufacturing Engineering. 4. Jg., 2022. S. 100074

[FRIE18] Frieß, U.; Kolouch, M.; Friedrich, A.; Zander, A.: Fuzzy-clustering of machine states for condition monitoring. In: CIRP Journal of Manufacturing Science and Technology. 23. Jg., 2018. S. 64-77

[FRYE21] Frye, M.; Mohren, J.; Schmitt, R. H.: Benchmarking of Data Preprocessing Methods for Machine Learning-Applications in Production. In: Procedia CIRP. 104. Jg., 2021. S. 50-55

[GARC15] García, S.; Luengo, J.; Herrera, F.: Data Preprocessing in Data Mining. (Reihe: Intelligent Systems Reference Library. Bd. 72). Cham: Springer, 2015

[GELE19] Geler, Z.; Kurbalija, V.; Ivanovic, M.; Radovanovic, M.; Dai, W.: Dynamic Time Warping: Itakura vs Sakoe-Chiba. In: 2019 IEEE International Symposium on INnovations in Intelligent SysTems and Applications (INISTA). Sofia, Bulgarien, 03.-05.07.2019. S. 1-6

[GHAR17] Gharghabi, S.; Ding, Y.; Yeh, C.-C. M.; Kamgar, K.; Ulanova, L.; Keogh, E.: Matrix Profile VIII: Domain Agnostic Online Semantic Segmentation at Superhuman Performance Levels. In: 2017 IEEE International Conference on Data Mining (ICDM). New Orleans, USA, 18.-21.11.2017. S. 117-126

[GHAR18] Gharghabi, S.; Imani, S.; Bagnall, A.; Darvishzadeh, A.; Keogh, E.: Matrix Profile XII: MPdist: A Novel Time Series Distance Measure to Allow Data Mining in More Challenging Scenarios. In: 2018 IEEE International Conference on Data Mining (ICDM). Singapur, 17.-20.11.2018. S. 965-970

[GHOJ23] Ghojogh, B.; Samad, M. N.; Mashhadi, S. A.; Kapoor, T.; Ali, W.; Karray, F.; Crowley, M.: Feature Selection and Feature Extraction in Pattern Analysis: A Literature Review. URL: https://arxiv.org/abs/1905.02845. [Stand: 31.03.2023]

[GIRO03] Girod, B.; Rabenstein, R.; Stenger, A.: Einführung in die Systemtheorie. Signale und Systeme in der Elektrotechnik und Informationstechnik. 2. Aufl. Wiesbaden: Vieweg+Teubner, 2003

[GITT19] Gittler, T.; Gontarz, A.; Weiss, L.; Wegener, K.: A fundamental approach for data acquisition on machine tools as enabler for analytical Industrie 4.0 applications. In: Procedia CIRP. 79. Jg., 2019. S. 586-591

[GITT21] Gittler, T.; Glasder, M.; Öztürk, E.; Lüthi, M.; Weiss, L.; Wegener, K.: International Conference on Advanced and Competitive Manufacturing Technologies milling tool wear prediction using unsupervised machine learning. In: The International Journal of Advanced Manufacturing Technology. 117. Jg., 2021, Nr. 7-8. S. 2213-2226

[GOME15] Gomes, J.; Velho, L.: From Fourier Analysis to Wavelets. (Reihe: IMPA Monographs. Bd. 3). Cham: Springer, 2015

[GOSC23] Goschenhofer, J.: Deep Semi-supervised Learning for Time-Series Classification. In Wani, M. A.; Palade, V. (Hrsg.): Deep Learning Applications. (Reihe: Advances in Intelligent Systems and Computing. Bd. 4). Singapur: Springer, 2023. S. 361-384

[GRAB15] Grabocka, J.: Invariant Features For Time-Series Classification. Dissertationsschrift, Universität Hildesheim, 2015

[GROE12] Gröger, C.; Niedermann, F.; Mitschang, B.: Data Mining-drivendriven Manufacturing Process Optimization. In: Proceedings of the World Congress on Engineering. 3. Jg., 2012

[HAJD21] Hajdu, D.; Bachrathy, D.: Chatter Detection Based on a Contact Sensor in Milling Operations. In: MM Science Journal, 2021, Nr. 5. S. 5106-5111

[HAO13] Hao, Y.; Shokoohi-Yekta, M.; Papageorgiou, G.; Keogh, E.: Parameter-Free Audio Motif Discovery in Large Data Archives. In: 2013 IEEE 13th International Conference on Data Mining. Dallas, USA, 07.-10.12.2013. S. 261-270

[HEND21] Henderson, T.; Fulcher, B. D.: An Empirical Evaluation of Time-Series Feature Sets. In: 2021 International Conference on Data Mining Workshops (ICDMW). Auckland, Neu Seeland, 07.-10.12.2021. S. 1032-1038

[HENN23] Hennig, C.: What Are the True Clusters? URL: https://arxiv.org/abs/1502.02555. [Stand: 31.03.2023]

[HILL17] Hillar, G. C.: MQTT essentials. Birmingham, UK: Packt Publishing, 2017

[HU16] Hu, B.; Chen, Y.; Keogh, E.: Classification of streaming time series under more realistic assumptions. In: Data mining and knowledge discovery. 30. Jg., 2016, Nr. 2. S. 403-437

[HUAN21] Huang, Z.; Shen, Y.; Li, J.; Fey, M.; Brecher, C.: A Survey on AI-Driven Digital Twins in Industry 4.0: Smart Manufacturing and Advanced Robotics. In: Sensors. 21. Jg., 2021, Nr. 19

[HUBE85] Hubert, L.; Arabie, P.: Comparing partitions. In: Journal of Classification. 2. Jg., 1985, Nr. 1. S. 193-218

[IMAM19] Imamura, M.; Inoue, M.; Terada, M.; Nikovski, D.: Motif Density for Selecting Optimal Window Length in Motif Discovery. In: International Journal of Informatics Society. 11. Jg., 2019, Nr. 2. S. 95-105

[IMAN18] Imani, S.; Madrid, F.; Ding, W.; Crouter, S.; Keogh, E.: Matrix Profile XIII: Time Series Snippets: A New Primitive for Time Series Data Mining. In: 9th IEEE International Conference on Big Knowledge (ICBK). Singapur, 17.-18.11.2018. S. 382-389

[IMAN21] Imani, S.; Abdoli, A.; Beyram, A.; Imani, A.; Keogh, E.: Multi-Window-Finder: Domain Agnostic Window Size for Time Series Data. In: MileTS 21: 7th KDD Workshop on Mining and Learning from Time Series. Singapur, 14.08.2021

[INFL23] InfluxData Inc.: InfluxDB. URL: https://www.influxdata.com/. [Stand: 31.03.2023]

[ISEN18] Isensee, F.; Jaeger, P. F.; Full, P. M.; Wolf, I.; Engelhardt, S.; Maier-Hein, K. H.: Automatic Cardiac Disease Assessment on cine-MRI via Time-Series Segmentation and Domain Specific Features. In Pop, M.; Sermesant, M.; Jodoin, P.-M.; Lalande, A.; Zhuang, X.; Yang, G.; Young, A.; Bernard, O. (Hrsg.): Statistical Atlases and Computational Models of the Heart. ACDC and MMWHS Challenges. (Reihe: Lecture Notes in Computer Science). Cham: Springer, 2018. S. 120-129

[ISO03] ISO 14649-1 (2003-03). Industrial automation systems and integration - Physical device control - Data model for computerized numerical controllers - Part 1: Overview and fundamental principles

[ISO04a] ISO 14649-11 (2004-12). Industrial automation systems and integration - Physical device control - Data model for computerized numerical controllers - Part 11: Process data for milling

[ISO04b] ISO 14649-10 (2004-12). Industrial automation systems and integration - Physical device control - Data model for computerized numerical controllers - Part 10: General process data

[ISO21] ISO 10303-1 (2021-03). Industrial automation systems and integration - Product data representation and exchange - Part 1: Overview and fundamental principles

[JAVE20] Javed, A.; Lee, B. S.; Rizzo, D. M.: A benchmark study on time series clustering. In: Machine Learning with Applications, 2020. S. 100001

[JAYA21] Jayasankar, U.; Thirumal, V.; Ponnurangam, D.: A survey on data compression techniques: From the perspective of data quality, coding schemes, data type and applications. In: Journal of King Saud University - Computer and Information Sciences. 33. Jg., 2021, Nr. 2. S. 119-140

[KARA16] Karam, S.; Centobelli, P.; D'Addona, D. M.; Teti, R.: Online Prediction of Cutting Tool Life in Turning via Cognitive Decision Making. In: Procedia CIRP. 41. Jg., 2016. S. 927-932

[KEOG03] Keogh, E.; Lin, J.; Truppel, W.: Clustering of time series subsequences is meaningless: implications for previous and future research. In: Third IEEE International Conference on Data Mining. Melbourne, USA, 19.-22.11.2003. S. 115-122

[KEOG04] Keogh, E.; Chu, S.; Hart, D.; Pazzani, M.: Segmenting Time Series: A Survey and Novel Approach. In Last, M.; Kandel, A.; Bunke, H.

(Hrsg.): Data Mining in Time Series Databases. (Reihe: Series in Machine Perception and Artificial Intelligence): World Scientific, 2004. S. 1-21

[KEOG06] Keogh, E.; Wei, L.; Xi, X.; Lee, S.-H.; Vlachos, M.: LB_Keogh supports exact indexing of shapes under rotation invariance with arbitrary representations and distance measures. In: Proceedings of the 32nd international conference on Very large data bases, 2006. S. 882-893

[KEOG17] Keogh, E.: Indexing and Mining Time Series Data. In Shekhar, S.; Xiong, H.; Zhou, X. (Hrsg.): Encyclopedia of GIS. Cham: Springer, 2017. S. 933-939

[KHAN20] Khan, S. S.; Ahamed, S.; Jannat, M.; Shatabda, S.; Farid, D. M.: Classification by Clustering (CbC): An Approach of Classifying Big Data Based on Similarities. In Uddin, M. S.; Bansal, J. C. (Hrsg.): Proceedings of International Joint Conference on Computational Intelligence. (Reihe: Algorithms for Intelligent Systems). Singapur: Springer, 2020. S. 593-605

[KOEN18] Königs, M.; Brecher, C.: Process-parallel Virtual Quality Evaluation for Metal Cutting in Series Production. In: Procedia Manufacturing. 26. Jg., 2018. S. 1087-1093

[KOUN22] Kounta, C. A. K. A.; Arnaud, L.; Kamsu-Foguem, B.; Tangara, F.: Review of AI-based methods for chatter detection in machining based on bibliometric analysis. In: The International Journal of Advanced Manufacturing Technology. 122. Jg., 2022, Nr. 5-6. S. 2161-2186

[KOUN23] Kounta, C. A. K. A.; Arnaud, L.; Kamsu-Foguem, B.; Tangara, F.: Deep learning for the detection of machining vibration chatter. In: Advances in Engineering Software. 180. Jg., 2023. S. 103445

[KREU23] Kreuzberger, D.; Kühl, N.; Hirschl, S.: Machine Learning Operations (MLOps): Overview, Definition, and Architecture. URL: https://arxiv.org/abs/2205.02302. [Stand: 31.03.2023]

[KRIE09] Kriegel, H.-P.; Schubert, M.: KDD Pipeline. In Liu, L.; Özsu, M. T. (Hrsg.): Encyclopedia of Database Systems. 2. Aufl. Boston: Springer, 2009. S. 1586-1587

[KYRA20] Kyratsis, P.; Kakoulis, K.; Markopoulos, A. P.: Advances in CAD/CAM/CAE Technologies. In: Machines. 8. Jg., 2020, Nr. 1. S. 13

[LACH15] Lachmayer, R.; Gottwald, P.: An Approach to Integrate Data Mining into the Development Process. In Schabacker, M.; Gericke, K.; Szélig, N.; Vajna, S. (Hrsg.): Modelling and Management of Engineering Processes. Berlin, Heidelberg: Springer, 2015. S. 175-185

[LEE23] Lee, W.-H.; Ortiz, J.; Ko, B.; Lee, R.: Time Series Segmentation through Automatic Feature Learning. URL: https://arxiv.org/abs/1801.05394v2. [Stand: 31.03.2023]

[LENZ18] Lenz, J.; Wuest, T.; Westkämper, E.: Holistic approach to machine tool data analytics. In: Journal of Manufacturing Systems. 48. Jg., 2018. S. 180-191

[LI21] Li, D.-D.; Zhang, W.-M.; Li, Y.-S.; Xue, F.; Fleischer, J.: Chatter identification of thin-walled parts for intelligent manufacturing based on multi-signal processing. In: Advances in Manufacturing. 9. Jg., 2021, Nr. 1. S. 22-33

[LIAN19] Liang, Y. C.; Wang, S.; Li, W. D.; Lu, X.: Data-Driven Anomaly Diagnosis for Machining Processes. In: Engineering. 5. Jg., 2019, Nr. 4. S. 646-652

[LIN02] Lin, J.; Keogh, E.; Lonardi, S.; Patel, P.: Finding Motifs in Time Series. In: Proceedings of the 8th ACM International conference on knowledge discovery, 2002. S. 53-68

[LIN12] Lin, J.; Khade, R.; Li, Y.: Rotation-invariant similarity in time series using bag-of-patterns representation. In: Journal of Intelligent Information Systems. 39. Jg., 2012, Nr. 2. S. 287-315

[LIN16] Lin, J. F.-S.; Karg, M.; Kulic, D.: Movement Primitive Segmentation for Human Motion Modeling: A Framework for Analysis. In: IEEE Transactions on Human-Machine Systems. 46. Jg., 2016, Nr. 3. S. 325-339

[LINA18] Linardi, M.; Zhu, Y.; Palpanas, T.; Keogh, E.: Matrix Profile X: VALMOD - Scalable Discovery of Variable-Length Motifs in Data Series. In: Proceedings of the 2018 International Conference on Management of Data. Houston, USA, 10.-15.06.2018. S. 1053-1066

[LOVR14] Lovrić, M.; Milanović, M.; Stamenković, M.: Algoritmic methods for segmentation of time series: An overview. In: Journal of Contemporary Economic and Business Issues, 2014. S. 31-53

[MADR19] Madrid, F.; Imani, S.; Mercer, R.; Zimmerman, Z.; Shakibay, N.; Keogh, E.: Matrix Profile XX: Finding and Visualizing Time Series Motifs of All Lengths using the Matrix Profile. In: 2019 IEEE International Conference on Big Knowledge (ICBK). Peking, China, 10.-11.11.2019. S. 175-182

[MAHA19] Maharaj, E. A.; D'Urso, P.; Caiado, J.: Time series clustering and classification. Boca Raton, London, New York: CRC Press Taylor & Francis Group, 2019

[MALL89] Mallat, S. G.: A Theory for Multiresolution Signal Decomposition. The Wavelet Representation. In: IEEE Transactions on Pattern Analysis and Machine Intelligence. 11. Jg., 1989, Nr. 7. S. 674-693

[MANU23] Manufacturing Automation Laboratories Inc.: MACHpro: THE VIRTUAL MACHINING SYSTEM. URL: https://www.malinc.com/products/machpro/. [Stand: 31.03.2023]

[MARP23] MARPOSS Monitoring Solutions GmbH: Artis. URL: https://www.artis.de/ger/. [Stand: 31.03.2023]

[MATI21] Matias, P.; Folgado, D.; Gamboa, H.; Carreiro, A.: Time Series Segmentation Using Neural Networks with Cross-Domain Transfer Learning. In: Electronics. 10. Jg., 2021, Nr. 15. S. 1805

[MATR23] Matrix Profile Foundation: Plot MatrixProfile Discords. URL: https://matrixprofile.docs.matrixprofile.org/examples/Plot_Discords_MP.html. [Stand: 31.03.2023]

[MATS14] Matsubara, Y.; Sakurai, Y.; Faloutsos, C.: AutoPlait. In: Proceedings of the 2014 ACM SIGMOD International Conference on Management of Data. Snowbird, USA, 22.-27.06.2014. S. 193-204

[MATT14] Matteson, D. S.; James, N. A.: A Nonparametric Approach for Multiple Change Point Analysis of Multivariate Data. In: Journal of the American Statistical Association. 109. Jg., 2014, Nr. 505. S. 334-345

[MCIN17] McInnes, L.; Healy, J.; Astels, S.: hdbscan: Hierarchical density based clustering. In: The Journal of Open Source Software. 2. Jg., 2017, Nr. 11. S. 205

[MCIN23] McInnes, L.; Healy, J.; Melville, J.: UMAP: Uniform Manifold Approximation and Projection for Dimension Reduction. URL: https://arxiv.org/abs/1802.03426v3. [Stand: 31.03.2023]

[MEIE21] Meier, A.: Rundgang Big Data Analytics - Hard & Soft Data Mining. In D'Onofrio, S.; Meier, A. (Hrsg.): Big Data Analytics. (Reihe: Edition HMD). Wiesbaden: Springer, 2021. S. 3-23

[MING08] Ming, G.; Yangsheng, X.; Du Ruxu: An Intelligent Online Monitoring and Diagnostic System for Manufacturing Automation. In: IEEE Transactions on Automation Science and Engineering. 5. Jg., 2008, Nr. 1. S. 127-139

[MIRM18] Mirmomeni, M.; Kowsar, Y.; Kulik, L.; Bailey, J.: An Automated Matrix Profile for Mining Consecutive Repeats in Time Series. In Geng, X.; Kang, B.-H. (Hrsg.): PRICAI 2018: Trends in Artificial Intelligence. (Reihe: Lecture Notes in Computer Science). Cham: Springer, 2018. S. 192-200

[MOEH20] Möhring, H.-C.; Wiederkehr, P.; Erkorkmaz, K.; Kakinuma, Y.: Self-optimizing machining systems. In: CIRP Annals. 69. Jg., 2020, Nr. 2. S. 740-763

[MOEL03] Möller-Levet, C. S.; Klawonn, F.; Cho, K.-H.; Wolkenhauer, O.: Fuzzy Clustering of Short Time-Series and Unevenly Distributed Sampling Points. In Goos, G.; Hartmanis, J.; van Leeuwen, J.; R. Berthold, M.; Lenz, H.-J.; Bradley, E.; Kruse, R.; Borgelt, C. (Hrsg.): Advances in Intelligent Data Analysis V. (Reihe: Lecture Notes in Computer Science). Berlin, Heidelberg: Springer, 2003. S. 330-340

[MOHA20] Mohanraj, T.; Shankar, S.; Rajasekar, R.; Sakthivel, N. R.; Pramanik, A.: Tool condition monitoring techniques in milling process - a review. In: Journal of Materials Research and Technology. 9. Jg., 2020, Nr. 1. S. 1032-1042

[MORI22] Moriz, A.; Wolfschläger, D.; Montavon, B. L.; Schmitt, R. H.: Augmenting image datasets for quality control models using CycleGANs. In: Proceedings of the 22nd International Conference of the European Society for Precision Engineering and Nanotechnology. Genf, Schweiz, 30.05.-03.06.2022

[MOUR19] Mourtzis, D.; Makris, S.; Chryssolouris, G.: Computer-Aided Manufacturing. In Chatti, S.; Laperrière, L.; Reinhart, G.; Tolio, T. (Hrsg.): CIRP Encyclopedia of Production Engineering. Berlin, Heidelberg: Springer, 2019. S. 327-339

[MUEE09] Mueen, A.; Keogh, E.; Zhu, Q.; Cash, S.; Westover, B.: Exact Discovery of Time Series Motifs. In: Proceedings of the 2009 SIAM International Conference on Data Mining, 2009. S. 473-484

[MUEE14] Mueen, A.: Time series motif discovery: dimensions and applications. In: Wiley Interdisciplinary Reviews: Data Mining and Knowledge Discovery. 4. Jg., 2014, Nr. 2. S. 152-159

[MUEE23] Mueen, A.; Zhing, S.; Zhu, Y.; Yeh, M.; Kamgar, K.; Viswanathan, K.; Gupta, C.; Keogh, E.: The Fastest Similarity Search Algorithm for Time Series Subsequences under Euclidean Distance. URL: http://www.cs.unm.edu/~mueen/FastestSimilaritySearch.html. [Stand: 31.03.2023]

[MUEL17] Müller, A. C.; Guido, S.: Einführung in Machine Learning mit Python: Praxiswissen Data Science. Heidelberg: O'Reilly, 2017

[MURA21] Murakami, H.; Katsuki, A.; Sajima, T.; Uchiyama, K.; Houda, K.; Sugihara, Y.: Spindle with Built-in Acoustic Emission Sensor to Realize Contact Detection. In: Precision Engineering. 70. Jg., 2021. S. 26-33

[NA22] Na, W.; Yong, F.: Music Recognition and Classification Algorithm considering Audio Emotion. In: Scientific Programming. 2022. Jg., 2022. S. 1-10

[NAKA20] Nakamura, T.; Imamura, M.; Mercer, R.; Keogh, E.: MERLIN: Parameter-Free Discovery of Arbitrary Length Anomalies in Massive Time Series Archives. In: 2020 IEEE International Conference on Data Mining (ICDM). Sorrent, Italien, 17.-20.11.2020. S. 1190-1195

[NAMO19] Namoano, B.; Starr, A.; Emmanouilidis, C.; Cristobal, R. C.: Online change detection techniques in time series: An overview. In: 2019 IEEE International Conference on Prognostics and Health Management (ICPHM). San Francisco, USA, 17.-20.06.2019. S. 1-10

[NETZ22] Netzer, M.; Palenga, Y.; Fleischer, J.: Machine tool process monitoring by segmented timeseries anomaly detection using subprocess-specific thresholds. In: Production Engineering. 16. Jg., 2022, Nr. 5. S. 597-606

[NEUS15] Neus, S.; Daniels, M.: Bestimmung der Zerspankraftkoeffizienten aus Achsströmen. In Brecher, C. (Hrsg.): Realisierung effizienter Zerspanprozesse. Ergebnisbericht des BMBF Verbundprojekts ReffiZ. Aachen: Shaker, 2015. S. 93-95

[NIEM20] Niemietz, P.; Pennekamp, J.; Kunze, I.; Trauth, D.; Wehrle, K.; Bergs, T.: Stamping Process Modelling in an Internet of Production. In: Procedia Manufacturing. 49. Jg., 2020. S. 61-68

[NUNT12] Nunthanid, P.; Niennattrakul, V.; Ratanamahatana, C. A.: Parameter-free motif discovery for time series data. In: 9th International Conference on Electrical Engineering/Electronics, Computer, Telecommunications and Information Technology. Phetchaburi, Thailand, 16.-18.05.2012. S. 1-4

[OCHE22] Ochel, J.; Fey, M.; Brecher, C.: Semantically Meaningful Segmentation of Milling Process Data. In Behrens, B.-A.; Brosius, A.; Drossel, W.-G.; Hintze, W.; Ihlenfeldt, S.; Nyhuis, P. (Hrsg.): Production at the Leading Edge of Technology. (Reihe: Lecture Notes in Production Engineering). Cham: Springer, 2022. S. 319-327

[OCHE23] Ochel, J.; Fey, M.; Brecher, C.: Multivariate Synchronization of NC Process Data Sets Based on Dynamic Time Warping. In Liewald, M.; Verl, A.; Bauernhansl, T.; Möhring, H.-C. (Hrsg.): Production at the Leading Edge of Technology. (Reihe: Lecture Notes in Production Engineering). Cham: Springer, 2023. S. 288-296

[ORTI11] Ortiz Laguna, J.; Olaya, A. G.; Borrajo, D.: A Dynamic Sliding Window Approach for Activity Recognition. In Konstan, J. A.; Conejo, R.;

Marzo, J. L.; Oliver, N. (Hrsg.): User Modeling, Adaption and Personalization. (Reihe: Lecture Notes in Computer Science). Berlin, Heidelberg: Springer, 2011. S. 219-230

[PAEP20] Paepe, D. de; Avendano, D. N.; van Hoecke, S.: Implications of Z-Normalization in the Matrix Profile. In Marsico, M. de; Di Sanniti Baja, G.; Fred, A. (Hrsg.): Pattern Recognition Applications and Methods. (Reihe: Lecture Notes in Computer Science). Cham: Springer, 2020. S. 95-118

[PAND16] Pandey, A. V.; Krause, J.; Felix, C.; Boy, J.; Bertini, E.: Towards Understanding Human Similarity Perception in the Analysis of Large Sets of Scatter Plots. In: Proceedings of the 2016 CHI Conference on Human Factors in Computing Systems. San Jose, USA, 07.-12.05.2016. S. 3659-3669

[PATE02] Patel, P.; Keogh, E.; Lin, J.; Lonardi, S.: Mining motifs in massive time series databases. In: 2002 IEEE International Conference on Data Mining, 2002. Proceedings. Maebashi, Japan, 9.-12.12.2002. S. 370-377

[PERS19] Perslev, M.; Jensen, M. H.; Darkner, S.; Jennum, P. J.; Igel, C.: U-Time: a fully convolutional network for time series segmentation applied to sleep staging. In: Proceedings of the 33rd International Conference on Neural Information Processing Systems, 2019. S. 4415-4426

[PUEC20] Puech, T.; Boussard, M.; D'Amato, A.; Millerand, G.: A Fully Automated Periodicity Detection in Time Series. In Lemaire, V.; Malinowski, S.; Bagnall, A.; Bondu, A.; Guyet, T.; Tavenard, R. (Hrsg.): Advanced Analytics and Learning on Temporal Data. (Reihe: Lecture Notes in Computer Science). Cham: Springer, 2020. S. 43-54

[RAHI21] Rahimi, M. H.; Huynh, H. N.; Altintas, Y.: On-line chatter detection in milling with hybrid machine learning and physics-based model. In: CIRP Journal of Manufacturing Science and Technology. 35. Jg., 2021. S. 25-40

[RAKT12] Rakthanmanon, T.; Campana, B.; Mueen, A.; Batista, G.; Westover, B.; Zhu, Q.; Zakaria, J.; Keogh, E.: Searching and Mining Trillions of Time Series Subsequences under Dynamic Time Warping. In: Proceedings of the International Conference on Knowledge Discovery & Data Mining, 2012. S. 262-270

[REIC14] Reichert, R.: Big Data. (Reihe: De Gruyter eBook-Paket Sozialwissenschaften. Bd. 3). Bielefeld: transcript, 2014

[RICH22] Richards, J. A.: Clustering and Unsupervised Classification. In Richards, J. A. (Hrsg.): Remote Sensing Digital Image Analysis. Cham: Springer, 2022. S. 369-401

[ROME18] Romeike, F.: Risikomanagement. Wiesbaden: Springer Gabler, 2018

[RYCK21] Ryck, T. de; Vos, M. de; Bertrand, A.: Change Point Detection in Time Series Data Using Autoencoders With a Time-Invariant Representation. In: IEEE Transactions on Signal Processing. 69. Jg., 2021. S. 3513-3524

[SCHA15] Schäfer, P.: Scalable Time Series Similarity Search for Data Analytics. Dissertationsschrift, Humboldt-Universität Berlin, 2015

[SCHA21] Schäfer, P.; Ermshaus, A.; Leser, U.: ClaSP - Time Series Segmentation. In: Proceedings of the 30th ACM International Conference on Information & Knowledge Management. Queensland, Australien (virtuell), 01.-05.11.2021. S. 1578-1587

[SCHU20] Schuh, G.; Burggräf, P.; Gottschalk, S.; Gützlaff, A.; Dannapfel, M.; Hast, K.; Ebade Esfahani, M. A.; Geukes, C.; Welsing, M.; Klein, A.; Tschöpe, S.; Henrichs, M.; Weber, W.; Holtbrügge, J.; Benninghaus, C.; Feike, S.; Mairl, P.; Hülsmann, N.: Worldwide Lab - Garantierte Produktivitätssteigerung durch Lernen im Netzwerk. In Bergs, T.; Brecher, C.; Schmitt, R.; Schuh, G. (Hrsg.): Internet of Production - Turning Data into Value: Statusberichte aus der Produktionstechnik. Aachen: Apprimus, 2020. S. 254-280

[SCIP23] SciPy Community: Peak Prominences. URL: https://docs.scipy.org/doc/scipy/reference/generated/scipy.signal.peak_prominences.html. [Stand: 31.03.2023]

[SEEV20] Seevers, J.-P.: Automatisierte Mustererkennung in Zeitreihen zur selbstlernenden Leistungsüberwachung von Produktionsanlagen. Dissertationsschrift, Universität Kassel, 2020

[SHAN23] Shankar, S.; Garcia, R.; Hellerstein, J. M.; Parameswaran, A. G.: Operationalizing Machine Learning: An Interview Study. URL: https://arxiv.org/abs/2209.09125. [Stand: 31.03.2023]

[SHIE08] Shieh, J.; Keogh, E.: i SAX. In: Proceedings of the 14th ACM SIGKDD international conference on Knowledge discovery and data mining. Las Vegas, USA, 24.-27.08.2008. S. 623-631

[SHOK17] Shokoohi-Yekta, M.; Hu, B.; Jin, H.; Wang, J.; Keogh, E.: Generalizing DTW to the multi-dimensional case requires an adaptive approach. In: Data mining and knowledge discovery. 31. Jg., 2017, Nr. 1. S. 1-31

[SIDD16] Siddiqa, A.; Hashem, I. A. T.; Yaqoob, I.; Marjani, M.; Shamshirband, S.; Gani, A.; Nasaruddin, F.: A survey of big data management: Taxonomy and state-of-the-art. In: Journal of Network and Computer Applications. 71. Jg., 2016. S. 151-166

[SIEM20] Siemens AG: SINUMERIK 840D sl Basesoftware und Bediensoftware. Inbetriebnahmehandbuch, 10/2020

[SIEM23a] Siemens AG: Analyse MyWorkpiece /Toolpath. URL: https://www.siemens.com/global/en/markets/machinebuilding/machine-tools/cnc4you/fokus-digitalisierung/analyse-myworkpiece-tp.html. [Stand: 31.03.2023]

[SIEM23b] Siemens AG: Industrial Edge. URL: https://www.siemens.com/global/en/products/automation/topic-areas/industrial-edge/it-specialists.html. [Stand: 31.03.2023]

[SILV21] Silva, R. P.; Zarpelão, B. B.; Cano, A.; Junior, S. B.: Time Series Segmentation Based on Stationarity Analysis to Improve New Samples Prediction. In: Sensors. 21. Jg., 2021, Nr. 21

[SIVA17] Sivarajah, U.; Kamal, M. M.; Irani, Z.; Weerakkody, V.: Critical analysis of Big Data challenges and analytical methods. In: Journal of Business Research. 70. Jg., 2017. S. 263-286

[SNOW23] Snowflake Inc.: Streamlit. URL: https://streamlit.io/. [Stand: 31.03.2023]

[SOSS19] Sossenheimer, J.; Weber, T.; Flum, D.; Panten, N.; Abele, E.; Fuertjes, T.: Non-intrusive Load Monitoring on Component Level of a Machine Tool Using a Kalman Filter-Based Disaggregation Approach. In Armendia, M.; Ghassempouri, M.; Ozturk, E.; Peysson, F. (Hrsg.): Twin-Control. Cham: Springer, 2019. S. 155-165

[SPIE15] Spiegel, S.: Time series distance measures. Dissertationsschrift, Technische Universität Berlin, 2015

[TAN20] Tan, P.-N.; Steinbach, M.; Karpatne, A.; Kumar, V.: Introduction to data mining. 2. Aufl. New York: Pearson, 2020

[TAO18] Tao, F.; Qi, Q.; Liu, A.; Kusiak, A.: Data-driven smart manufacturing. In: Journal of Manufacturing Systems. 48. Jg., 2018. S. 157-169

[TAVA20] Tavakoli, N.; Siami-Namini, S.; Adl Khanghah, M.; Mirza Soltani, F.; Siami Namin, A.: An autoencoder-based deep learning approach for clustering time series data. In: SN Applied Sciences. 2. Jg., 2020, Nr. 5

[THE23] The PostgreSQL Global Development Group: PostgreSQL: The World's Most Advanced Open Source Relational Database. URL: https://www.postgresql.org/. [Stand: 31.03.2023]

[TIME23] Timescale Inc.: Timescale. Postgres for time-series. URL: https://www.timescale.com/. [Stand: 31.03.2023]

[TORA16] Torabi, A. J.; Er, M. J.; Li, X.; Lim, B. S.; Peen, G. O.: Application of Clustering Methods for Online Tool Condition Monitoring and Fault Diagnosis in High-Speed Milling Processes. In: IEEE Systems Journal. 10. Jg., 2016, Nr. 2. S. 721-732

[TORK17] Torkamani, S.; Lohweg, V.: Survey on time series motif discovery. In: Wiley Interdisciplinary Reviews: Data Mining and Knowledge Discovery. 7. Jg., 2017, Nr. 2. S. e1199

[TRAL20] Tralie, C. J.; Dempsey, E.: Exact, Parallelizable Dynamic Time Warping Alignment with Linear Memory. In: Proceedings of the 21st International Society for Music Information Retrieval Conference, 2020. S. 462-469

[TRAN20] Tran, M.-Q.; Liu, M.-K.; Tran, Q.-V.: Milling chatter detection using scalogram and deep convolutional neural network. In: The International Journal of Advanced Manufacturing Technology. 107. Jg., 2020, Nr. 3-4. S. 1505-1516

[TRUO20] Truong, C.; Oudre, L.; Vayatis, N.: Selective review of offline change point detection methods. In: Signal Processing. 167. Jg., 2020. S. 107299

[TWIE10] Twieg, S.: Selbstlernende akustische Mustererkennung zur Erfassung von Bauteilfehlern im Automobil. Dissertationsschrift, Universität Rostock, 2010

[UNTE21] Unterberg, M.; Voigts, H.; Weiser, I. F.; Feuerhack, A.; Trauth, D.; Bergs, T.: Wear monitoring in fine blanking processes using feature based analysis of acoustic emission signals. In: Procedia CIRP. 104. Jg., 2021. S. 164-169

[VAN20] van Engelen, J. E.; Hoos, H. H.: A survey on semi-supervised learning. In: Machine Learning. 109. Jg., 2020, Nr. 2. S. 373-440

[VAN21] van der Aalst, W. M.: Hybrid Intelligence: to automate or not to automate, that is the question. In: International Journal of Information Systems and Project Management. 9. Jg., 2021, Nr. 2. S. 5-20

[WANG06] Wang, X.; Smith, K.; Hyndman, R.: Characteristic-Based Clustering for Time Series Data. In: Data mining and knowledge discovery. 13. Jg., 2006, Nr. 3. S. 335-364

[WANG21] Wang, R.; Song, Q.; Liu, Z.; Ma, H.; Gupta, M. K.; Liu, Z.: A Novel Unsupervised Machine Learning-Based Method for Chatter Detection in the Milling of Thin-Walled Parts. In: Sensors. 21. Jg., 2021, Nr. 17

[WARR05] Warren Liao, T.: Clustering of time series data - a survey. In: Pattern Recognition. 38. Jg., 2005, Nr. 11. S. 1857-1874

[WEI06] Wei, L.; Keogh, E.: Semi-supervised time series classification. In: Proceedings of the 12th ACM SIGKDD international conference on Knowledge discovery and data mining. Philadelphia, USA, 20.-23.08.2006. S. 748-753

[WELL19] Wellmann, F.: Datengetriebene, kontextadaptive Produktivitätssteigerung von NC-Zerspanprozessen. Dissertationsschrift, RWTH Aachen, 2019

[WEN21] Wen, Q.; He, K.; Sun, L.; Zhang, Y.; Ke, M.; Xu, H.: RobustPeriod: Robust Time-Frequency Mining for Multiple Periodicity Detection. In: Proceedings of the 2021 International Conference on Management of Data. China (virtuell), 20.-25.06.2021. S. 2328-2337

[WOLF22] Wolfschläger, D.; Woltersmann, J.-H.; Montavon, B.; Schmitt, R. H.: Sheared edge defect segmentation using a convolutional U-Net for quantified quality assessment of fine blanked workpieces. In: Precision Engineering. 75. Jg., 2022. S. 129-141

[WU19] Wu, T. Y.; Lei, K. W.: Prediction of surface roughness in milling process using vibration signal analysis and artificial neural network. In: The International Journal of Advanced Manufacturing Technology. 102. Jg., 2019, Nr. 1-4. S. 305-314

[XI06] Xi, X.; Keogh, E.; Shelton, C.; Wei, L.; Ratanamahatana, C. A.: Fast time series classification using numerosity reduction. In: Proceedings of the 23rd international conference on Machine learning - ICML '06. Pittsburgh, USA, 25.-29.06.2006. S. 1033-1040

[XU20] Xu, K.; Li, Y.; Liu, C.; Liu, X.; Hao, X.; Gao, J.; Maropoulos, P. G.: Advanced Data Collection and Analysis in Data-Driven Manufacturing Process. In: Chinese Journal of Mechanical Engineering. 33. Jg., 2020, Nr. 1

[YEH16] Yeh, C.-C. M.; Zhu, Y.; Ulanova, L.; Begum, N.; Ding, Y.; Dau, H. A.; Silva, D. F.; Mueen, A.; Keogh, E.: Matrix Profile I: All Pairs Similarity Joins for Time Series: A Unifying View That Includes Motifs, Discords and Shapelets. In: 2016 IEEE 16th International Conference on Data Mining (ICDM). Barcelona, Spanien, 12.-15.12.2016. S. 1317-1322

[YEH17] Yeh, C.-C. M.; Kavantzas, N.; Keogh, E.: Matrix Profile VI: Meaningful Multidimensional Motif Discovery. In: 2017 IEEE International Conference on Data Mining (ICDM). New Orleans, USA, 18.-21.11.2017. S. 565-574

[YEH19] Yeh, C.-C. M.; Zhu, Y.; Dau, H. A.; Darvishzadeh, A.; Noskov, M.; Keogh, E.: Online Amnestic DTW to allow Real-Time Golden Batch

Monitoring. In: Proceedings of the 25th ACM SIGKDD International Conference on Knowledge Discovery & Data Mining. Anchorage, USA, 04.-08.08.2019. S. 2604-2612

[YESI22] Yesilli, M. C.; Khasawneh, F. A.; Otto, A.: Chatter detection in turning using machine learning and similarity measures of time series via dynamic time warping. In: Journal of Manufacturing Processes. 77. Jg., 2022. S. 190-206

[YUAN21] Yuan, Y.; Wu, L.; Zhang, X.: Gini-Impurity Index Analysis. In: IEEE Transactions on Information Forensics and Security. 16. Jg., 2021. S. 3154-3169

[ZHAN14] Zhang, X.; Nassehi, A.; Newman, S. T.: Feature recognition from CNC part programs for milling operations. In: The International Journal of Advanced Manufacturing Technology. 70. Jg., 2014, Nr. 1-4. S. 397-412

[ZHAN18] Zhang, G.; Li, C.; Zhou, H.; Wagner, T.: Punching process monitoring using wavelet transform based feature extraction and semi-supervised clustering. In: Procedia Manufacturing. 26. Jg., 2018. S. 1204-1212

[ZHAN19] Zhang, Y.; Huang, H.; Yang, L.-X.; Xiang, Y.; Li, M.: Serious Challenges and Potential Solutions for the Industrial Internet of Things with Edge Intelligence. In: IEEE Network. 33. Jg., 2019, Nr. 5. S. 41-45

[ZHOU05] Zhou, S.; Jin, J.: Automatic feature selection for unsupervised clustering of cycle-based signals in manufacturing processes. In: IIE Transactions. 37. Jg., 2005, Nr. 6. S. 569-584

[ZHOU06] Zhou, S.; Sun, B.; Shi, J.: An SPC monitoring system for cycle-based waveform signals using haar transform. In: IEEE Transactions on Automation Science and Engineering. 3. Jg., 2006, Nr. 1. S. 60-72

[ZHOU18] Zhou, Y.; Xue, W.: Review of tool condition monitoring methods in milling processes. In: The International Journal of Advanced Manufacturing Technology. 96. Jg., 2018, Nr. 5-8. S. 2509-2523

[ZHU16] Zhu, Y.; Zimmerman, Z.; Senobari, N. S.; Yeh, C.-C. M.; Funning, G.; Mueen, A.; Brisk, P.; Keogh, E.: Matrix Profile II: Exploiting a Novel Algorithm and GPUs to Break the One Hundred Million Barrier for Time Series Motifs and Joins. In: 2016 IEEE 16th International Conference on Data Mining (ICDM). Barcelona, Spanien, 12.-15.12.2016. S. 739-748

[ZHU18] Zhu, Y.; Yeh, C.-C. M.; Zimmerman, Z.; Kamgar, K.; Keogh, E.: Matrix Profile XI: SCRIMP++: Time Series Motif Discovery at Interactive

Speeds. In: 2018 IEEE International Conference on Data Mining (ICDM). Singapur, 17.-20.11.2018. S. 837-846

[ZHU21] Zhu, Y.; Mueen, A.; Keogh, E.: Matrix Profile IX: Admissible Time Series Motif Discovery With Missing Data. In: IEEE Transactions on Knowledge and Data Engineering. 33. Jg., 2021, Nr. 6. S. 2616-2626

[ZIMM19] Zimmerman, Z.; Kamgar, K.; Senobari, N. S.; Crites, B.; Funning, G.; Brisk, P.; Keogh, E.: Matrix Profile XIV: Scaling Time Series Motif Discovery with GPUs to Break a Quintillion Pairwise Comparisons a Day and Beyond. In: Proceedings of the ACM Symposium on Cloud Computing. Santa Cruz, USA, 20.-23.11.2019. S. 74-86

11 Anhang

Appendix

Dieser Anhang enthält folgende ergänzende Informationen:

- Beschreibungen der verwendeten Datensätze (Kapitel 11.1)
- Spindeldrehzahlpartitionen aller Datensätze (Kapitel 11.2)
- Vorschubgeschwindigkeitsstrukturierungen aller Datensätze (Kapitel 11.3)
- Werkzeugeingriffe aller Datensätze (Kapitel 11.4)
- Segmentierungsergebnisse alle Datensätze (Kapitel 11.5)
- Algorithmisch und manuell identifizierte Snippets aller Datensätze (Kapitel 11.6)
- Clusteringergebnisse der Datensätze *Alpha* und *Beta* (Kapitel 11.7)
- Klassifikationsergebnisse der Datensätze *Gamma* und *Delta* (Kapitel 11.8)

11.1 Datensatzbeschreibungen

Data Set Descriptions

Bild 11.1: Gefertigtes Werkstück *Alpha*

Manufactured Part Alpha

Bild 11.2: Gefertigtes Werkstück *Beta*

Manufactured Part Beta

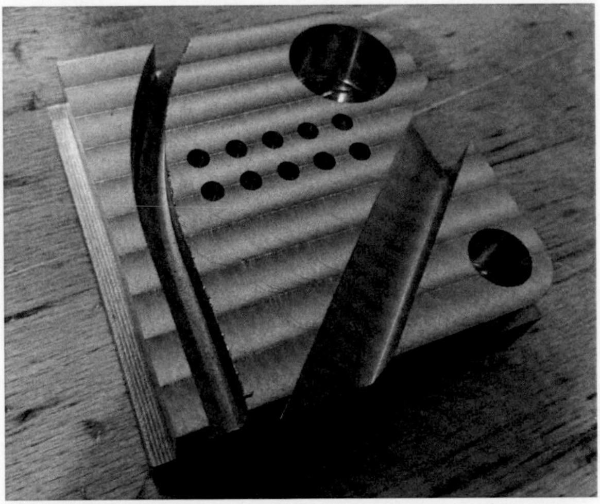

Bild 11.3: Gefertigtes Werkstück *Gamma*
Manufactured Part Gamma

Bild 11.4: Gefertigtes Werkstück *Delta*
Manufactured Part Delta

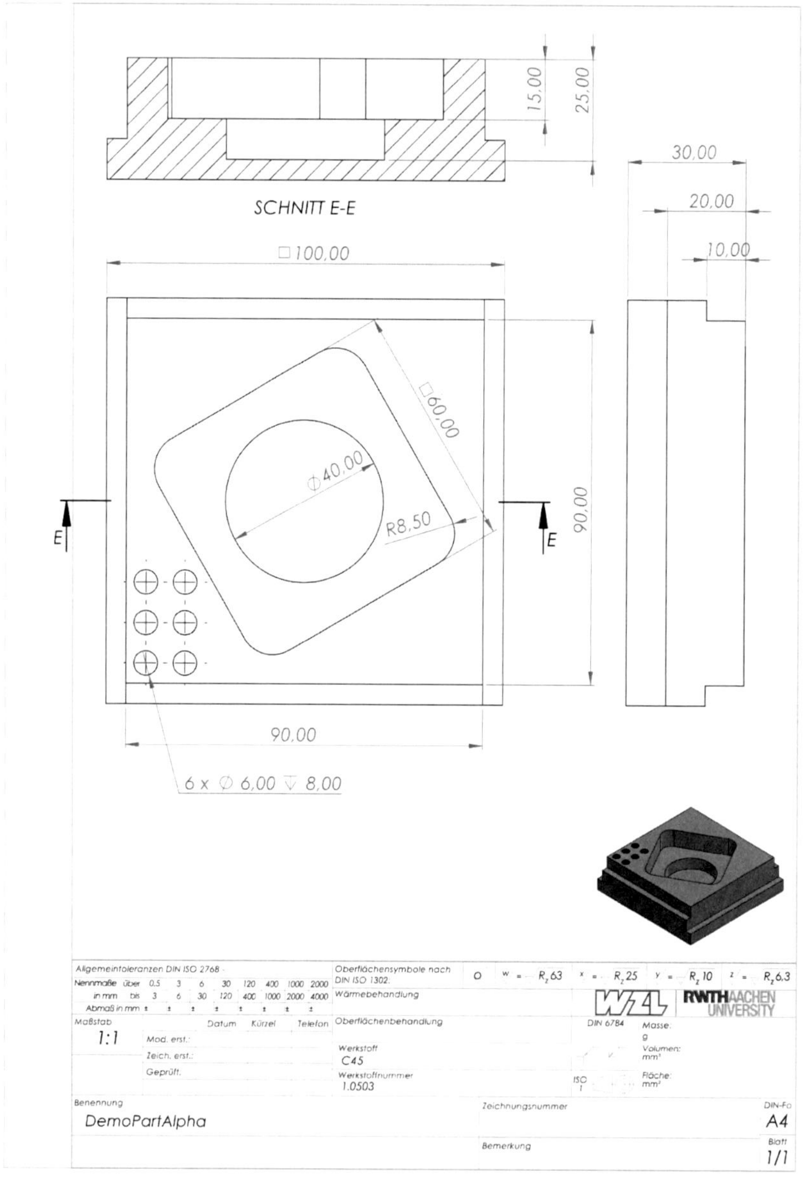

Bild 11.5: Technische Zeichnung *Alpha*

Technical Drawing Alpha

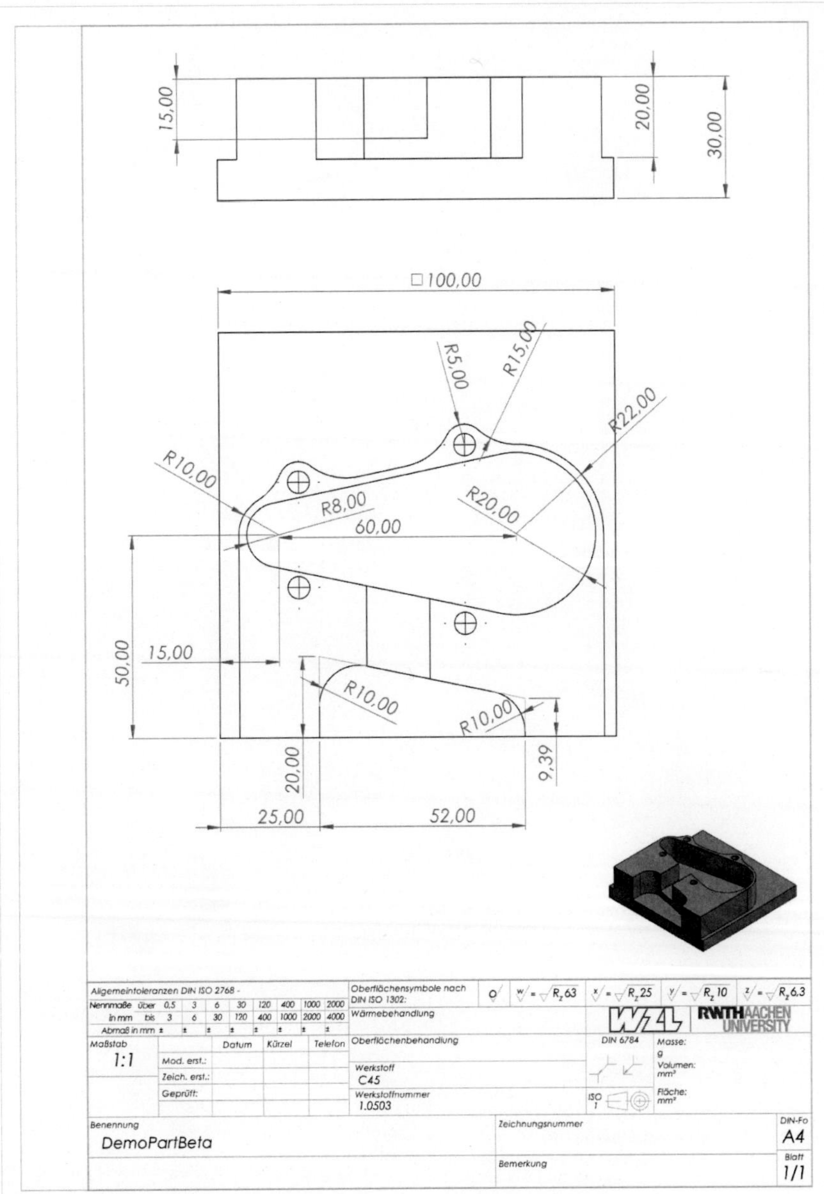

Bild 11.6: Technische Zeichnung *Beta*
Technical Drawing Beta

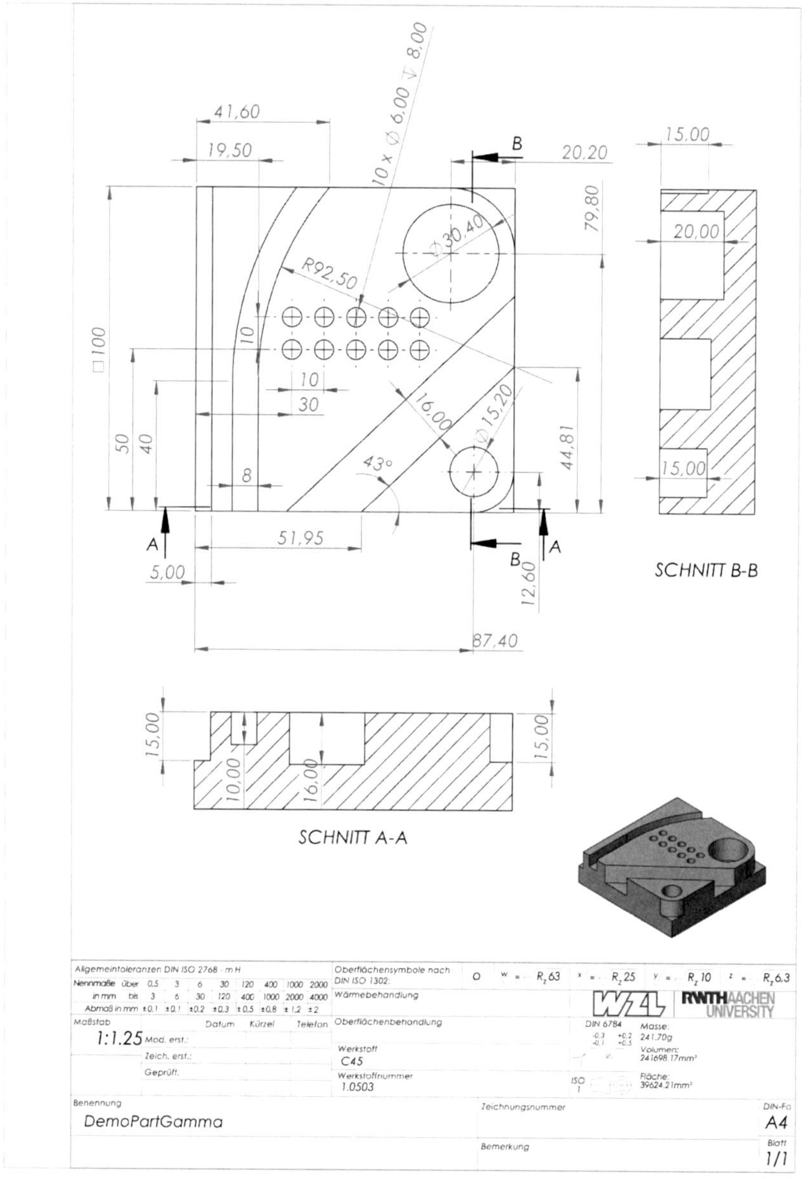

Bild 11.7: Technische Zeichnung *Gamma*

Technical Drawing Gamma

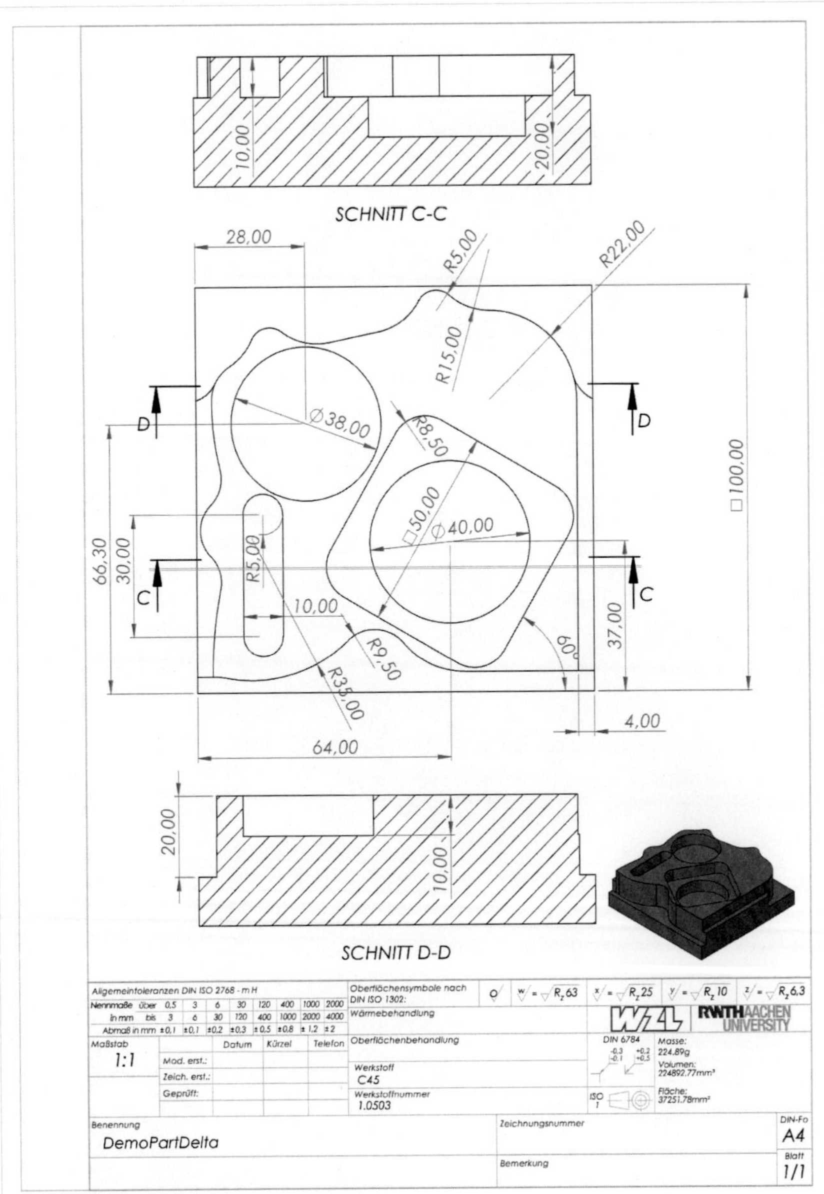

Bild 11.8: Technische Zeichnung *Delta*
Technical Drawing Delta

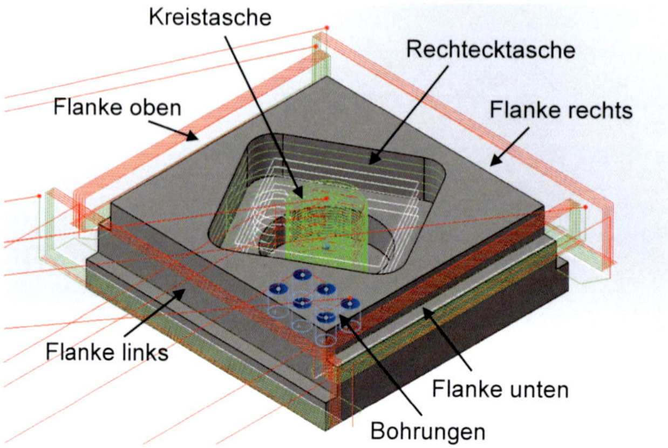

Bild 11.9: Prozessplanung *Alpha*
Process Planning Alpha

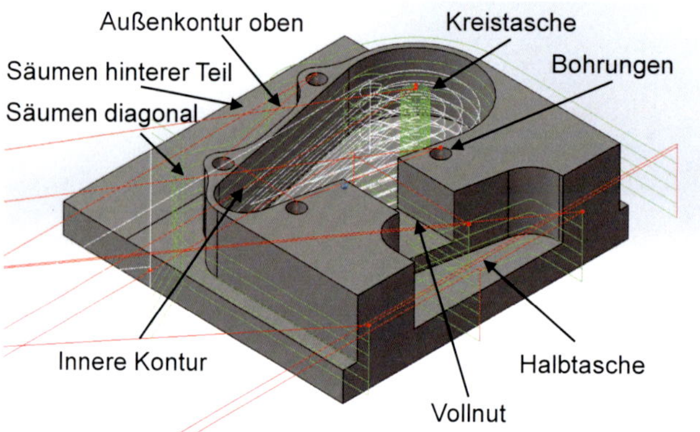

Bild 11.10: Prozessplanung *Beta*
Process Planning Beta

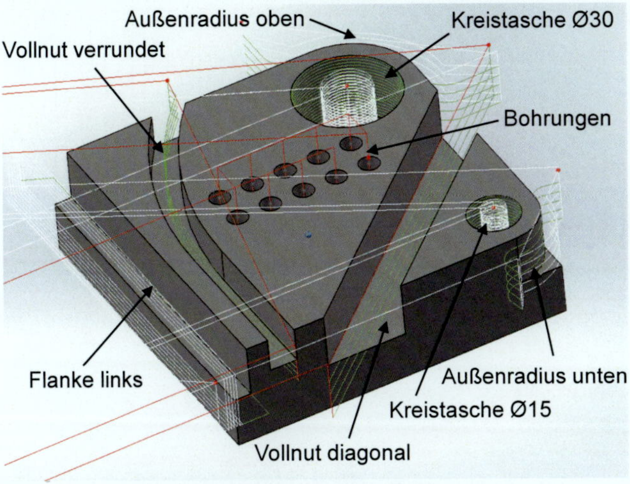

Bild 11.11: Prozessplanung *Gamma*
Process Planning Gamma

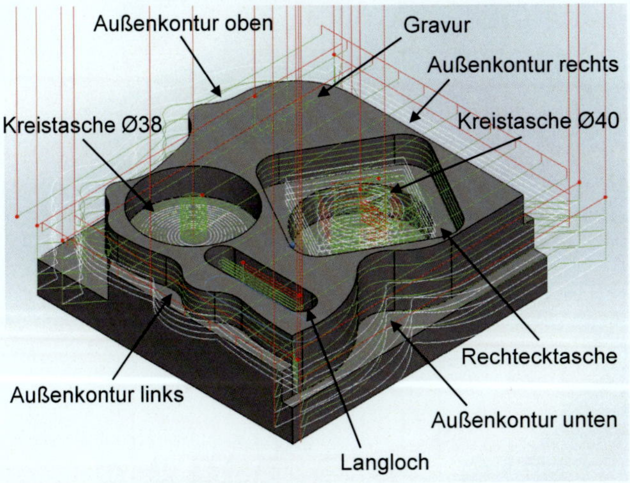

Bild 11.12: Prozessplanung *Delta*
Process Planning Delta

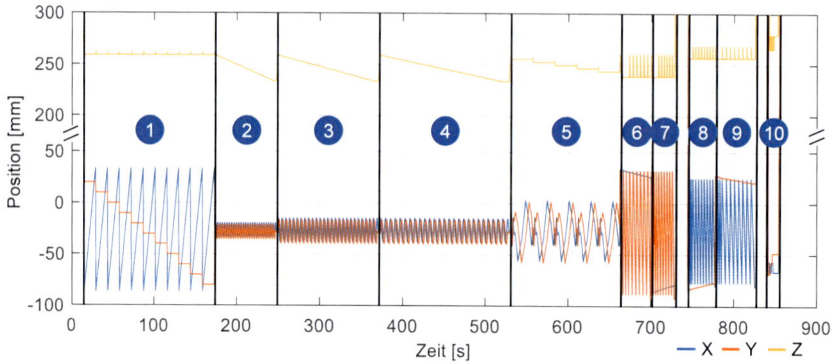

Bild 11.13: Teilprozessabschnitte der Positionssignale *Alpha*
Subprocess Sections of the Positional Signals Alpha

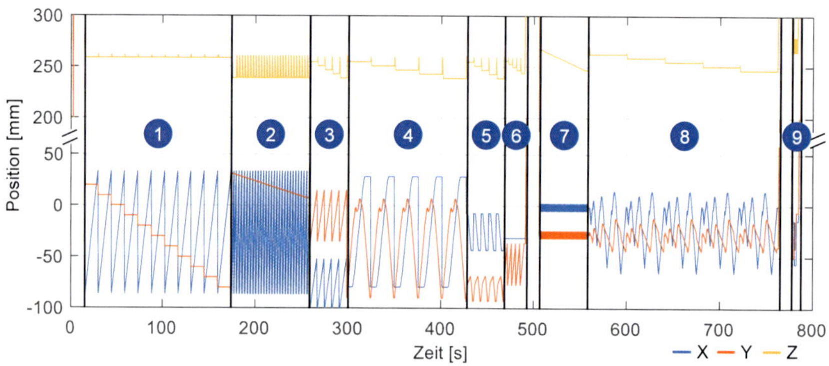

Bild 11.14: Teilprozessabschnitte der Positionssignale *Beta*
Subprocess Sections of the Positional Signals Beta

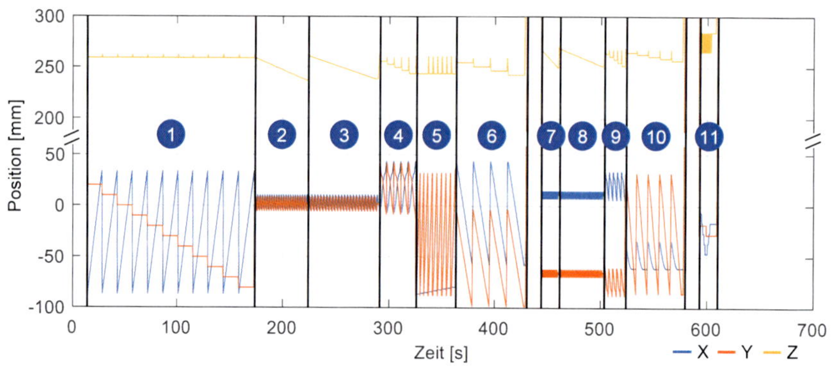

Bild 11.15: Teilprozessabschnitte der Positionssignale *Gamma*
Subprocess Sections of the Positional Signals Gamma

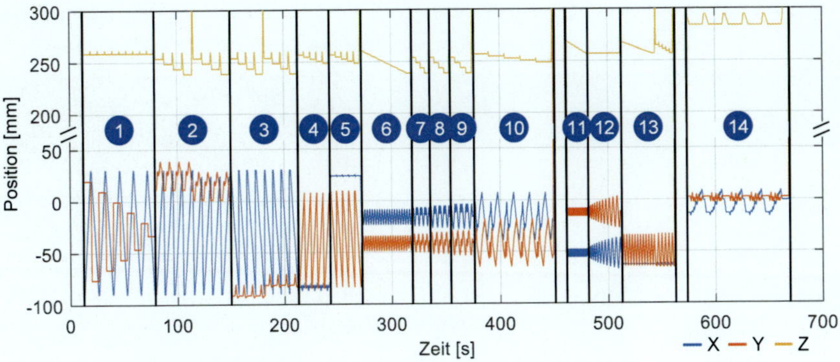

Bild 11.16: Teilprozessabschnitte der Positionssignale *Delta*
Subprocess Sections of the Positional Signals Delta

Die Fertigungszeiten der Datensätze betragen:

- *Alpha*: 855,892 Sekunden bzw. 427 946 Datenpunkte
- *Beta*: 787,848 Sekunden bzw. 393 924 Datenpunkte
- *Gamma*: 611,934 Sekunden bzw. 305 967 Datenpunkte
- *Delta*: 671,164 Sekunden bzw. 335 582 Datenpunkte

Tabelle 11.1: Beschreibung und Schnittparameter der Teilprozesse des Datensatzes *Alpha*
Description and Cutting Parameters of the Subprocesses in Data Set Alpha

Nr.	Beschreibung	v_c [m/min]	*SS* [1/min]	f_z [mm]	Werkzeug
1	Planfräsen	110	2 190	0,06	Schaftfräs. Ø16 Z4
2	Kreistasche Schruppen Ø30	140	2 785	0,088	Schaftfräs. Ø16 Z4
3	Kreistasche Schruppen Ø40	140	2 785	0,088	Schaftfräs. Ø16 Z4
4	Kreistasche Schlichten Ø40	160	3 183	0,06	Schaftfräs. Ø16 Z4
5	Rechtecktasche	120	2 388	0,06	Schaftfräs. Ø16 Z4
6	Flanke rechts	120	2 388	0,245	Schaftfräs. Ø16 Z4
7	Flanke links	216	4 297	0,19	Schaftfräs. Ø16 Z4
8	Flanke unten	216	8 595	0,07	Schaftfräs. Ø8 Z4
9	Flanke oben	216	8 595	0,044	Schaftfräs. Ø8 Z4
10	Bohrungen	173	9 177	0,142	Bohrer Ø5,5

Tabelle 11.2: Beschreibung und Schnittparameter der Teilprozesse des Datensatzes *Beta*

Description and Cutting Parameters of the Subprocesses in Data Set Beta

Nr.	Beschreibung	v_c [m/min]	*SS* [1/min]	f_z [mm]	Werkzeug
1	Planfräsen	110	2190	0,06	Schaftfräs. Ø16 Z4
2	Säumen hinterer Teil	216	4295	0,245	Schaftfräs. Ø16 Z4
3	Säumen diagonal	120	2388	0,065	Schaftfräs. Ø16 Z4
4	Außenkontur oben	120	2388	0,07	Schaftfräs. Ø16 Z4
5	Halbtasche	120	2388	0,07	Schaftfräs. Ø16 Z4
6	Vollnut	120	2388	0,07	Schaftfräs. Ø16 Z4
7	Kreistasche Ø15	120	4775	0,052	Schaftfräs. Ø8 Z4
8	Innere Kontur	120	4775	0,04	Schaftfräs. Ø8 Z4
9	Bohrungen	173	9177	0,142	Bohrer Ø5,5

Tabelle 11.3: Beschreibung und Schnittparameter der Teilprozesse des Datensatzes *Gamma*

Description and Cutting Parameters of the Subprocesses in Data Set Gamma

Nr.	Beschreibung	v_c [m/min]	*SS* [1/min]	f_z [mm]	Werkzeug
1	Planfräsen	110	2190	0,06	Schaftfräs. Ø16 Z4
2	Kreistasche Schruppen Ø30	155	3085	0,096	Schaftfräs. Ø16 Z4
3	Kreistasche Schlichten Ø30	140	2785	0,088	Schaftfräs. Ø16 Z4
4	Außenradius oben	140	2785	0,07	Schaftfräs. Ø16 Z4
5	Flanke links	115	2289	0,245	Schaftfräs. Ø16 Z4
6	Vollnut diagonal	120	2386	0,057	Schaftfräs. Ø16 Z4
7	Kreistasche Schruppen Ø15	155	6167	0,06	Schaftfräs. Ø8 Z4
8	Kreistasche Schlichten Ø15	120	4775	0,052	Schaftfräs. Ø8 Z4
9	Außenradius unten	120	4775	0,045	Schaftfräs. Ø8 Z4
10	Vollnut verrundet	120	4775	0,04	Schaftfräs. Ø8 Z4
11	Bohrungen	160	8490	0,153	Bohrer Ø5,5

Tabelle 11.4: Beschreibung und Schnittparameter der Teilprozesse des Datensatzes *Delta*
Description and Cutting Parameters of the Subprocesses in Data Set Delta

Nr.	Beschreibung	v_c [m/min]	*SS* [1/min]	f_z [mm]	Werkzeug
1	Planfräsen	155	3 085	0,096	Schaftfräs. Ø16 Z4
2	Außenkontur oben	155	3 085	0,096	Schaftfräs. Ø16 Z4
3	Außenkontur unten	155	3 085	0,096	Schaftfräs. Ø16 Z4
4	Außenkontur links	155	3 085	0,096	Schaftfräs. Ø16 Z4
5	Außenkontur rechts	155	3 085	0,096	Schaftfräs. Ø16 Z4
6,7 8,9	Kreistasche aufweiten Ø30,4 - Ø33,6 - Ø36,8 - Ø40	155	3 085	0,096	Schaftfräs. Ø16 Z4
10	Rechtecktasche	155	3 085	0,096	Schaftfräs. Ø16 Z4
11, 12	Kreistasche aufweiten Ø15 - Ø38	155	6 165	0,06	Schaftfräs. Ø8 Z4
13	Langloch	155	6 165	0,06	Schaftfräs. Ø8 Z4
14	Gravur	188	10 000	0,0125	Winkelfräs. Ø6 Z4

Die nachfolgenden Werkzeuge werden zur Fertigung der Bauteile eingesetzt:

- Schaftfräser Ø16 Z4: Sandvik 1P222-1600-XB 1630
- Schaftfräser Ø8 Z4: Fraisa P45322391
- Winkelfräser Ø6 Z4: Fraisa U7940300
- Bohrer Ø5,5: Fraisa B620150550

11.2 Spindeldrehzahlpartitionen aller Datensätze

Spindle Speed Partitions of all Data Sets

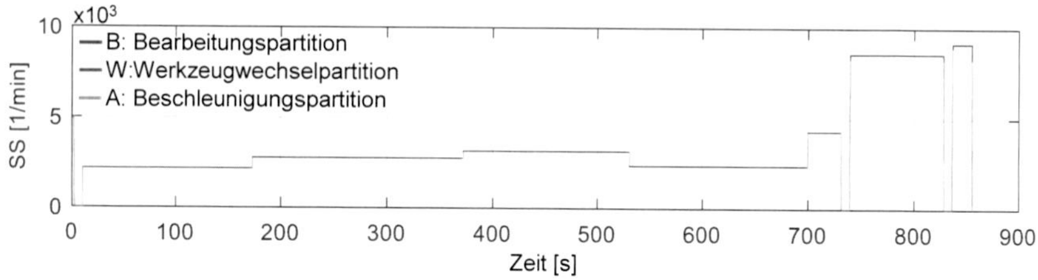

Bild 11.17: Spindeldrehzahlpartitionen des Datensatzes *Alpha*

Spindle Speed Partitions of Data Set Alpha

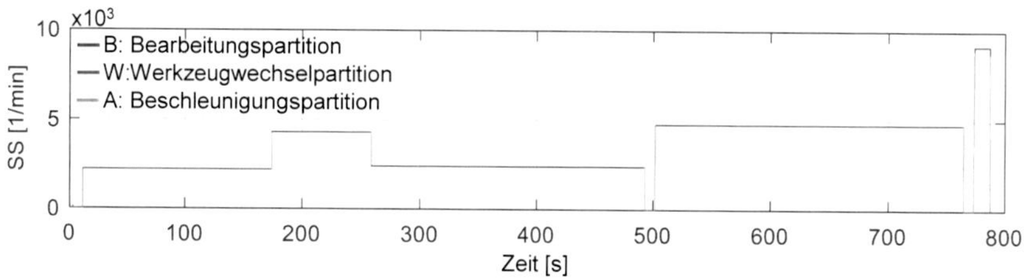

Bild 11.18: Spindeldrehzahlpartitionen des Datensatzes *Beta*

Spindle Speed Partitions of Data Set Beta

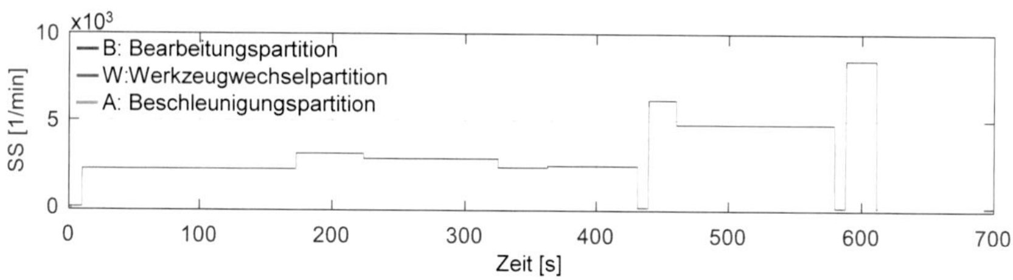

Bild 11.19: Spindeldrehzahlpartitionen des Datensatzes *Gamma*

Spindle Speed Partitions of Data Set Gamma

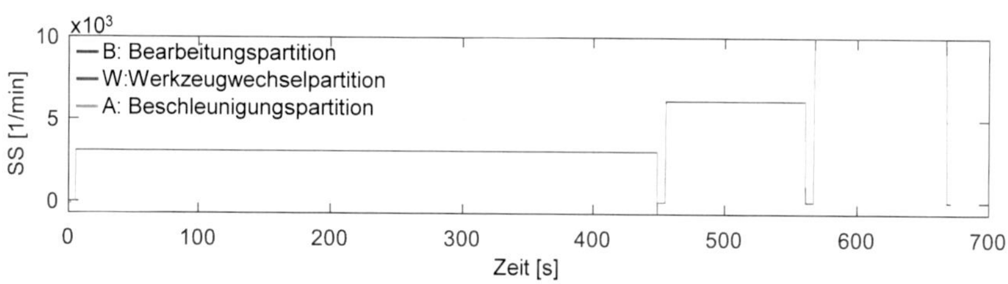

Bild 11.20: Spindeldrehzahlpartitionen des Datensatzes *Delta*

Spindle Speed Partitions of Data Set Delta

11.3 Vorschubgeschwindigkeitsstrukturierungen aller Datensätze

Feed Rate Structuring of all Data Sets

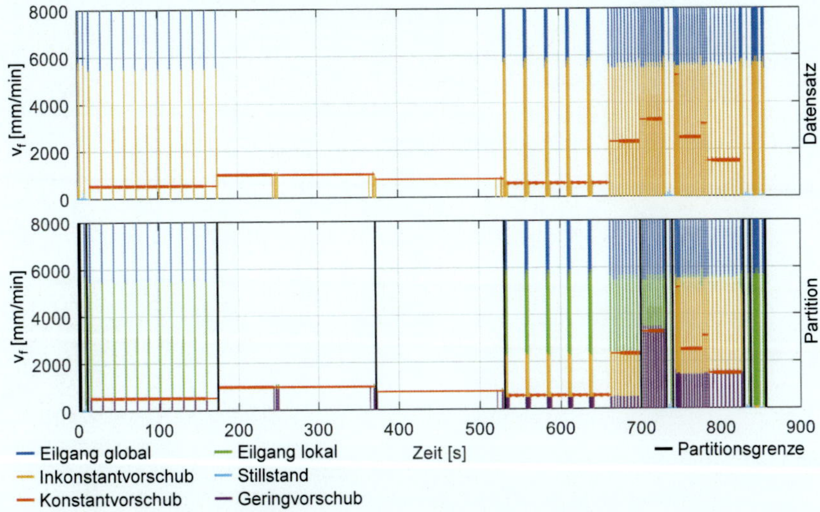

Bild 11.21: Auswertung der Vorschubgeschwindigkeitsstrukturierung für Datensatz *Alpha*
Evaluation of the Feed Rate Structuring for Data Set Alpha

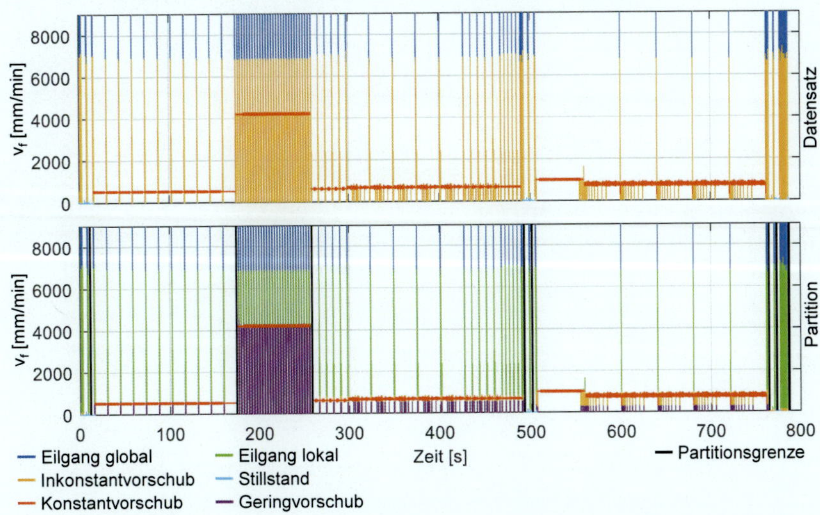

Bild 11.22: Auswertung der Vorschubgeschwindigkeitsstrukturierung für Datensatz *Beta*
Evaluation of the Feed Rate Structuring for Data Set Beta

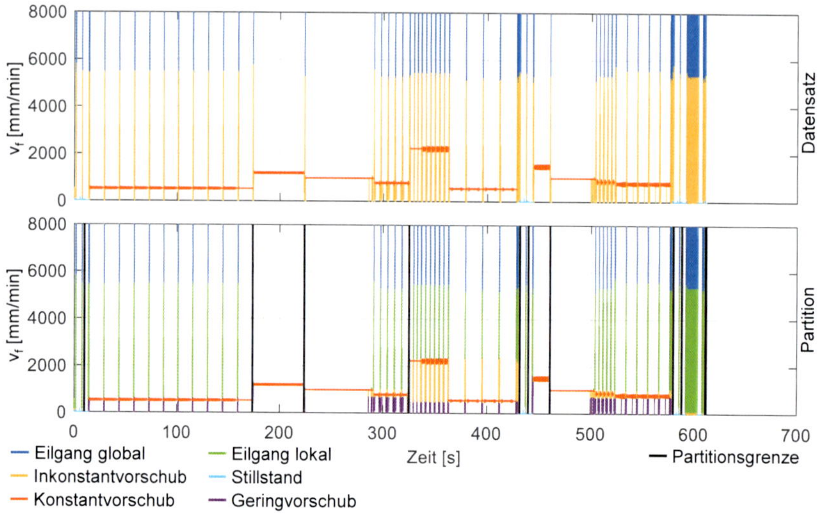

Bild 11.23: Auswertung der Vorschubgeschwindigkeitsstrukturierung für Datensatz *Gamma*
Evaluation of the Feed Rate Structuring for Data Set Gamma

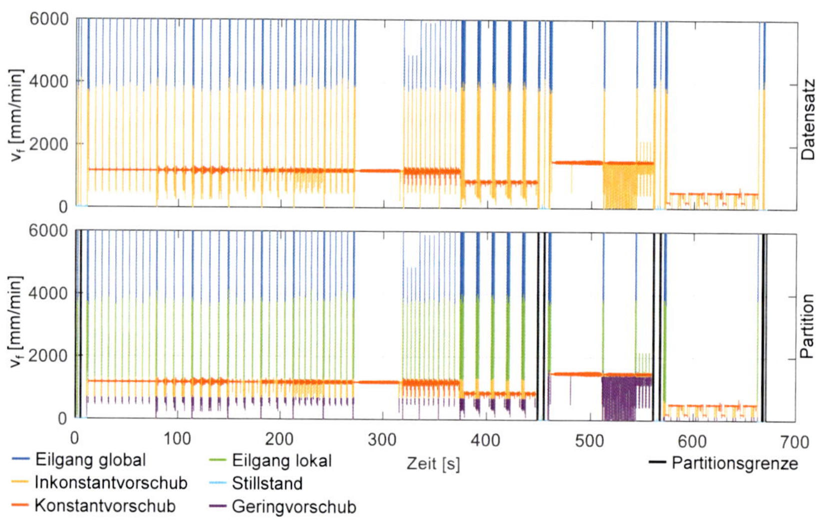

Bild 11.24: Auswertung der Vorschubgeschwindigkeitsstrukturierung für Datensatz *Delta*
Evaluation of the Feed Rate Structuring for Data Set Delta

11.4 Werkzeugeingriffe aller Datensätze

Tool Engagements of all Data Sets

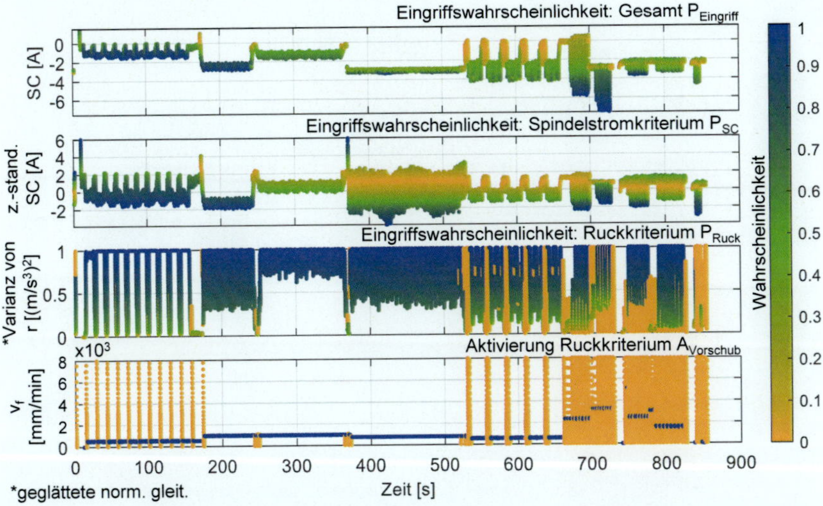

Bild 11.25: Berechnete Werkzeugeingriffswahrscheinlichkeiten am Datensatz *Alpha*

Calculated Tool Engagement Probabilities on Data Set Alpha

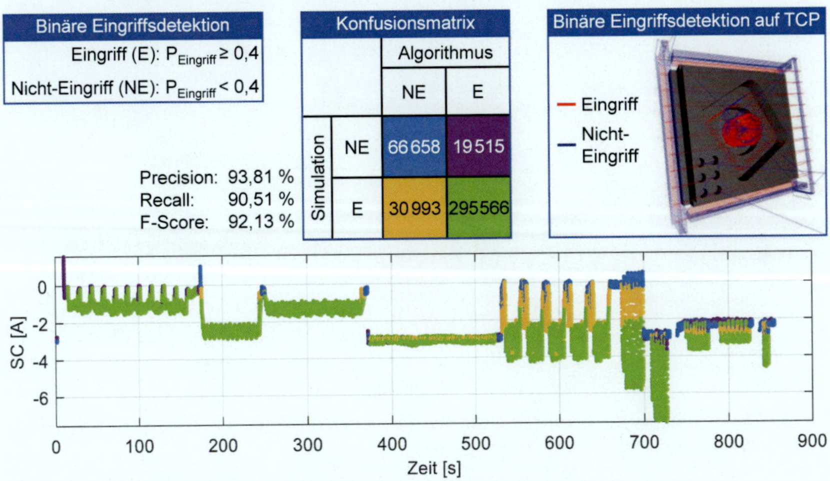

Bild 11.26: Vergleich der datenbasierten Werkzeugeingriffsdetektion mit einer Materialabtragssimulation am Datensatz *Alpha*

Comparison of the Data-based Tool Engagement Detection with a Material Removal Simulation on Data Set Alpha

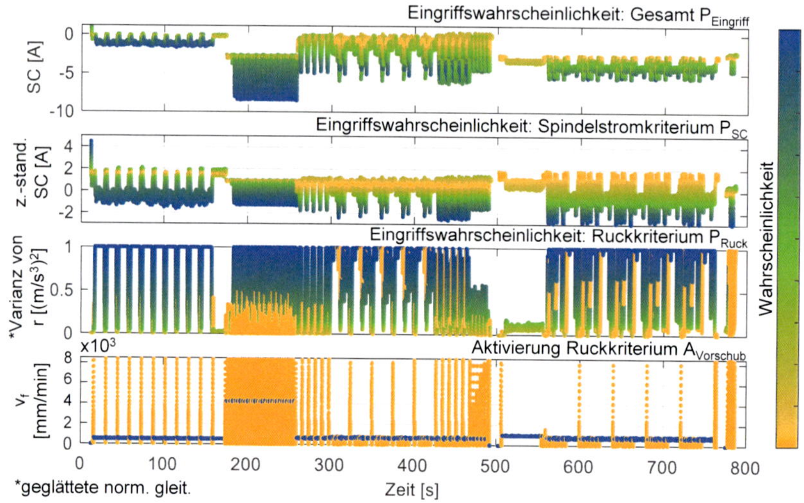

Bild 11.27: Berechnete Werkzeugeingriffswahrscheinlichkeiten am Datensatz *Beta*
Calculated Tool Engagement Probabilities on Data Set Beta

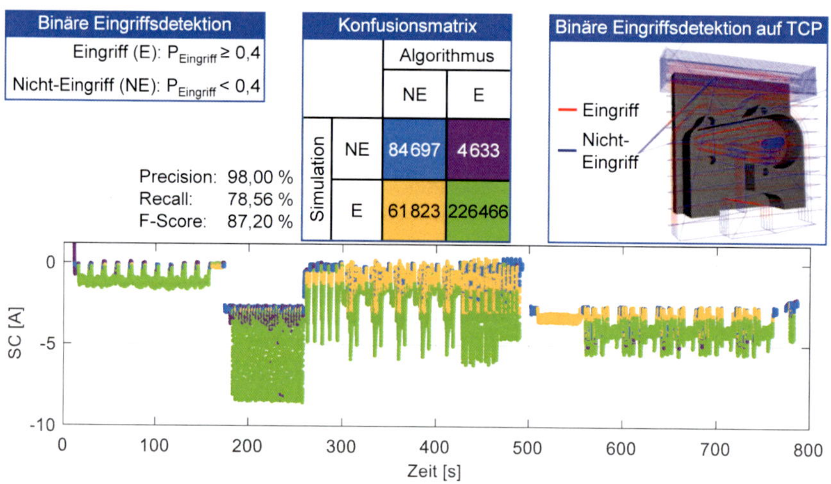

Bild 11.28: Vergleich der datenbasierten Werkzeugeingriffsdetektion mit einer Materialabtragssimulation am Datensatz *Beta*

Comparison of the Data-based Tool Engagement Detection with a Material Removal Simulation on Data Set Beta

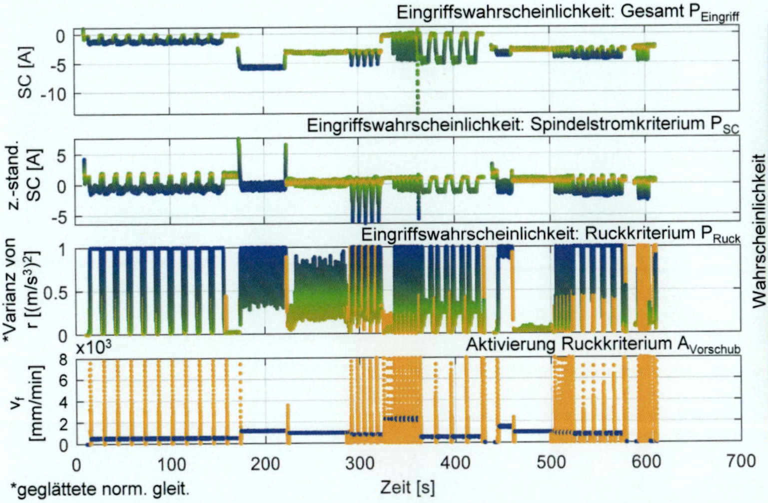

Bild 11.29: Berechnete Werkzeugeingriffswahrscheinlichkeiten am Datensatz *Gamma*

Calculated Tool Engagement Probabilities on Data Set Gamma

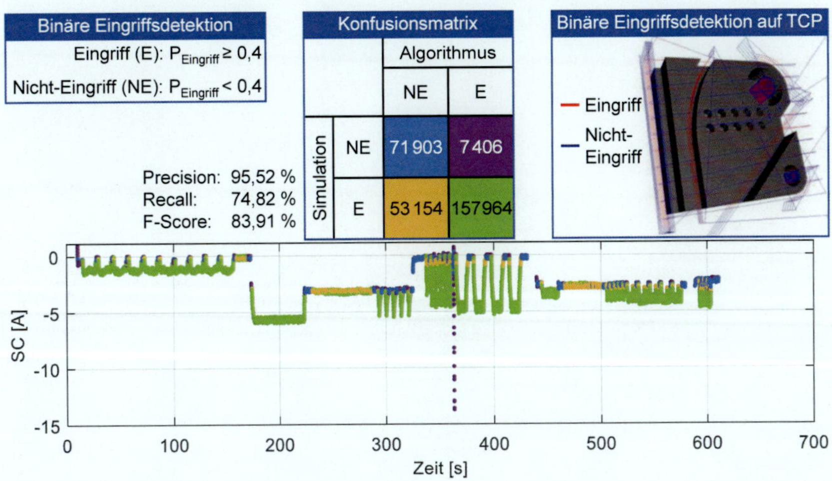

Bild 11.30: Vergleich der datenbasierten Werkzeugeingriffsdetektion mit einer Materialabtragssimulation am Datensatz *Gamma*

Comparison of the Data-based Tool Engagement Detection with a Material Removal Simulation on Data Set Gamma

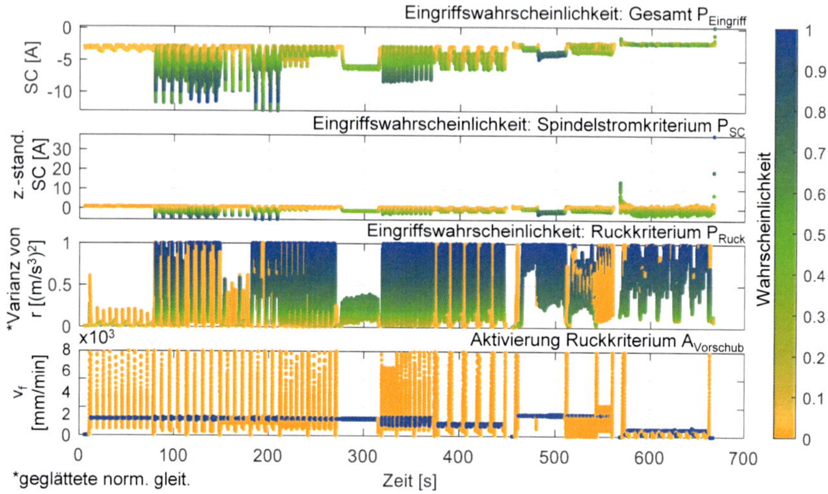

Bild 11.31: Berechnete Werkzeugeingriffswahrscheinlichkeiten am Datensatz *Delta*

Calculated Tool Engagement Probabilities on Data Set Delta

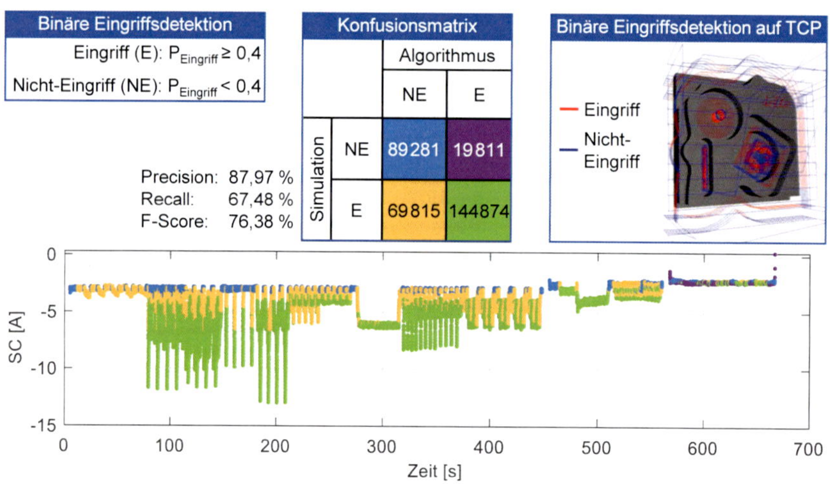

Bild 11.32: Vergleich der datenbasierten Werkzeugeingriffsdetektion mit einer Materialabtragssimulation am Datensatz *Delta*

Comparison of the Data-based Tool Engagement Detection with a Material Removal Simulation on Data Set Delta

11.5 Segmentierungsergebnisse aller Datensätze

Segmentation Results of all Data Sets

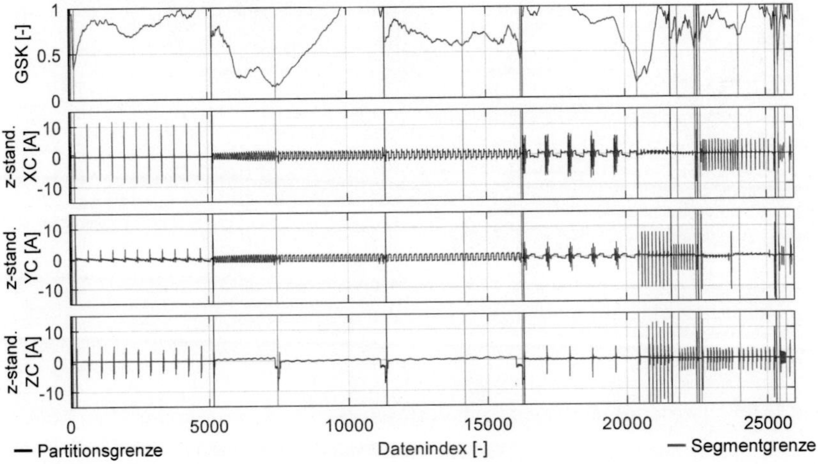

Bild 11.33: Segmentierungsergebnis für Datensatz *Alpha*; Prominenz 2,5
Segmentation Result for Data Set Alpha; Prominence 2.5

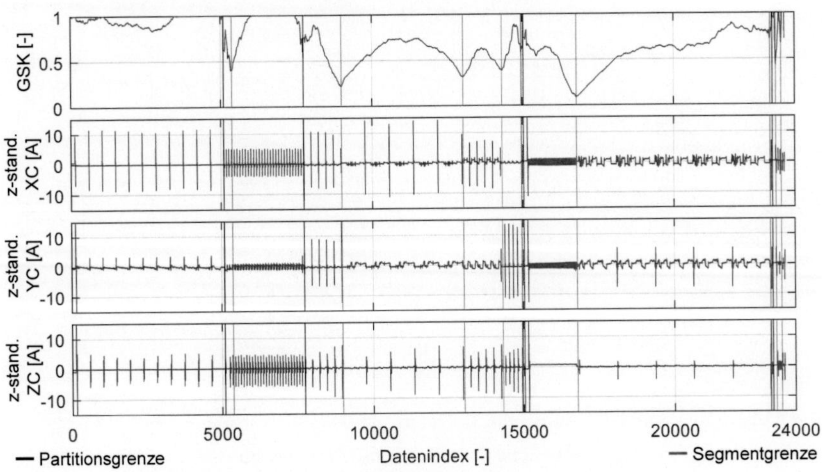

Bild 11.34: Segmentierungsergebnis für Datensatz *Beta*; Prominenz 2
Segmentation Result for Data Set Beta; Prominence 2

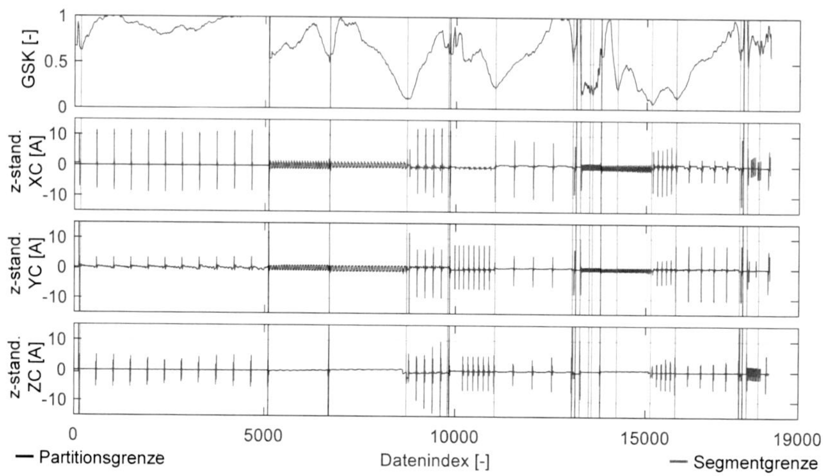

Bild 11.35: Segmentierungsergebnis für Datensatz *Gamma*; Prominenz 2,5
Segmentation Result for Data Set Gamma; Prominence 2.5

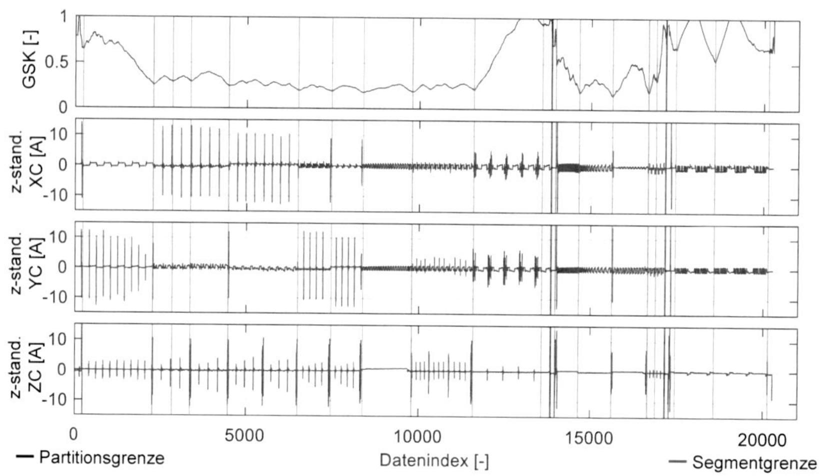

Bild 11.36: Segmentierungsergebnis für Datensatz *Delta*; Prominenz 1,75
Segmentation Result for Data Set Delta; Prominence 1.75

11.6 Algorithmisch und manuell generierte Snippets aller Datensätze

Algorithmically and Manually Generated Snippets of all Data Sets

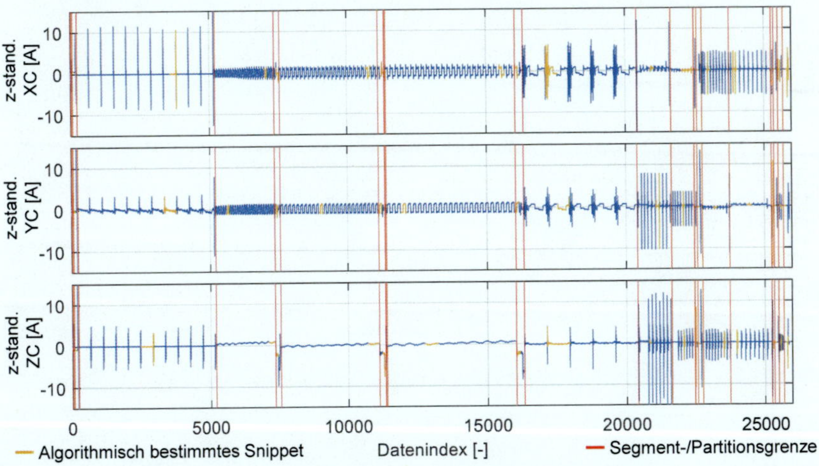

Bild 11.37: Algorithmisch generierte Snippets des Datensatzes *Alpha*
Algorithmically Generated Snippets of Data Set Alpha

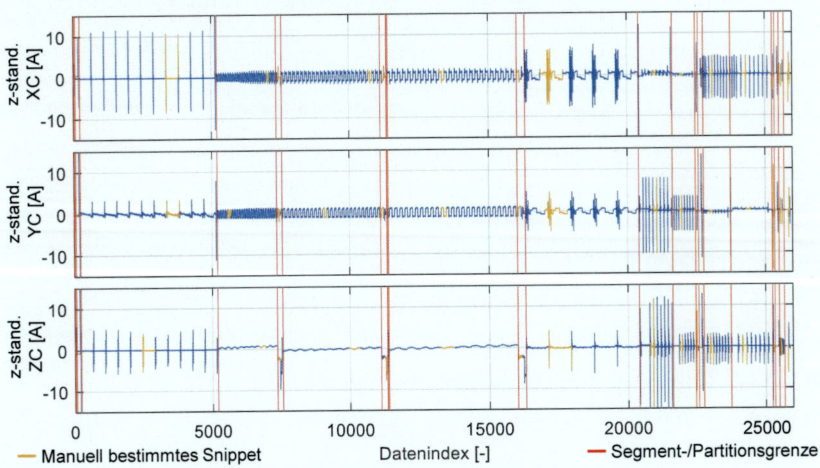

Bild 11.38: Manuell generierte Snippets des Datensatzes *Alpha*
Manually Generated Snippets of Data Set Alpha

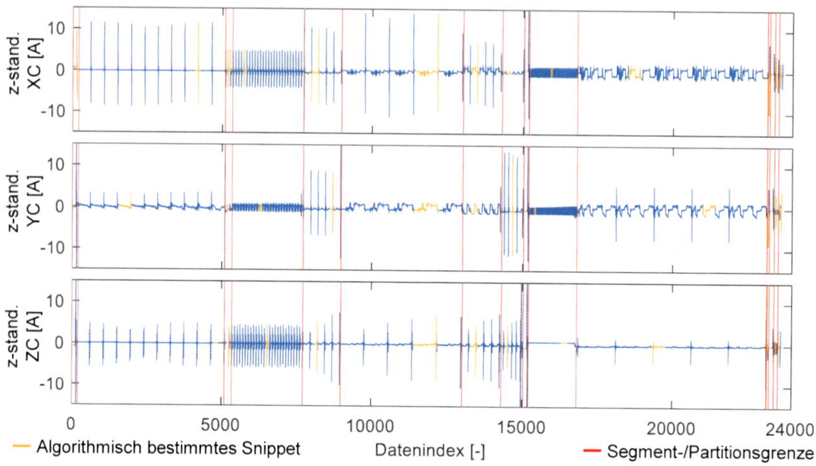

Bild 11.39: Algorithmisch generierte Snippets des Datensatzes *Beta*
Algorithmically Generated Snippets of Data Set Beta

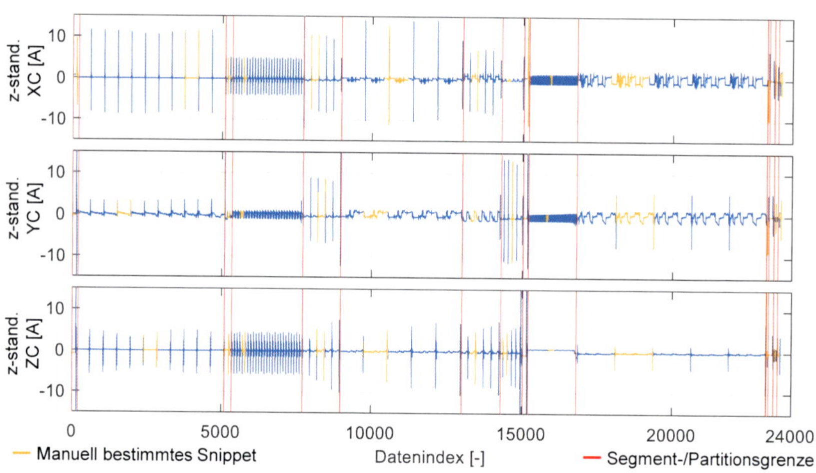

Bild 11.40: Manuell generierte Snippets des Datensatzes *Beta*
Manually Generated Snippets of Data Set Beta

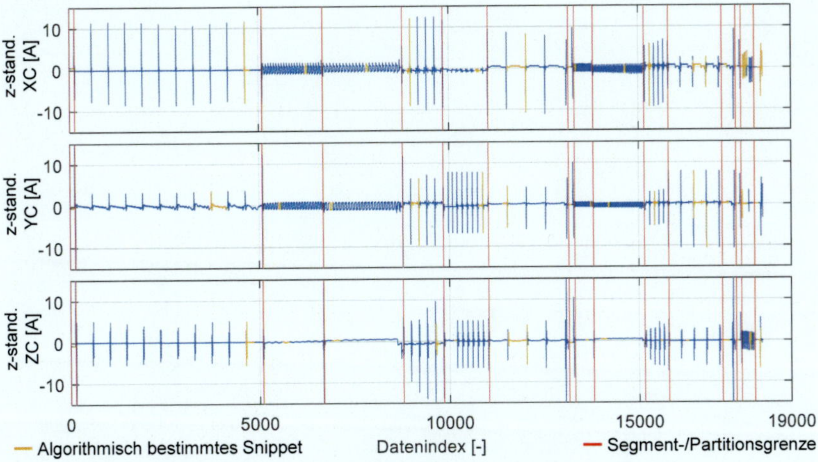

Bild 11.41: Algorithmisch generierte Snippets des Datensatzes *Gamma*
Algorithmically Generated Snippets of Data Set Gamma

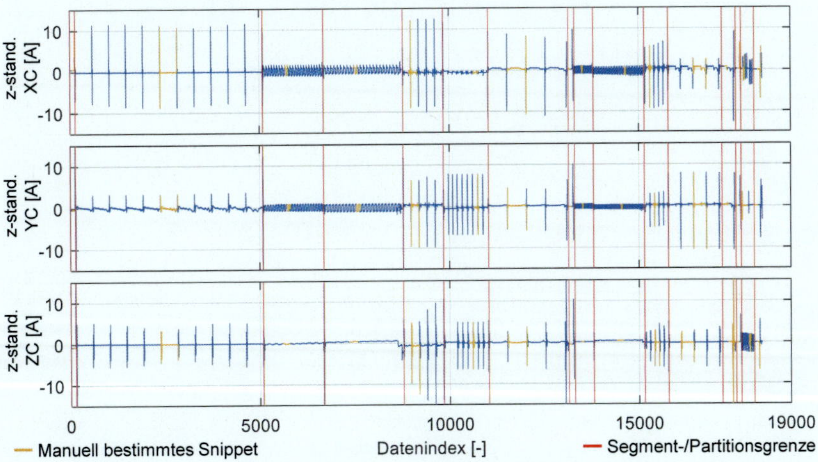

Bild 11.42: Manuell generierte Snippets des Datensatzes *Gamma*
Manually Generated Snippets of Data Set Gamma

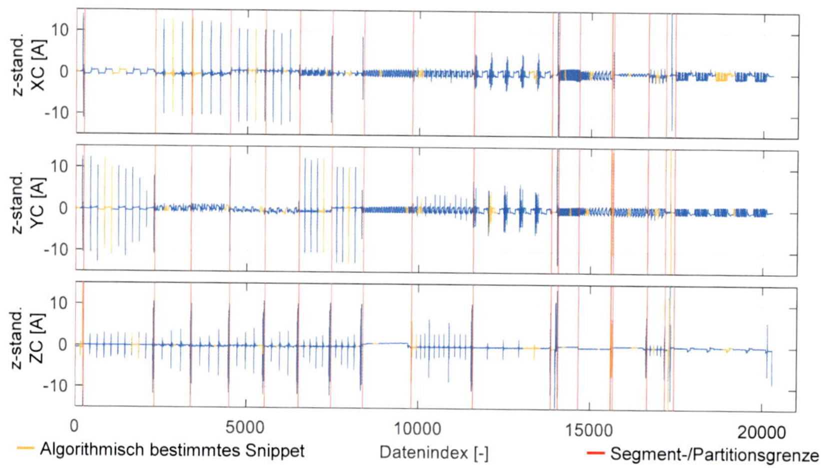

Bild 11.43: Algorithmisch generierte Snippets des Datensatzes *Delta*
Algorithmically Generated Snippets of Data Set Delta

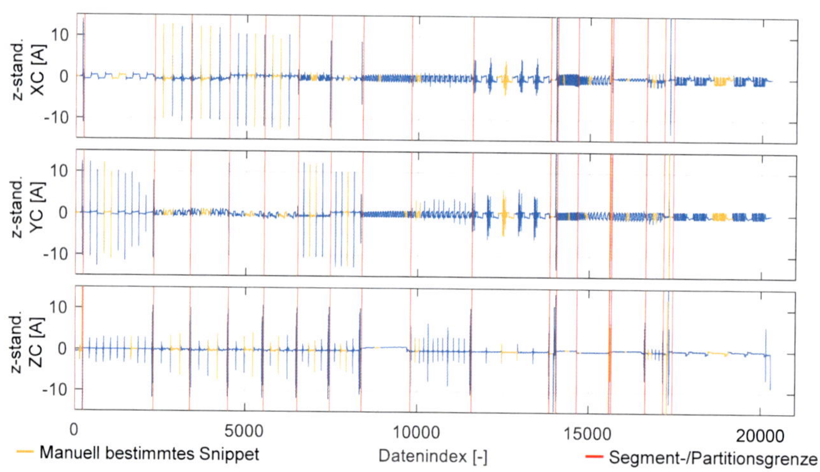

Bild 11.44: Manuell generierte Snippets des Datensatzes *Delta*
Manually Generated Snippets of Data Set Delta

11.7 Clusteringergebnisse der Datensätze *Alpha* und *Beta*

Clustering Results of Data Sets Alpha and Beta

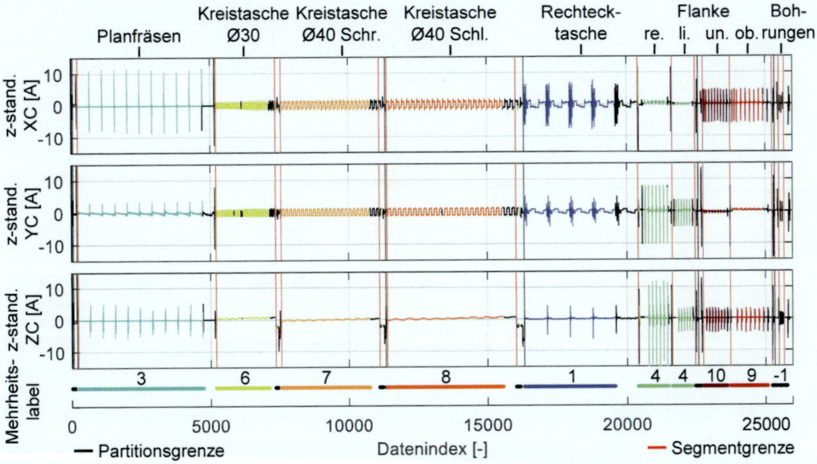

Bild 11.45: Ergebnisse des spezialisierten Clusteringmodells für Datensatz *Alpha*

Results of the Specialized Clustering Model for Data Set Alpha

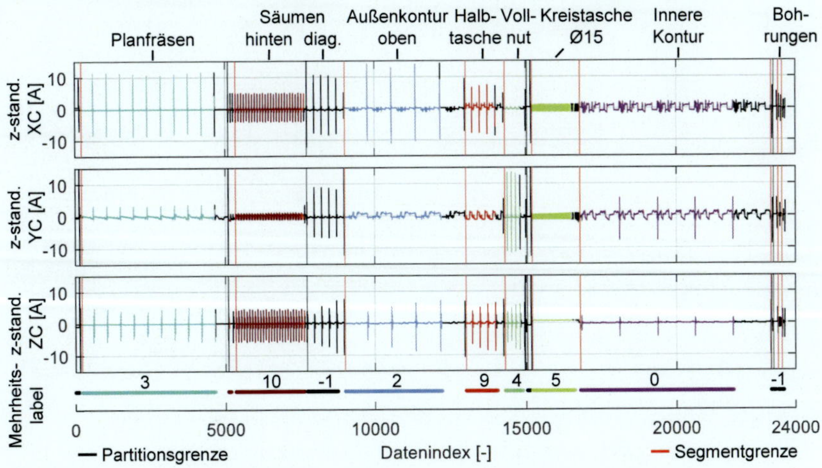

Bild 11.46: Ergebnisse des spezialisierten Clusteringmodells für Datensatz *Beta*

Results of the Specialized Clustering Model for Data Set Beta

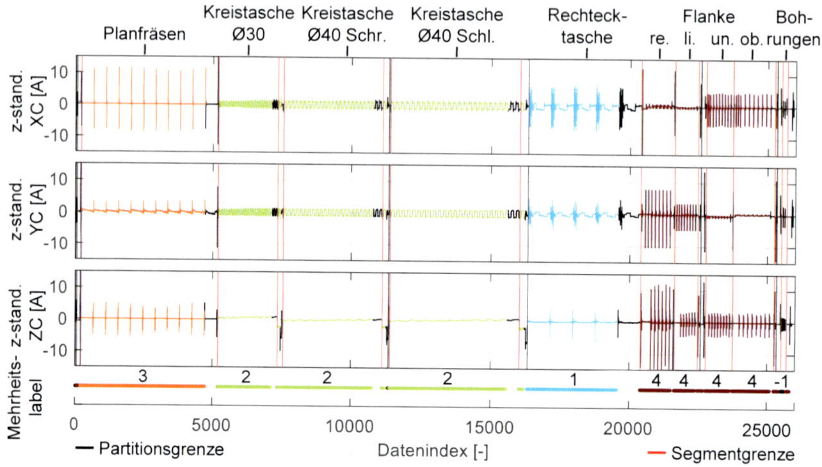

Bild 11.47: Ergebnisse des generalisierten Clusteringmodells für Datensatz *Alpha*
Results of the Generalized Clustering Model for Data Set Alpha

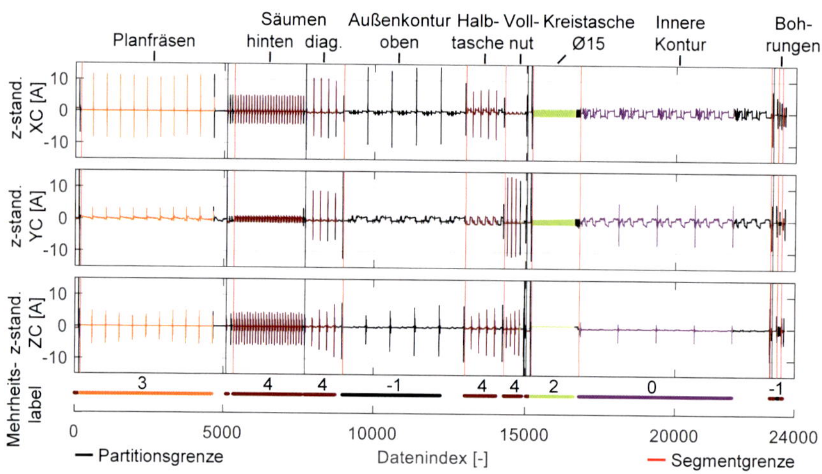

Bild 11.48: Ergebnisse des generalisierten Clusteringmodells für Datensatz *Beta*
Results of the Generalized Clustering Model for Data Set Beta

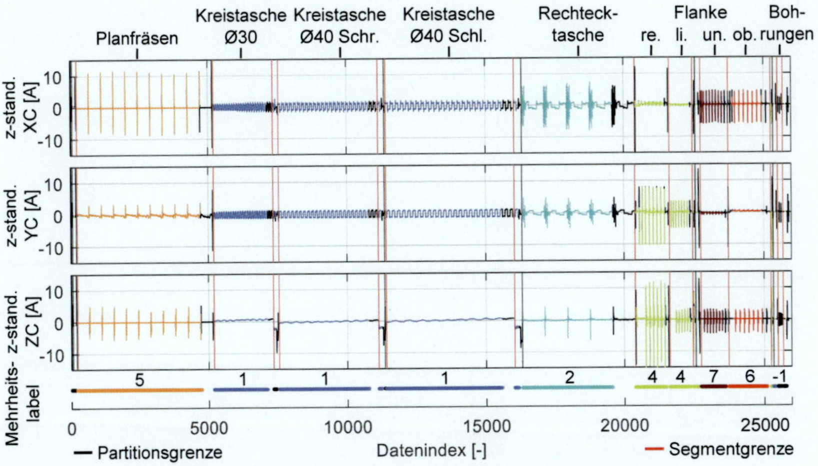

Bild 11.49: Ergebnisse des DBCV-Clusteringmodells für Datensatz *Alpha*

Results of the DBCV Clustering Model for Data Set Alpha

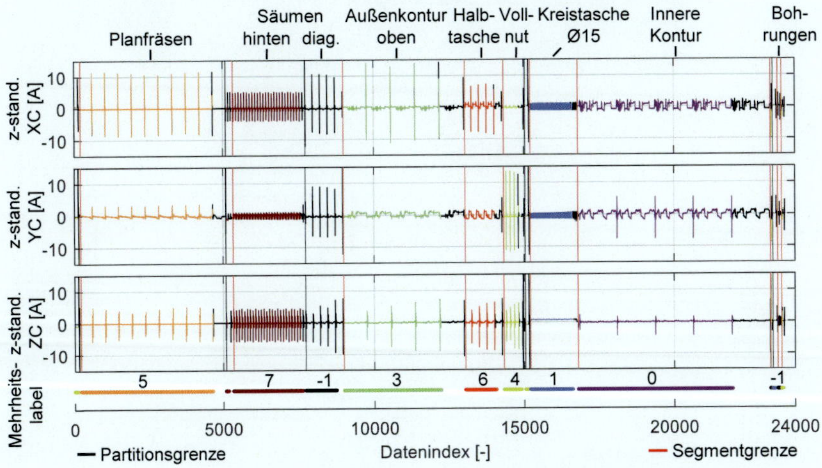

Bild 11.50: Ergebnisse des DBCV-Clusteringmodells für Datensatz *Beta*

Results of the DBCV Clustering Model for Data Set Beta

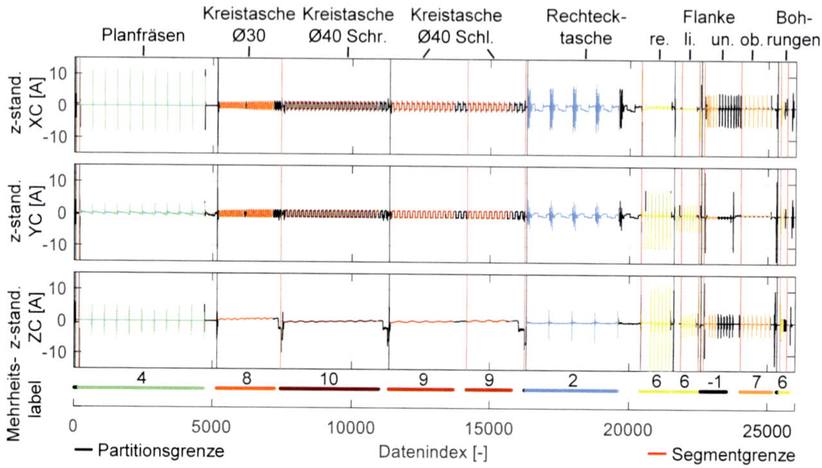

Bild 11.51: Ergebnisse des automatischen spezialisierten Clusteringmodells für Datensatz *Alpha*

Results of the Automated Specialized Clustering Model for Data Set Alpha

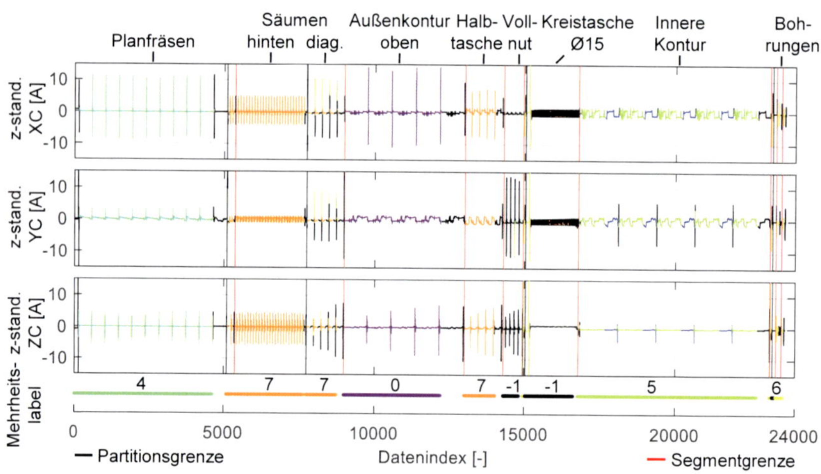

Bild 11.52: Ergebnisse des automatischen spezialisierten Clusteringmodells für Datensatz *Beta*

Results of the Automated Specialized Clustering Model for Data Set Beta

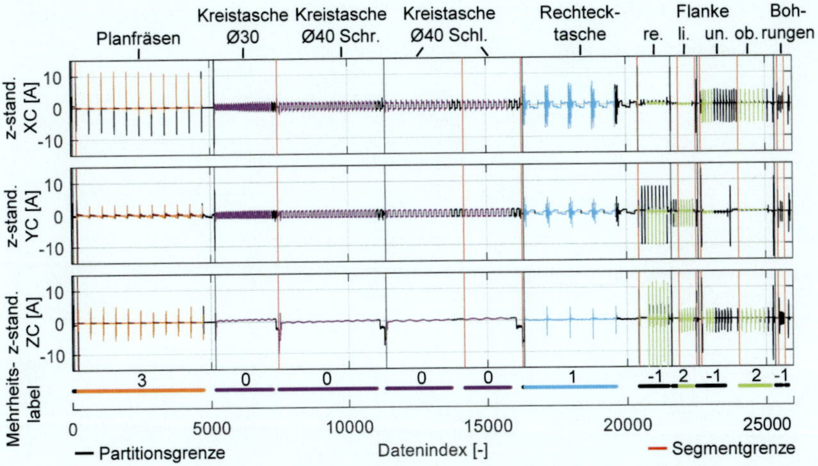

Bild 11.53: Ergebnisse des automatischen DBCV-Clusteringmodells für Datensatz *Alpha*
Results of the Automated DBCV Clustering Model for Data Set Alpha

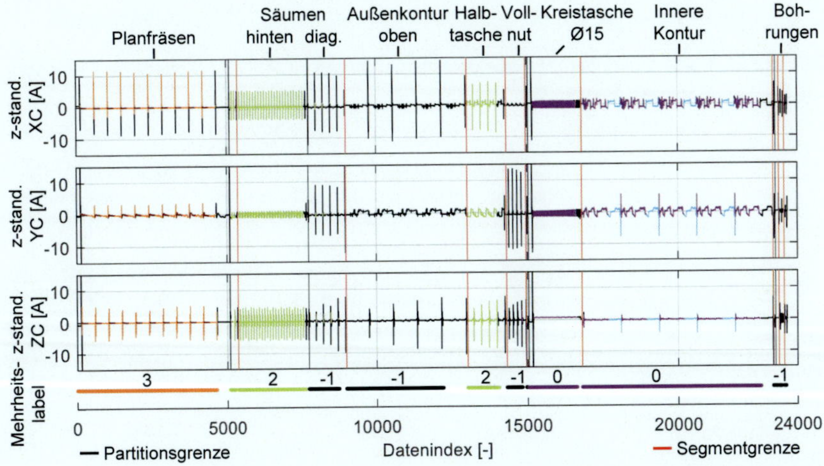

Bild 11.54: Ergebnisse des automatischen DBCV-Clusteringmodells für Datensatz *Beta*
Results of the Automated DBCV Clustering Model for Data Set Beta

11.8 Klassifikationsergebnisse der Datensätze *Gamma* und *Delta*

Classification Results of Data Sets Gamma and Delta

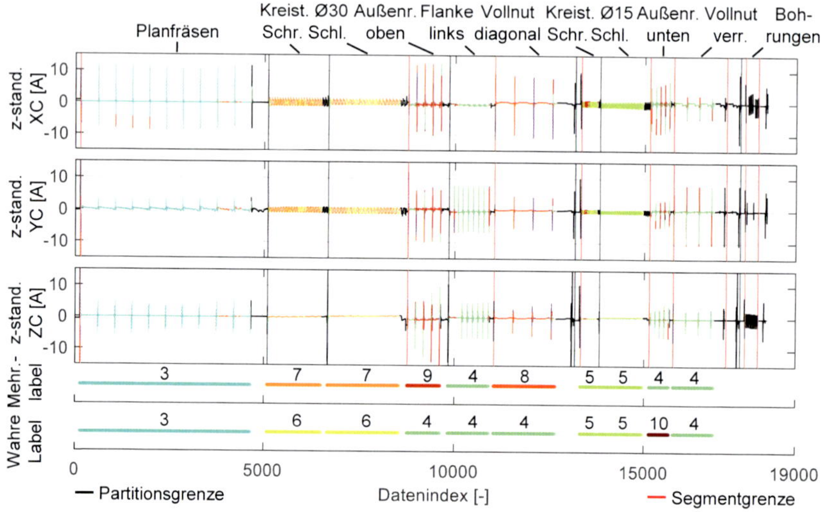

Bild 11.55: Klassifikationsergebnisse des spezialisierten HDBSCAN-Modells für Datensatz *Gamma*

Classification Results of the Specialized HDBSCAN Model for Data Set Gamma

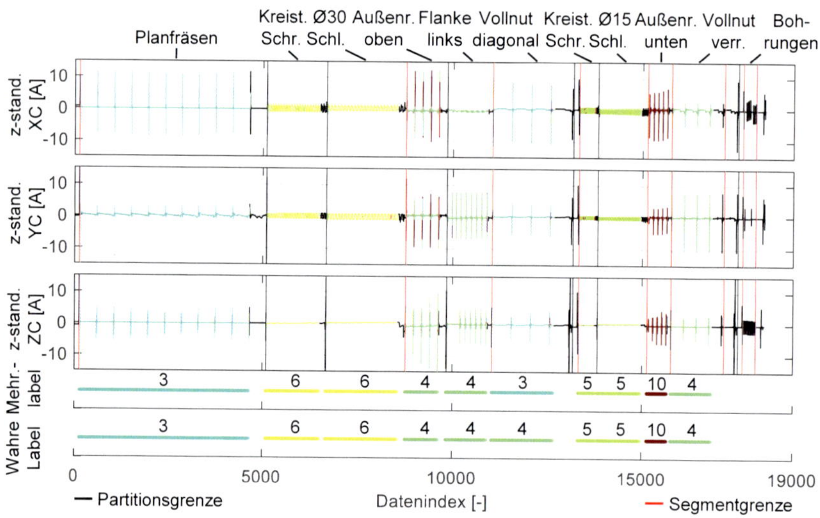

Bild 11.56: Klassifikationsergebnisse des spezialisierten neuronalen Netzes für Datensatz *Gamma*

Classification Results of the Specialized Neural Network for Data Set Gamma

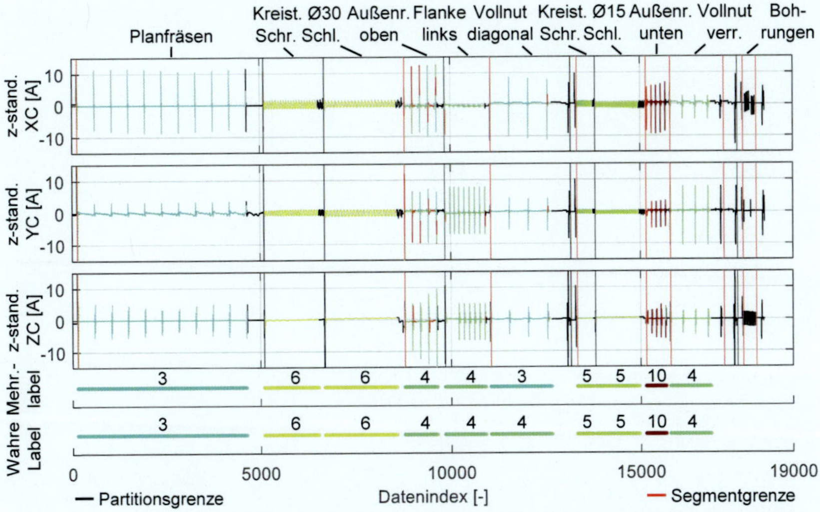

Bild 11.57: Klassifikationsergebnisse des spezialisierten Random-Forests für Datensatz *Gamma*

Classification Results of the Specialized Random Forest for Data Set Gamma

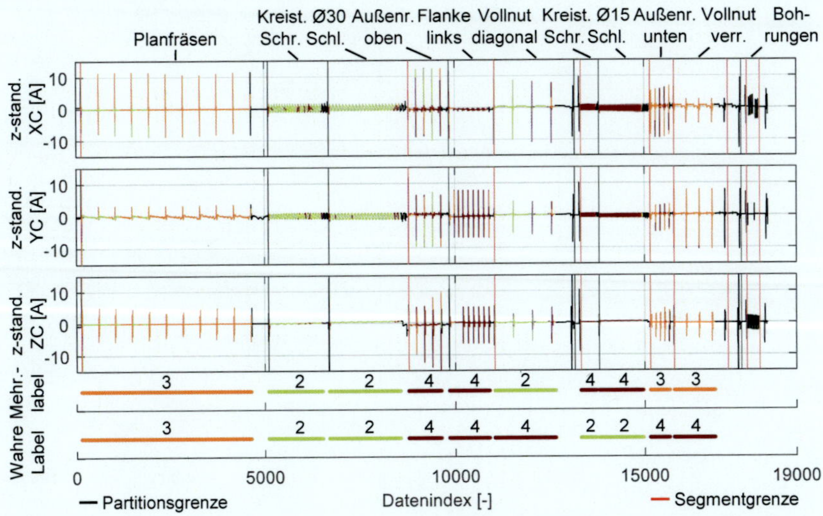

Bild 11.58: Klassifikationsergebnisse des generalisierten HDBSCAN-Modells für Datensatz *Gamma*

Classification Results of the Generalized HDBSCAN Model for Data Set Gamma

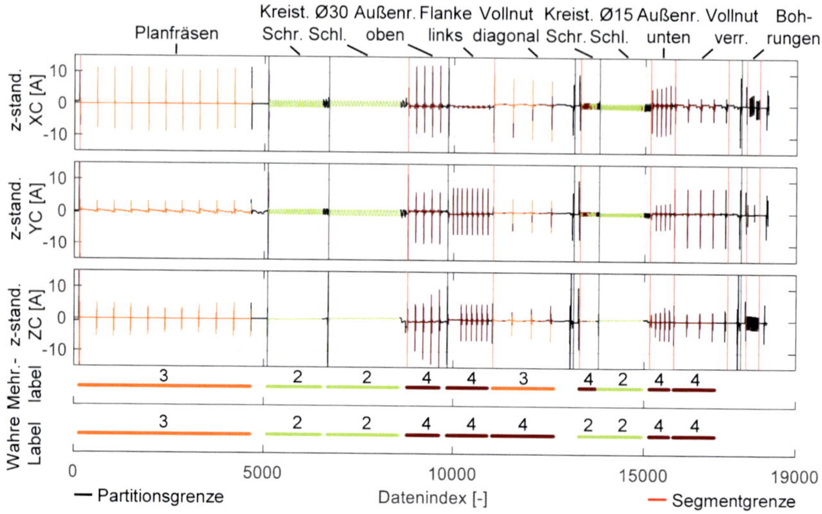

Bild 11.59: Klassifikationsergebnisse des generalisierten neuronalen Netzes für Datensatz *Gamma*

Classification Results of the Generalized Neural Network for Data Set Gamma

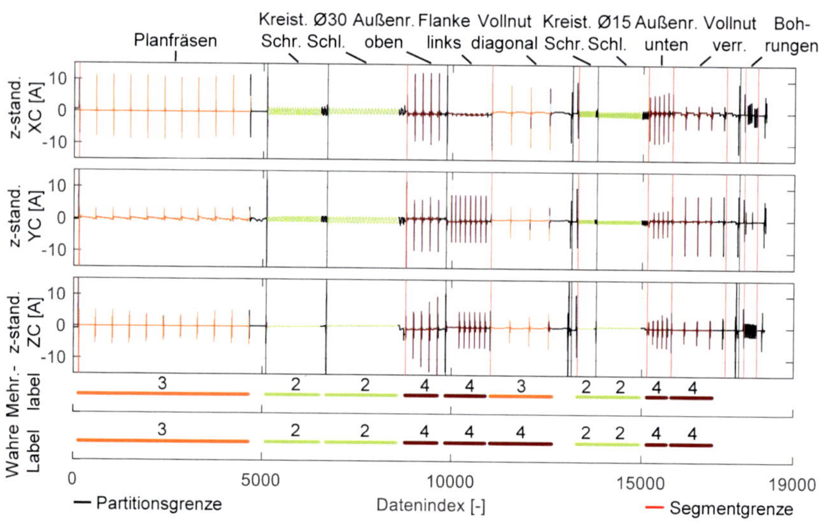

Bild 11.60: Klassifikationsergebnisse des generalisierten Random-Forests für Datensatz *Gamma*

Classification Results of the Generalized Random Forest for Data Set Gamma

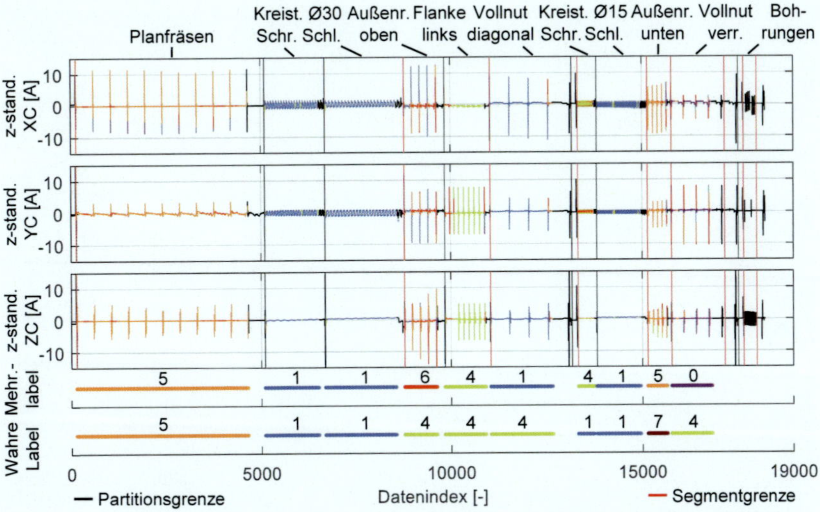

Bild 11.61: Klassifikationsergebnisse des DBCV basierten HDBSCAN-Modells für Datensatz *Gamma*

Classification Results of the DBCV based HDBSCAN Model for Data Set Gamma

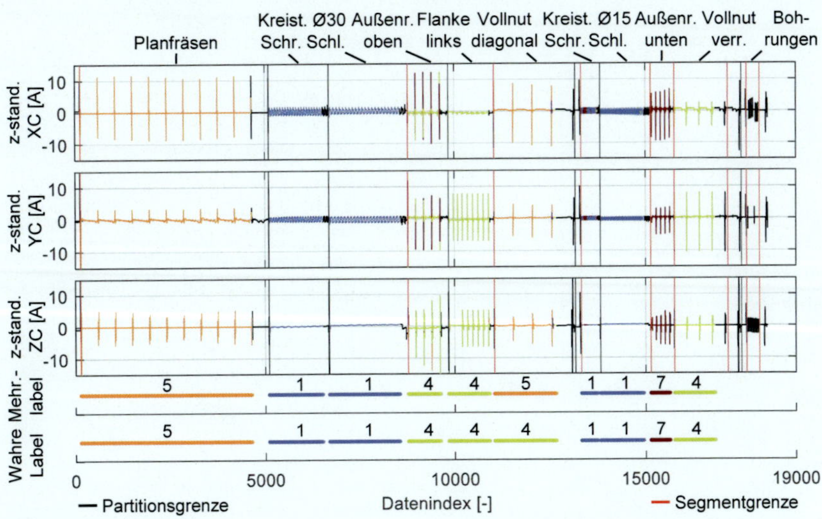

Bild 11.62: Klassifikationsergebnisse des DBCV basierten neuronalen Netzes für Datensatz *Gamma*

Classification Results of the DBCV based Neural Network for Data Set Gamma

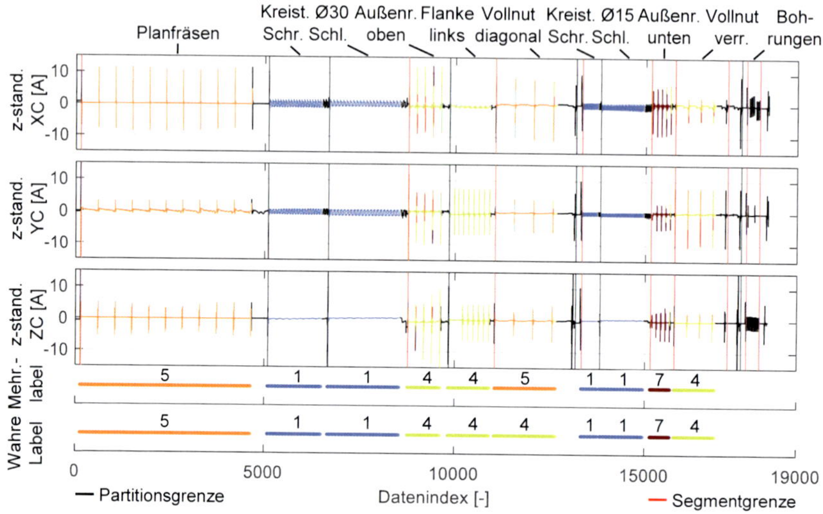

Bild 11.63: Klassifikationsergebnisse des DBCV basierten Random-Forests für Datensatz *Gamma*

Classification Results of the DBCV based Random Forest for Data Set Gamma

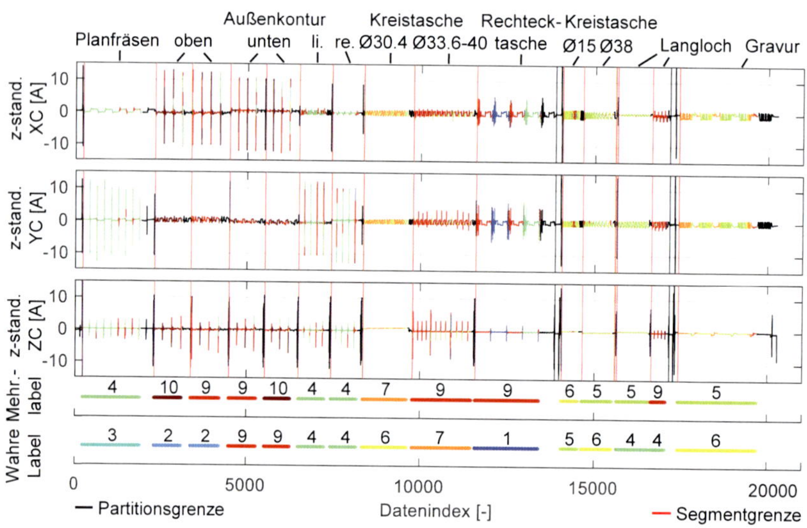

Bild 11.64: Klassifikationsergebnisse des spezialisierten HDBSCAN-Modells für Datensatz *Delta*

Classification Results of the Specialized HDBSCAN Model for Data Set Delta

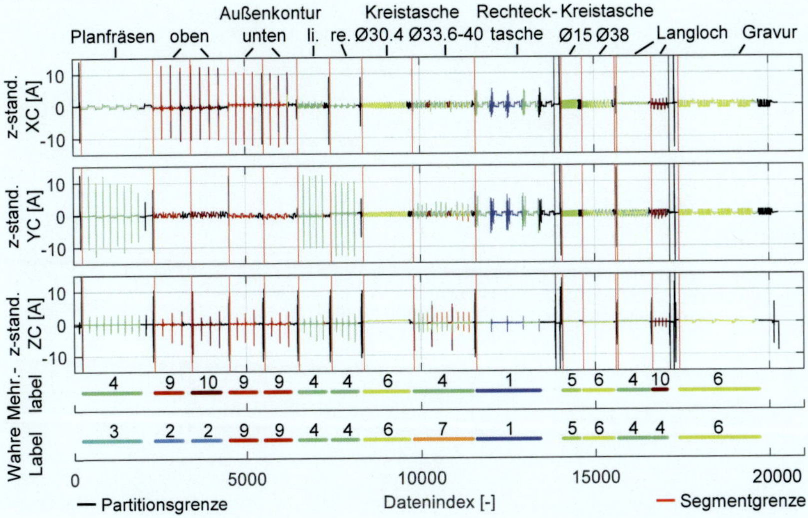

Bild 11.65: Klassifikationsergebnisse des spezialisierten neuronalen Netzes für Datensatz *Delta*

Classification Results of the Specialized Neural Network for Data Set Delta

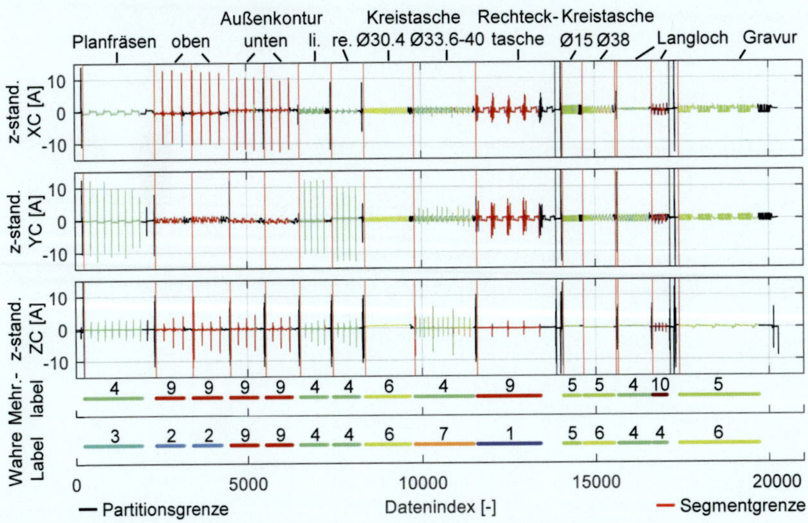

Bild 11.66: Klassifikationsergebnisse des spezialisierten Random-Forests für Datensatz *Delta*

Classification Results of the Specialized Random Forest for Data Set Delta

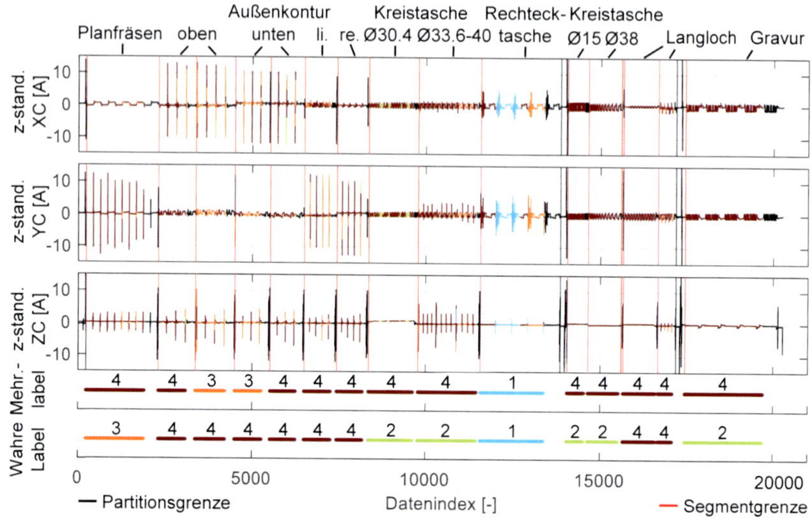

Bild 11.67: Klassifikationsergebnisse des generalisierten HDBSCAN-Modells für Datensatz *Delta*

Classification Results of the Generalized HDBSCAN Model for Data Set Delta

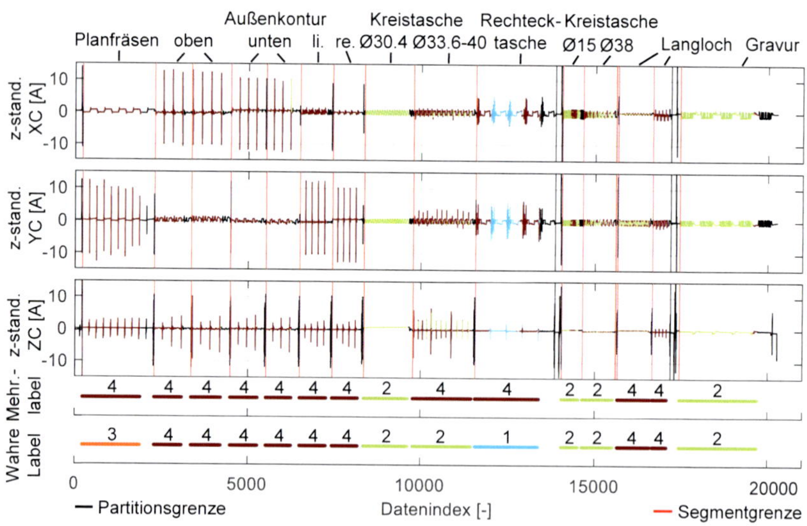

Bild 11.68: Klassifikationsergebnisse des generalisierten neuronalen Netzes für Datensatz *Delta*

Classification Results of the Generalized Neural Network for Data Set Delta

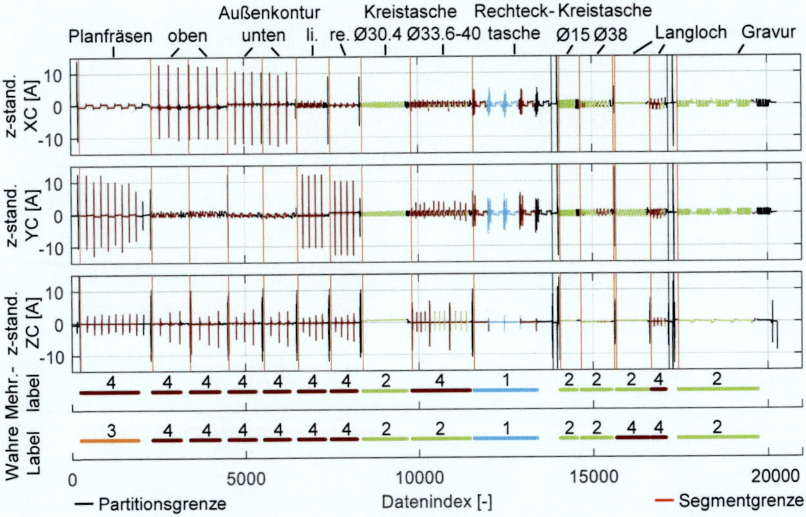

Bild 11.69: Klassifikationsergebnisse des generalisierten Random-Forests für Datensatz *Delta*

Classification Results of the Generalized Random Forest for Data Set Delta

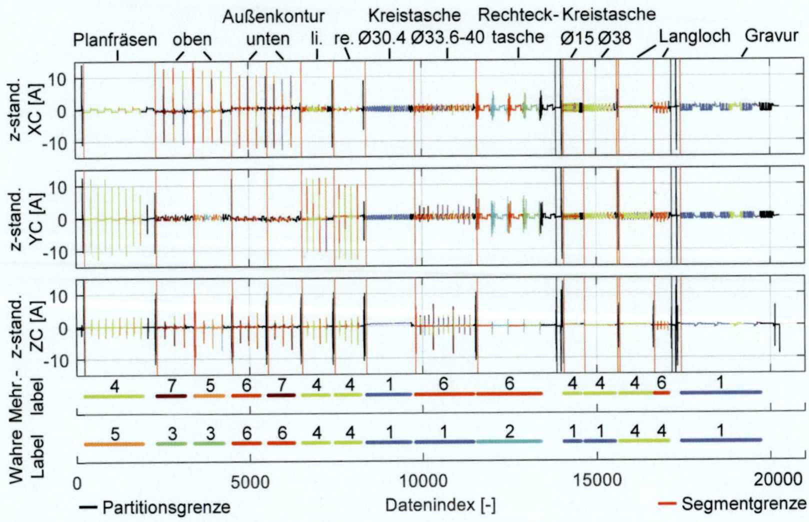

Bild 11.70: Klassifikationsergebnisse des DBCV basierten HDBSCAN-Modells für Datensatz *Delta*

Classification Results of the DBCV based HDBSCAN Model for Data Set Delta

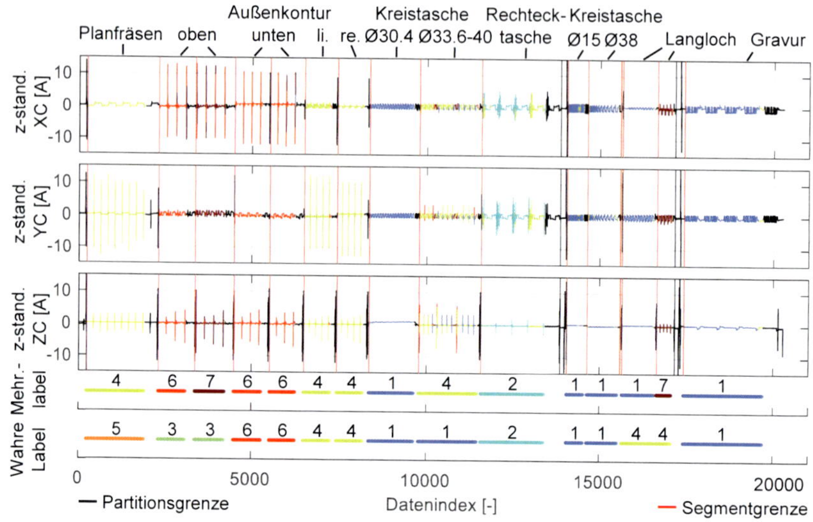

Bild 11.71: Klassifikationsergebnisse des DBCV basierten neuronalen Netzes für Datensatz *Delta*

Classification Results of the DBCV based Neural Network for Data Set Delta

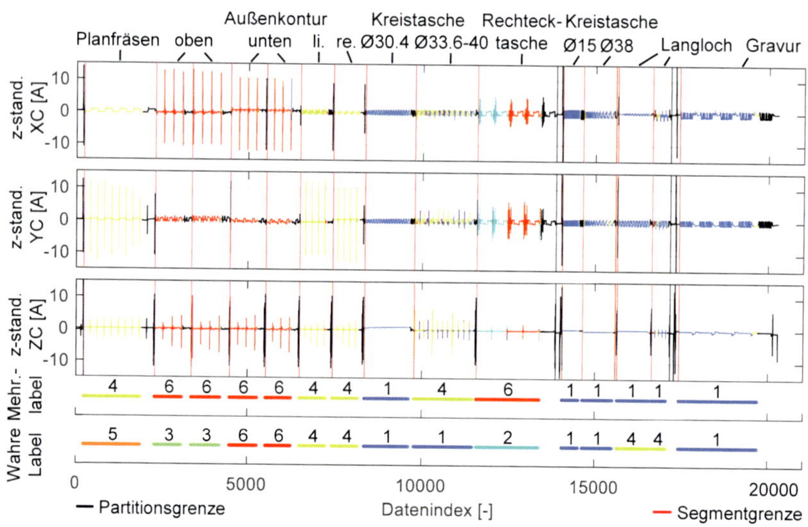

Bild 11.72: Klassifikationsergebnisse des DBCV basierten Random-Forests für Datensatz *Delta*

Classification Results of the DBCV based Random Forest for Data Set Delta

In der Reihe **Ergebnisse aus der Produktionstechnik** zuletzt erschienen:

Ochel, Janis:
Datengetriebene Strukturierung von NC-Zerspanprozessen
ISBN: 978-3-98555-204-7
Erscheinungsdatum: 14.02.2024

Metzmacher, Amelie Isabel:
Beschäftigungsfähigkeit im produzierenden Sektor – Entwicklung des Predictive Model of Industrial Employability
ISBN: 978-3-98555-201-6
Erscheinungsdatum: 13.02.2024

Schulz, Malena:
Digital Twin Methodology for the Automated Fiber Placement with In-situ Consolidation of Thermoplastic Tape
ISBN: 978-3-98555-195-8
Erscheinungsdatum: 30.01.2024

Olivier, Marcel:
Abtragmechanismen beim drahtfunkenerosiven Bearbeiten elektrisch leitfähiger Keramiken im kohlenwasserstoffbasierten Dielektrikum
ISBN: 978-3-98555-200-9
Erscheinungsdatum: 30.01.2024

Schweins, Julian:
Datengestützte Gestaltung des nachhaltigen Werkzeuglebenszyklus
ISBN: 978-3-98555-197-2
Erscheinungsdatum: 22.01.2024

Landwehr, Markus:
Modellierung und Vorhersage des eigenspannungsbedingten Bauteilverzugs bei der Fräsbearbeitung
ISBN: 978-3-98555-194-1
Erscheinungsdatum: 09.01.2024

Ecker, Christian:
Flexible Inbetriebnahme roboterbasierter Montagesysteme durch Prozessdemonstration
ISBN: 978-3-98555-189-7
Erscheinungsdatum: 11.12.2023

Goergen, Fabian:
Analogieversuch zur Erzeugung von Zahnflankenbrüchen an Stirnrädern
ISBN: 978-3-98555-191-0
Erscheinungsdatum: 11.12.2023

Padberg, Melanie:
Ansätze der inhärent sicheren Konstruktion modifizierbarer, cyberphysischer Produktionssysteme
ISBN: 978-3-98555-184-2
Erscheinungsdatum: 07.12.2023

Studerus, Bastian:
Gestaltung von Kooperationen zwischen Technologiekonzernen und Start-ups
ISBN: 978-3-98555-186-6
Erscheinungsdatum: 04.12.2023

Edition Wissenschaft
Apprimus

Wlecke, Shari:
Industrialisierung hochiterativ entwickelter Produkte
ISBN: 978-3-98555-171-2
Erscheinungsdatum: 13.11.2023

Müller, Clemens:
Elektrische Widerstandserwärmung von Blechwerkstoffen zur Steigerung der Umformbarkeit
ISBN: 978-3-98555-175-0
Erscheinungsdatum: 16.10.2023

Scheuer, Thomas:
Fähigkeitsbündel zur Steigerung der Arbeitsproduktivität für intelligente produzierende Unternehmen
ISBN: 978-3-98555-173-6
Erscheinungsdatum: 25.09.2023

Heutmann, Timo:
Proactive Production Control for a Synchronized Tool Production
ISBN: 978-3-98555-164-4
Erscheinungsdatum: 03.08.2023

Schroers, Marius:
Gehörbezogene Auslegung zweistufiger Getriebe unter Berücksichtigung dynamischer Anregungseffekte
ISBN: 978-3-98555-165-1
Erscheinungsdatum: 01.08.2023

Chavan, Prateek:
Substructuring Methods for Efficient Prediction of Spindle-Holder-Tool Assembly Dynamics
ISBN: 978-3-98555-160-6
Erscheinungsdatum: 05.06.2023

Riedel, Jörn:
Scannendes Verfahren zur flexiblen Messung asphärischer Optiken
ISBN: 978-3-98555-177-4
Erscheinungsdatum: 31.10.2023

Buckhorst, Armin Friedrich:
Planung und Steuerung von Abläufen in linienlosen mobilen Montagesystemen
ISBN: 978-3-98555-174-3
Erscheinungsdatum: 26.09.2023

Schwarberg, Annika:
Identifizierung von Innovationspotenzialen durch die Analyse von Produktnutzungsinformationen
ISBN: 978-3-98555-169-9
Erscheinungsdatum: 17.08.2023

Müller, Ulrich:
Material Removal and Grinding Wheel Wear Mechanisms during Grinding of Polycrystalline Cubic Boron Nitride
ISBN: 978-3-98555-163-7
Erscheinungsdatum: 01.08.2023

Vogel, Paul-Alexander:
Entwicklung eines Prozessmodells für die nicht-isotherme vakuumunterstützte Dünnglasumformung
ISBN: 978-3-98555-140-8
Erscheinungsdatum: 21.06.2023

Ochel, Tim:
Prognostik zur Resilienzsteigerung im Werkzeugbau
ISBN: 978-3-98555-161-3
Erscheinungsdatum: 22.05.2023

FSC
www.fsc.org
MIX
Papier | Fördert gute Waldnutzung
FSC® C083411

Zeitfracht Medien GmbH
Ferdinand-Jühlke-Straße 7
99095 Erfurt, Deutschland
produktsicherheit@kolibri360.de